"十三五"职业教育国家规划教材

C语言程序设计案例教程

第二版

新世纪高职高专教材编审委员会 组编

主　编 王明福

副主编 刘冠群 景　雨 顾　明

徐云娟 马艳丽

大连理工大学出版社

图书在版编目(CIP)数据

C语言程序设计案例教程 / 王明福主编. -- 2版. -- 大连 : 大连理工大学出版社, 2018.6(2021.12重印)
新世纪高职高专计算机应用技术专业系列规划教材
ISBN 978-7-5685-1503-0

Ⅰ. ①C… Ⅱ. ①王… Ⅲ. ①C语言—程序设计—高等职业教育—教材 Ⅳ. ①TP312.8

中国版本图书馆CIP数据核字(2018)第122550号

大连理工大学出版社出版

地址:大连市软件园路80号 邮政编码:116023
发行:0411-84708842 邮购:0411-84708943 传真:0411-84701466
E-mail:dutp@dutp.cn URL:http://dutp.dlut.edu.cn

大连永盛印业有限公司印刷 大连理工大学出版社发行

幅面尺寸:185mm×260mm 印张:17.5 字数:445千字
2014年7月第1版 2018年6月第2版
2021年12月第6次印刷

责任编辑:高智银 责任校对:李 红
封面设计:张 莹

ISBN 978-7-5685-1503-0 定 价:43.80元

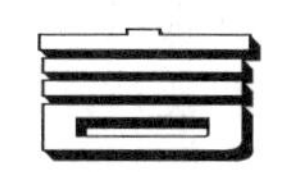

前言

《C语言程序设计案例教程》(第二版)是“十三五”职业教育国家规划教材、“十二五”职业教育国家规划教材，也是新世纪高职高专教材编审委员会组编的计算机应用技术专业系列规划教材之一。

C语言是目前应用非常广泛的高级程序设计语言。它是高等院校计算机类和电子信息类各专业的核心课程，在人才培养中占有重要的地位和作用。

本教材作为国家级精品课程“C语言程序设计”的配套教材，吸收省示范性专业建设中的教学改革成果，教材建设不但注重知识的讲授，而且强调基本技能的训练。

本教材的编写理念是：以就业为导向，以学生为主体，着眼于学生职业生涯发展，注重职业素养的培养。本教材采用“案例引入＋知识学习＋案例拓展＋自测练习”的四位一体教学模式组织教学内容。每章安排“模仿练习”和“拓展训练”两个层次的实训环节，用于模仿、验证概念、语法规则及其应用，以适应自主学习、合作学习和个性化教学。前6章选择与章节内容关联的小案例，作为问题引入；从第7章开始，以综合案例“学生成绩管理系统”为任务驱动，伴随系统的设计、开发、优化到最后完善，使学生了解项目实施的过程，掌握基础知识，在职业情境中实现知识构建。

本教材具有如下特色：

1. 作为一门专业基础课教材，主线上仍保留或沿袭理工科课程以“学科体系”为线索的指导思想，即在教材内容的知识结构上，依然以概念、定律、定理为线索进行编写，有别于专业技能课教材。

2. 为了满足“以能力为中心”的培养目标要求，本教材改变传统基础课教材的编写方法，在掌握必需的理论知识的基础上，突出技术的综合应用能力培养，加强实践操作和技能训练。充分考虑高职学生特点和学习规律，精心设计经典有趣案例，采用案例教学和任务驱动方式，增加了“模仿练习”和“拓展训练”两个层次的实训环节，体现“做中学、做中教，教学做合一”的理论实践一体化思想，使学生的学习重心从“学会知识”扩展到“学会学习、掌握方法和培养能力”上。

3."算法"是程序设计的灵魂,是程序设计方法的核心内容。本教材突破传统的知识内容归属问题,将"算法设计"渗透到教材的每一个案例中,从而培养学生的程序设计能力,掌握程序设计方法。

4.案例的选择遵循"趣味、实用、易学"的特点,部分来自企业和近几届全国"蓝桥杯"软件大赛的变形考题。充分反映产业升级、技术进步和职业岗位变化的要求,从而使教材内容体现新知识、新技术和新方法。

本教材共10章,前5章介绍了C语言的基本概念、语法规则和程序设计方法;第6章至第10章分别介绍了数组,函数,结构体、共用体和枚举类型,指针,文件。

本教材配套立体化教学资源,主要包括微课、电子课件、教案、教学大纲、习题和参考答案、模仿练习、实训项目、自我测试题等源程序代码。方便教师授课和学生自学。

本教材既可以作为高职高专院校计算机相关专业C语言程序设计课程的教材,也可以作为应用型本科相关专业学习C语言程序设计的教材,还可以作为全国"蓝桥杯"软件大赛的参考指导书。

本教材由深圳职业技术学院王明福任主编,湖南广播电视大学刘冠群、大连外国语大学景雨、深圳职业技术学院顾明、苏州托普信息职业技术学院徐云娟、哈尔滨信息工程学院马艳丽任副主编。具体编写分工为:王明福编写第1章和附录,刘冠群编写第2、3章,景雨编写第4、5章,顾明编写第6、8、10章,徐云娟编写第7章,马艳丽编写第9章,深圳市宇斯盾科技有限公司涂辉雄参与案例编写和学生成绩管理系统编码。全书由王明福审阅并统稿,同时还得到了深圳职业技术学院计算机软件专业全体教师的大力支持,提出了许多建设性意见,在此,我们深表感谢。

尽管我们在编写本教材的过程中做了很多努力,但由于作者水平所限,不当之处在所难免,恳请各位读者批评指正,并将意见和建议及时反馈给我们,以便下次修订时改进。

编 者

2018年6月

所有意见和建议请发往:dutpgz@163.com

欢迎访问职教数字化服务平台:http://sve.dutpbook.com

联系电话:0411-84706671 84707492

第 1 章

初识 C 语言

学习目标

- 了解本课程的知识目标和能力目标
- 了解 C 语言的产生、发展及其特点
- 了解程序设计的基本概念
- 掌握 C 程序的基本结构和上机步骤
- 初步掌握 Visual C++ 6.0 开发环境及程序开发过程

案例 1　开篇例程:学生成绩管理系统

如图 1-1 所示,是一个简单的学生成绩管理系统运行界面,是本教材的一个综合案例作品,具有数据记录的录入、查询、统计和浏览等处理功能,提供数字按键菜单操作方式。

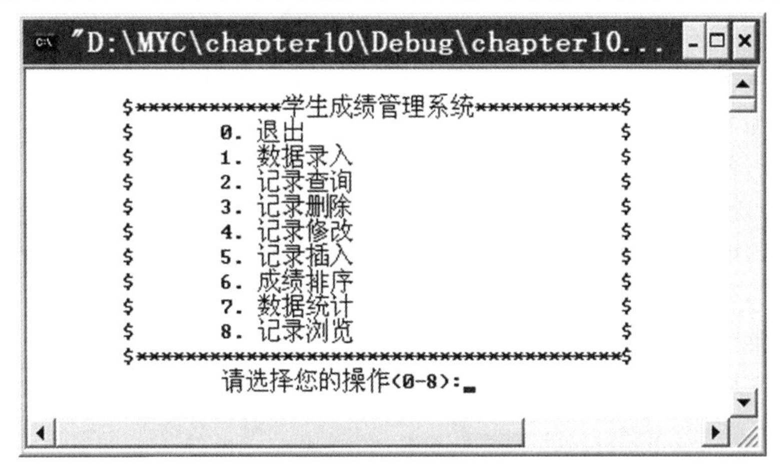

图 1-1　学生成绩管理系统

问题描述

1. 客户需求描述

通过对市场的调查得知,一款合格的学生成绩管理系统必须具备以下特点:

(1)能够对学生成绩进行集中管理。

(2)能够大大提高用户的工作效率。

(3)能够对学生成绩实现增、删、改。

(4)能够按成绩信息进行排序。

一个学生成绩管理系统最重要的功能包括:学生成绩的录入、查询、删除、修改、插入、排序、统计及浏览,其中学生成绩信息的查询、删除、修改、插入等都要依据输入的学号来实现。

2. 系统结构设计

根据上面的需求分析,得出该学生成绩管理系统要实现的功能,有以下几方面:

(1)录入学生成绩信息。

(2)实现查询功能,即输入学号,查询该学生的相应信息。

(3)实现删除功能,即输入学号,删除相应的记录。

(4)实现修改功能,即输入学号,修改相应的记录信息。

(5)指定位置插入学生成绩信息,即将新的记录插入指定位置。

(6)实现学生信息的排名,即按照选定的关键字段进行排序。

(7)数据统计,按用户指定条件进行统计。

(8)记录浏览。

该学生成绩管理系统的结构如图 1-2 所示。

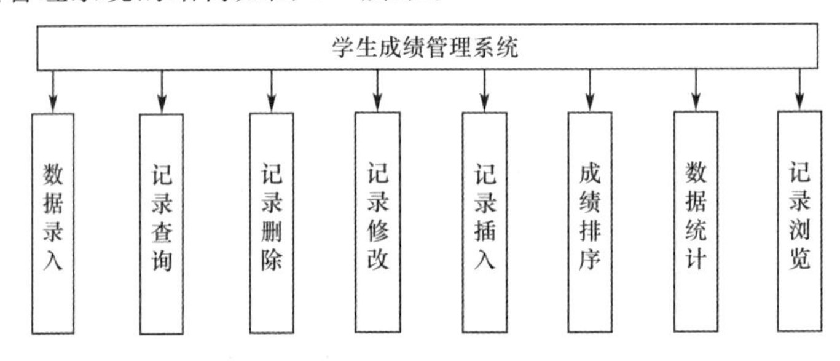

图 1-2　系统结构

实施方案

本教材以任务驱动,伴随系统的设计、开发、优化到最后的完善,学习 C 语言程序设计方法。方案设计如下:

(1)前 6 章,各章设计独立的案例,旨在学习、掌握 C 语言程序设计语法规则。

(2)第 7 章,按照模块化程序设计方法,完成系统结构和人机交互界面的设计。

(3)第 8 章,进行数据结构设计及主要功能函数的实现,从而学习结构体相关内容。

(4)第 9 章,利用指针优化各功能模块。

(5)第 10 章,作为收官篇,利用文件实现系统的数据存取。

本教材用项目驱动方法学习 C 语言程序设计,用情景来实现知识构建。

知识准备

要完成学生成绩管理系统开发,必须学完本教材全部内容,熟悉 C 语言的语法规则,掌握 C 语言程序设计的基本技能和结构化程序设计方法。

1.1　C 语言概述

C 语言介绍

1.1.1　C 语言的产生和发展

C 语言是美国 BELL 实验室的 Dennis Ritchie 在 B 语言的基础上开发出来的,1972 年在一台 DEC PDP-11 计算机上实现了最初的 C 语言。当时设计 C 语言是为了编写 UNIX 操作系统，UNIX 操作系统 90%的代码是用 C 语言编写的，10%的代码是用汇编语言编写的。随着 UNIX 操作系统的广泛使用，C 语言被人们认识和接受。

C 语言在各种计算机上的快速推广导致出现了许多 C 语言版本。这些版本虽然类似，但通常不兼容。显然，人们需要一个与开发平台和计算机无关的标准的 C 语言版本。1989 年，美国国家标准化协会（ANSI）制定了 C 语言标准，称为 ANSI C（标准 C）。Brain Kernighan 和 Dennis Ritchie（简称 K&R）合著了《The C Programming Language》（1988 版），首次系统介绍了 ANSI C 的全部内容，该书是 C 语言方面比较权威的书籍之一。

C 语言本身也在发展，20 世纪 80 年代中期，出现了面向对象程序设计的概念，贝尔实验室的 B. Stroustrup 博士借鉴了 Simula 67 中的类的概念，将面向对象的语言成分引入 C 语言中，设计出了 C++语言。C++语言赢得了广大程序员的喜爱，不同的计算机、不同的操作系统几乎都支持 C++语言，如 PC 机上，微软公司先后推出了 MS C++、Visual C++等产品，Borland 公司先后推出了 Turbo C++、Borland C++、C++ Builder 等产品，同时，C++语言也得到了国际标准化组织（ISO）的认可，国际标准化组织（ISO）已对C++语言实现标准化。

目前微机中使用的 C 语言版本很多，比较经典的有 Turbo C、Borland C、Microsoft C、AT&TC 等。近年来，又推出了包含面向对象程序设计思想和方法的 C++，它们均支持 ANSI C，本书主要介绍 ANSI C 中的基础部分，同时兼顾各种版本的通用性和一致性。

1.1.2　C 语言的特点

C 语言之所以能存在和发展，并具有强大的生命力，备受程序员的青睐，成为首选语言之一，皆因它具有如下特点：

1. 高效性

谈到高效性，不得不说 C 语言是“鱼与熊掌”兼得。从发展历史来看，它继承了低级语言的优点，具有汇编语言的位处理、地址操作等能力，产生了高效的代码，并具有友好的可读性和编写性。一般情况下，C 语言生成的目标代码运行效率比汇编程序低 10%～20%。

2. 灵活性

C 语言的语法不拘一格，在原有语法基础上进行创造、复合，给程序员更多发挥空间。

3. 功能丰富

除 C 语言具有的类型外，还可以使用丰富的运算符和自定义的结构体类型，来表达任何复杂的数据结构，很好地完成所需要的功能。

4. 表达力强

C 语言的语法形式与人们所使用的语言形式相似，书写形式自由、结构规范，并且用其中简单的控制语句可以轻松地控制程序流程，完成复杂烦琐的程序要求。

5. 移植性好

因为 C 语言具有良好的移植性，这使得程序员在不同操作系统下，只需简单地修改或者不用修改，就可以进行跨平台的程序开发操作。

尽管 C 语言有很多优点，但也存在一些缺点和不足。例如，它的类型检验和转换比较随便，优先级太多，不便记忆。这些都对程序设计者提出更高要求，也给初学者增加了困难。

C 语言的上述特点，读者可在学习过程中逐渐体会，加深理解。

1.2 C语言程序

用C语言编写的源程序，简称C程序。C程序是一种函数结构，由一个或若干个函数组成，其中必有一个名为main()的主函数，程序的执行就是从main()函数开始的。

1.2.1 简单的C程序

【例1.1】 在计算机屏幕上输出一行文本信息“Good Morning!”。

```
#include <stdio.h>                    /*编译预处理命令*/
main()                                /*程序从主函数main()开始执行*/
{
    printf("Good Morning!");          /*输出Good Morning! */
}                                     /*主函数main()结束*/
```

运行结果如下：

```
Good Morning!
```

说明

(1)语句#include <stdio.h>是预处理命令，将在7.8节中详细介绍。

(2)main是主函数的函数名。C语言程序有且仅有一个main()函数。“{ }”是函数体界定符，位于花括号“{……}”中的内容称为函数体，函数体由若干条语句组成，这是计算机要执行的部分，每条语句要以分号“;”结束。

(3)函数体中只有一条输出语句“printf("Good Morning!");”，其功能是将双引号中的内容“Good Morning!”原样输出在计算机屏幕上。

(4)用“/*”和“*/”括起来的内容是注释部分，帮助读者阅读程序，计算机并不执行注释部分的内容，也不检查其语法是否正确，注释语句可写在程序中的任何位置。

注意

在Visual C++ 6.0环境中，还有一种注释以双斜线“//”开头，在其后书写待注释的内容，即只能注释一行的注释语句，这是C++的注释风格。本书将兼用两种注释语句。

【例1.2】 编写一个C程序，计算并输出两数之和。

```
#include <stdio.h>                    //编译预处理命令
main()                                //程序从主函数main()开始执行
{
    int a,b,sum;                      //定义整型变量a,b,sum
    a=21;                             //给变量a赋值21
    b=34;                             //给变量b赋值34
    sum=a+b;                          //计算a,b的和，并将结果赋给变量sum
    printf("%d\n",sum);               //输出sum的值，并换行
}                                     //主函数main()结束
```

运行结果如下：

```
55
```

说明

(1)与例 1.1 比较,只有函数体中的内容不同,函数体由变量声明和 4 条执行语句组成。

(2)在 main()函数体中,首先定义 3 个整型变量 a、b、sum,用于存储被加数、加数及和数。

(3)两条语句"a=21;""b=34;"分别对变量 a、b 赋值。

(4)语句"sum=a+b;"计算 a+b 的值并将结果赋给变量 sum。

(5)调用 printf()函数完成 sum 的输出。

1.2.2　C 程序的结构

1. 程序

所谓程序,就是做某一件事情的具体操作步骤。所谓操作步骤,也就是执行某一件事情的先后顺序。

计算机的"程序"是人们编写的计算机代码的指令集合。计算机本身不会做任何操作,它所有的操作,都是按照人们设计的计算机"程序"语句的执行顺序来完成的。不同的计算机语言有不同的语法规则和语法结构。

2. C 程序的结构

一般来说,一个 C 程序的基本结构包含了声明、主函数和函数定义三大部分。下面通过一个简单的例子来认识 C 程序的结构。

【例 1.3】 求两个整数中的较大数并输出。

```
#include <stdio.h>                  //编译预处理命令
int fnMax(int x,int y);             //函数声明
main()                              //主函数
{
    int a,b,c;                      //定义整型变量 a,b,c
    printf("请输入 2 个整数:");       //输出提示信息
    scanf("%d%d",&a,&b);            //从键盘输入 2 个整数并送到变量 a、b
    c=fnMax(a,b);                   //调用 fnMax()函数,得到的值赋给变量 c
    printf("%d\n",c);               //输出变量 c 的值并换行
}
int fnMax(int x,int y)              //定义 fnMax()函数,x,y 是整型参数
{
    int z;                          //定义 fnMax()函数中用到的整型变量 z
    if( x>y ) z=x;                  //比较 x,y 的大小,将大的赋给变量 z
    else      z=y;
    return (z);                     //将 z 中的值由函数名 fnMax 返回调用处
}
```

运行结果如下:

```
请输入 2 个整数:59␣93↙(注:␣表示空格符,↙表示回车符)
93
```

说明

(1)声明部分

声明部分出现在程序文件的所有函数的外部,但并不是每一个程序都需要,要视问题的不同而变化。它所包含的内容如下:

①预处理命令:例如例 1.3 中的第 1 行语句 #include <stdio. h>(或 #include "stdio. h")。

其中,#include 是 C 编译器的一个编译指令,stdio. h 是一个系统文件,称为头文件。此语句的作用是将文件 stdio. h 的内容插入程序中 #include 语句所在的后面。这种以"#"开头的命令称为预处理命令。C 提供了 3 类预处理命令(将在 7.8 节详细讲解):

a. 宏定义命令

b. 文件包含命令

c. 条件编译命令

此例中出现的是文件包含命令。

②函数声明:例如例 1.3 中的第 2 行语句"int fnMax(int x,int y);"。

③全局变量声明。

(2)主函数部分

主函数以 main()开始,是整个程序运行的入口,主函数可以带参数也可以不带参数,在本例中主函数没有带参数。该函数中可能包含以下几方面的内容:

①局部变量的声明,例如:int a,b,c;

②函数调用,例如:c=fnMax(a,b);

③执行语句。

第 4 行和第 10 行是一对花括号"{}",它们用来表示主函数 main()的开始和结束。

(3)函数定义部分

程序中除了 main()函数外,还可以包含其他函数,每个函数都有一个不同的函数名称,以供主函数或其他函数调用。每个函数都是由函数头和函数体组成的。例如例 1.3 中的 fnMax()函数。

①函数头部分

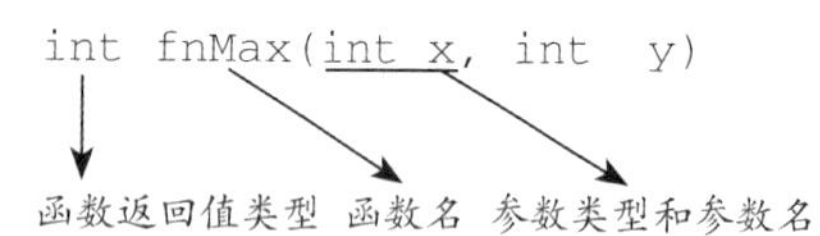

②函数体部分

函数体是用一对花括号"{}"括起来的用于完成某种功能的语句的集合。函数体一般包括变量声明部分和执行语句部分。在 C 语言中,变量必须先定义后使用。

例如:

```
int fnMax(int x,int y)
{
    int z;←————变量声明部分
    if(x>y)z=x;  ⎫
    else  z=y;   ⎬执行语句部分
    return (z);  ⎭
}
```

注意

(1)每一个语句的最后都必须有一个分号";",表示一条语句的结束。

(2)函数体可以是空的,称空函数。空函数不完成任何功能,是为以后完善预留的。

例如:

```
int fnFunction()
{
    //空函数体,预留为今后进一步完善再添加代码
}
```

(3)主函数 main()前也可有关键字 void 或 int,表示函数的类型,本例中主函数前没有任何关键字,C 语言规定,缺省函数类型时,默认为 int 类型。

(4)return (z);中的括号"()"可以省略。

C 程序的开发过程

1.3 C 程序的开发

C 语言编程的上机环境很多,其中使用最多的是 Turbo C 2.0、Win-TC、Dev-cpp、Visual C++ 6.0,以及 Miscrosoft Visual Stdio 2005 等系列开发环境。值得注意的是:不同的开发环境,适合于特定的操作系统,否则将不能正常安装和运行。

本书以中文版 Visual C++ 6.0(简称 VC++ 6.0)作为开发环境,适合于 Windows XP 操作系统。

1.3.1 C 程序的开发过程

用 C 语言编写的程序,不能被计算机直接理解和执行。因为计算机只能识别和执行由"0"和"1"组成的二进制的指令,而不能识别和执行用高级语言写的程序。为了使计算机能执行高级语言所写的程序,必须先用一种称为"编译程序"的软件,把程序翻译成二进制形式的"目标程序"(Target Program),然后将该目标程序与系统的函数库和其他目标程序连接起来,形成可执行程序才能被机器所执行。相对于"目标程序",用高级语言编写的程序称为"源程序"(Source Program)。

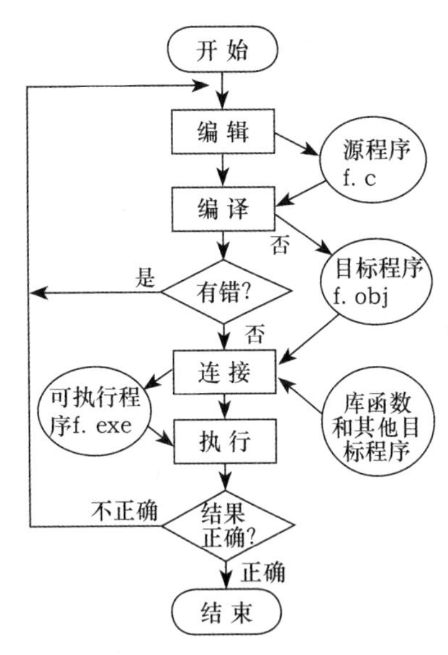

图 1-3 C 程序编辑、编译、连接和执行

假设 C 源程序文件名为 f. c,其编辑、编译、连接和执行过程如图 1-3 所示。具体操作步骤如下:

(1)编辑源程序,并以扩展名为". c"(或". cpp")的文件存盘。

(2)对源程序进行编译,将源程序转换为扩展名为". obj"的目标程序,但目标程序仍不能运行。若源程序有错,必须予以修改,然后重新编译。

(3)对编译通过的源程序连接,即加入库函数和其他二进制代码生成可执行程序。连接过程中,若出现未定义的函数等错误,必须修改源程序,并重新编译和连接。

(4)执行生成的可执行代码,若不能得到正确的结果,必须修改源程序,重新编译和连接。若能得到正确结果,则整个编辑、编译、连接和执行过程结束。

1.3.2 Visual C++ 6.0 开发环境

VC++ 6.0 的使用

Visual C++ 6.0 是一个强大的可视化软件开发工具，它将程序代码的编辑、编译、连接和调试等功能集于一体。Visual C++ 6.0 的详细安装过程请参考相关书籍，下面将介绍 Visual C++ 6.0 集成开发环境的使用。

1. 启动 Visual C++ 6.0

选择“开始→程序→Microsoft Visual Studio 6.0→Microsoft Visual C++ 6.0”菜单命令，或双击桌面上的 Visual C++ 6.0 快捷图标，启动 Visual C++ 6.0，进入 Microsoft Visual C++ 6.0 集成环境，如图 1-4 所示。

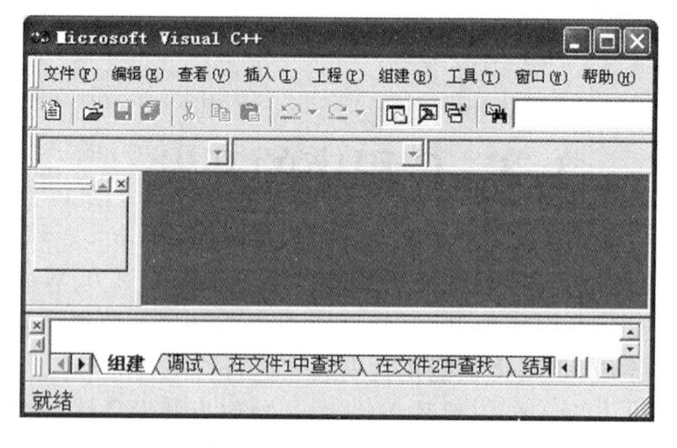

图 1-4 Visual C++ 6.0 界面

2. 创建工程

创建 MySum 工程的步骤如下：

(1)启动 Visual C++ 6.0 后，选择“文件 → 新建”菜单命令，打开“新建”对话框。

(2)在“新建”对话框中选择“工程”选项卡。然后选择“Win32 Console Application”类型，Visual C++ 6.0 将创建一个控制台应用程序。在“工程名称”文本框中输入“MySum”，单击位于“位置”框右边的小按钮，在弹出的对话框中选择“D:\MYC”目录，使新创建的工程文件放置在“D:\MYC”目录之下。

以上几个步骤分别指定了 MySum.exe 程序的工程类型、工程名字和存放位置，此时“新建”对话框如图 1-5 所示。

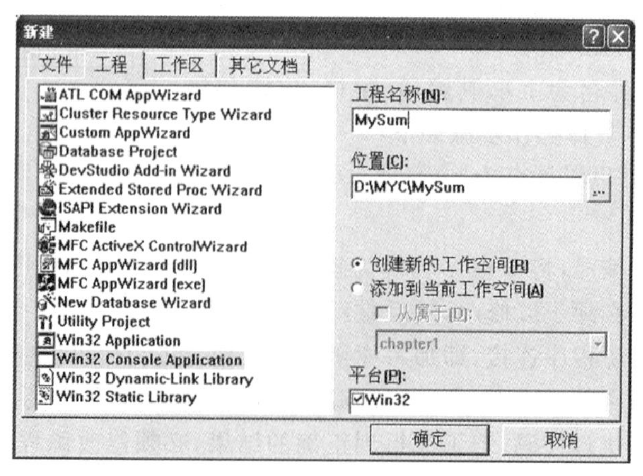

图 1-5 “新建”对话框中的“工程”选项卡

(3)单击【确定】按钮。Visual C++ 6.0 将显示如图 1-6 所示的“Win32 Console Application—步骤 1 共 1 步”对话框。在此例中,选择默认设置“一个空工程”,即创建一个空的工程,它不包含任何源程序文件。

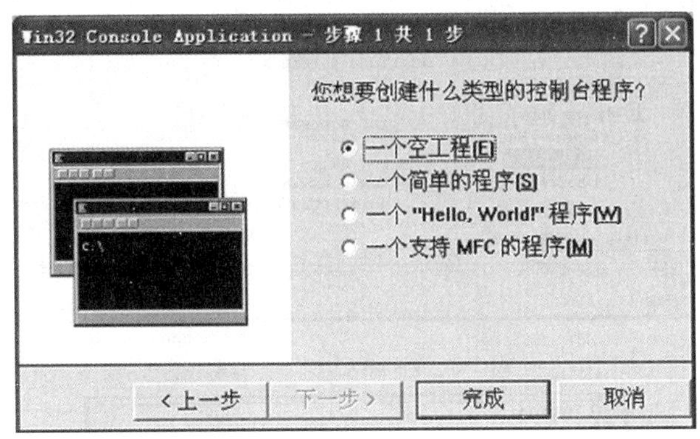

图 1-6　“Win32 Console Application—步骤 1 共 1 步”对话框

(4)单击【完成】按钮,系统将显示“新建工程信息”对话框,继续单击【确定】按钮,Visual C++ 6.0 将创建 MySum 工程。

3. 创建、编辑源程序文件

在创建好的工程中,添加源程序文件。操作步骤如下:

(1)选择“文件→新建”菜单命令,打开“新建”对话框,选择“文件”选项卡,如图 1-7 所示。选中对话框右侧的“添加到工程”复选框,即把当前要创建的文件添加到工程 MySum 中。在“文件”列表框中选中“C++ Source File”,在“文件名”文本框中输入文件名“MyAdd.c”。

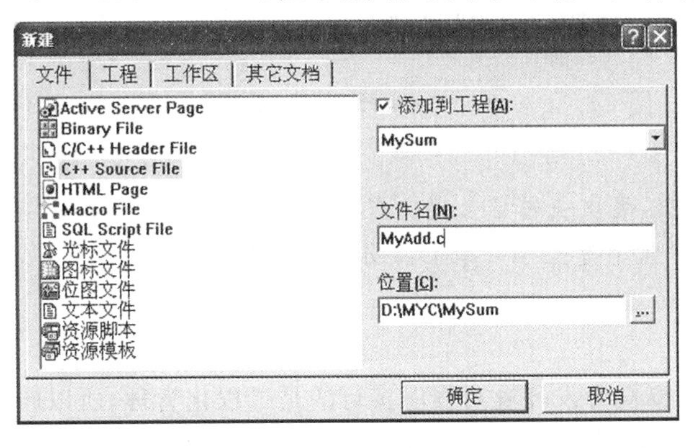

图 1-7　“新建”对话框中的“文件”选项卡

注意

如果没有指定后缀“.c”,系统将自动加上文件扩展名“.cpp”。

(2)单击【确定】按钮,源程序文件 MyAdd.c 将被添加到工程中,同时代码编辑窗口被打开。选择“工作空间”窗口中的“FileView”选项卡,可以看到在 Source Files 文件夹中多了一个文件,即刚添加的 MyAdd.c,如图 1-8 所示。在此文件中输入例 1.2 中的代码。

4. 编译、连接

选择“组建→组建[MySum.exe]”,或“组建→全部重建”菜单命令,对工程进行编译和连接。如果正确,则输出窗口如图 1-9 所示。

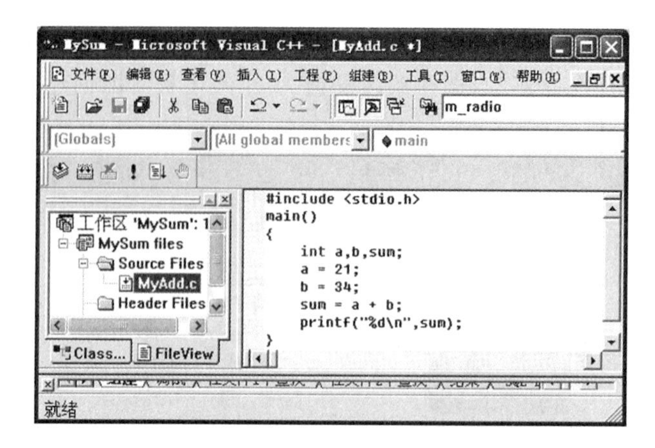

图 1-8 Visual C++ 6.0 窗口

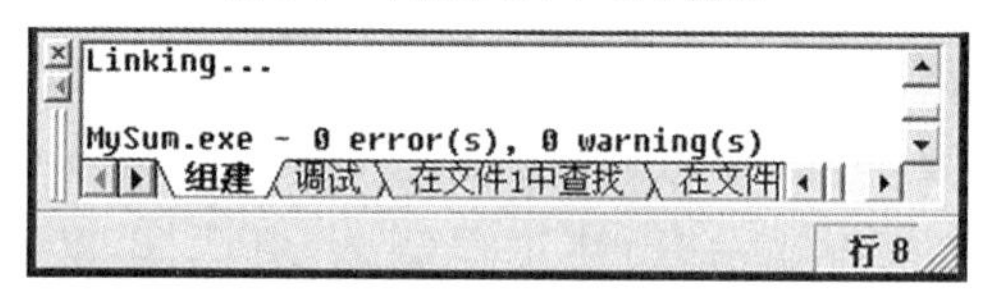

图 1-9 编译、连接的输出窗口

5.运行程序

选择"组建→! 执行[MySum.exe]"菜单命令执行程序"MySum.exe",将看到屏幕中弹出一 DOS 输出窗口,如图 1-10 所示。

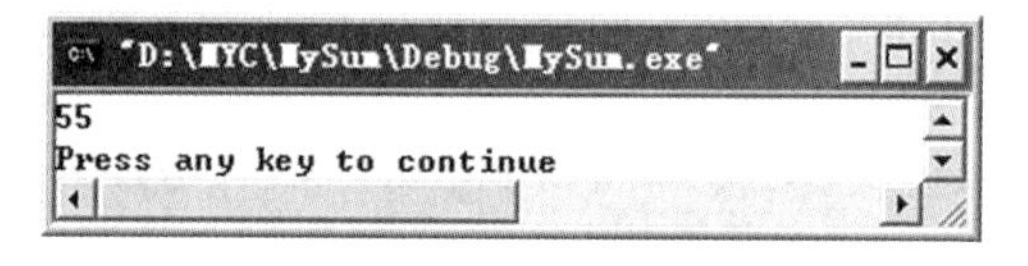

图 1-10 运行程序的输出窗口

注意

为方便管理和维护,建议在磁盘上建立自己的工作目录,以便用来存放所开发的源程序文件。例如,在 D 盘根目录下建立子目录 D:\MYC。

1.3.3 工程设置

由于 Visual C++ 6.0 开发环境对程序实行的是工程化管理,所以同一个工程可以管理多个源程序文件。但同一时刻只能编译、连接和运行一个程序。那么,在同一工程下的多个程序中,如何设置所要编译、连接和运行的特定程序呢?

下面就以 MySum 工程为例予以说明。为此,首先在 MySum 工程中,按照 1.3.2 节中介绍的方法,添加第二个 C 程序文件(如 ex3.c),并编写代码。

(1)在"FileView"选项卡中,选中"MyAdd.c"程序文件并右击,在弹出的快捷菜单中选中"设置"菜单项,如图 1-11 所示。

(2)弹出"Project Settings"对话框,在"常规"选项卡中选中"组建时排除文件"复选框,如图 1-12 所示。这样在组建时就把 MyAdd.c 程序排除了。如果有多个源程序文件,除了所要编译的特定程序外,其余程序都必须选中"组建时排除文件"复选框,使之对应的程序在组建时被排除。同时,需要将所要编译的程序文件取消,选中"组建时排除文件"复选框。

(3)单击【确定】按钮,完成设置。

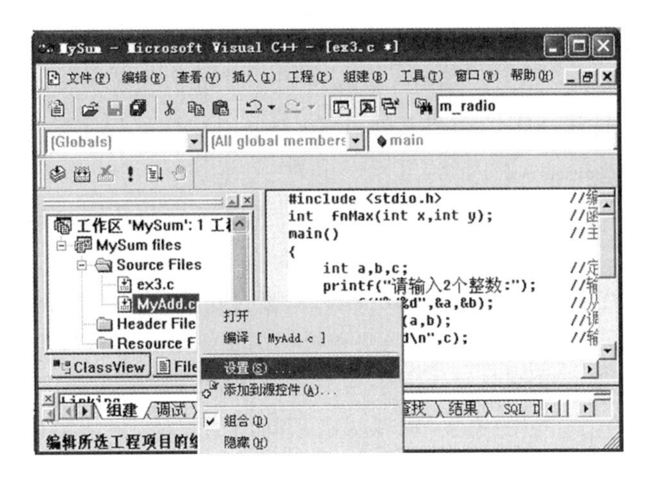

图 1-11 程序设置

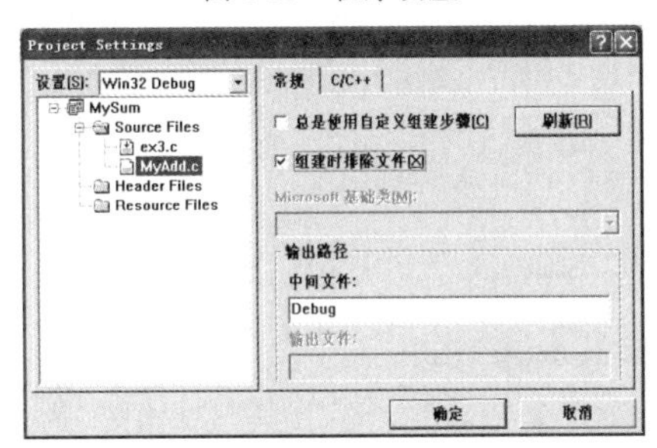

图 1-12 组建时排除文件

1.4 程序设计基础*

1.4.1 基本概念

1. 程序与算法

人们做任何事情都有一定的方法和程序,如开会的议程、老师上课的教案、春节联欢晚会节目单等都是程序。"程序"逐渐被专业化,它通常特指:为让计算机完成特定任务(如解决某一算题或控制某一过程)而设计的指令序列。

从程序设计的角度来看,每个问题都涉及两方面的内容:数据和操作。所谓数据是泛指计算机要处理的对象,包括数据的类型、数据的组织形式和数据之间的相互关系,这些又称为"数据结构"(Data Structure);所谓操作是指处理的方法和步骤,也就是算法(Algorithm)。而编写程序所用的计算机语言称为"程序设计语言"。

换言之,一个程序应包括以下两方面的内容:

(1)对数据的描述,即数据结构(Data Structure)。在程序中要指定数据的类型和数据的组织形式。

(2)对数据处理的描述,即算法(Algorithm)。算法是为解决一个问题而采取的方法和步骤。

算法反映了计算机的执行过程,是对解决特定问题的操作步骤的一种描述。数据结构是对参与运算的数据及它们之间关系进行的描述,算法和数据结构是程序的两个重要方面。因此，著名的计算机科学家沃斯(Nikiklaus Wirth)提出过一个经典公式：

算法+数据结构=程序

实际上，一个程序除了以上两个要素外，还应当采用结构化程序设计方法进行程序设计，并且用某一种计算机语言表示。因此，可以表示为：

算法+数据结构+程序设计方法+语言工具和环境=程序

2. 数据结构

计算机处理的对象是数据，数据是描述客观事物的数、字符以及计算机能够接受和处理的信息符号的总称。数据结构是指数据的类型和数据的组织形式。数据类型体现了数据的取值范围和合法的运算，数据的组织形式体现了相关数据之间的关系。

数据结构与算法有着密切的关系，只有明确了问题的算法，才能更好地构造数据结构；但选择好的算法，常常依赖于好的数据结构。事实上，程序就是在数据的某些特定的表示方式和结构的基础上对抽象算法的具体描述。因此，编写一个程序的关键就是合理地组织数据和设计好的算法。

1.4.2 算法的特性

先看一个简单的实例。

【例 1.4】 输入 3 个数，求其最大数。

设 num1，num2，num3 存放 3 个数，max 存放其最大值。为求其最大数，只要对 3 个数进行比较，其步骤如下：

(1)输入 3 个数 num1，num2，num3。

(2)先把第 1 个数 num1 的值赋给 max。

(3)将第 2 个数 num2 与 max 比较，如果 num2>max，则把第 2 个数 num2 的值赋给 max，否则，不执行任何操作。

(4)将第 3 个数 num3 与 max 比较，如果 num3>max，则把第 3 个数 num3 的值赋给 max，否则，不执行任何操作。

(5)输出 max 的值，即最大值。

一个算法应具有以下 5 个特性：

(1)有穷性

一个算法应包含有限个操作步骤，而不能是无限的。也就是说，对于一个算法，要求其在时间和空间上是有穷的。例如，例 1.4 中求 3 个数中最大数的算法，经过两次比较，就能得出结论，所以具有“有穷性”。

(2)确定性

算法中的每一步都应当是确定的，而不应当是含糊的、模棱两可的，也就是要求必须有明确的含义，不允许存在二义性。例如，“将成绩优秀的同学名单打印输出”，在这一描述中，“成绩优秀”就不明确，“是每门功课均为 95 分以上，还是指总成绩在多少分以上？”。

(3)有效性

算法中描述的每一步操作都应该能有效地执行，并得到确定的结果。例如，当 y=0 时，x/y 是不能有效执行的。又如，C 语言中的求余运算“%”，要求两个操作数都必须是整数且非 0，否则求余数运算不能有效执行。

(4)输入

一个算法有0个或多个输入数据。例如,计算1～10的累计和的算法,无须输入数据,而求n! 的算法,一般来说需要从键盘上输入n的值。

(5)输出

算法的目的是求解,而“解”就是输出。所以,一个算法应该有一个或多个输出,例如,例1.4中求3个数中的最大数的算法,最后输出求得的最大值。没有输出的算法是毫无意义的。

1.4.3 算法的描述

算法的表示方法很多,常见的有自然语言、传统流程图、伪代码、计算机语言等。

1. 用自然语言描述

自然语言就是人们日常使用的语言,可以是中文、英文等。用自然语言表示的算法通俗易懂,但一般篇幅冗长,表达上不是很准确,容易引起理解上的“歧义性”。所以,除了很简单的问题外,一般不使用这种描述。

2. 用传统流程图描述

传统流程图是用一组规定的图形符号、流程线和文字说明来表示各种操作算法。ANSI规定了一些常用的流程图符号,见表1-1。

表1-1　流程图常用符号

符　号	符号名称	含　义
	起止框	表示算法的开始和结束
	输入输出框	表示输入输出操作
	处理框	表示对框内的内容进行处理
	判断框	表示对框内的条件进行判断
→　↓	流程线	表示流程的方向
	连接点	表示两个具有同一标记的“连接点”,应连接成一个点
	预先定义的进程	表示预先定义的函数、子例程等

用传统流程图表示算法直观形象、易于理解,算法的逻辑流程一目了然,能较清晰地表达各种处理之间的逻辑关系,而且由于使用流程线,使用者可以方便地使流程进行转移,因而是一种较好的算法描述方法。

【例1.5】 用流程图描述例1.4的算法,如图1-13所示。

3. 用伪代码描述

伪代码是一种介于自然语言和计算机语言之间的文字和符号,用来描述算法。伪代码的表现形式比较自由灵活,没有严谨的语法格式。

【例 1.6】 用伪代码描述例 1.4 中求 3 个数中最大数的算法。

```
INPUT num1,num2,num3
num1=>max
IF num2>max THEN num2=>max
IF num3>max THEN num3=>max
PRINT max
```

4. 用计算机语言描述

我们的任务是用计算机解题,也就是用计算机实现算法。计算机是无法识别流程图和伪代码的。只有用计算机语言编写的程序,经编译成目标程序后,才能被计算机执行。因此,用任何方法描述的算法,都得将它转化成计算机语言程序。

用计算机语言表示算法必须严格遵循所用语言的语法规则,这是和伪代码不同的。

【例 1.7】 将例 1.6 表示的算法用 C 语言表示。

```
#include <stdio.h>
main()
{
    int num1,num2,num3,max;
    scanf("%d%d%d",&num1,&num2,&num3);
    max=num1;
    if(num2>max) max=num2;
    if(num3>max) max=num3;
    printf("%d",max);
}
```

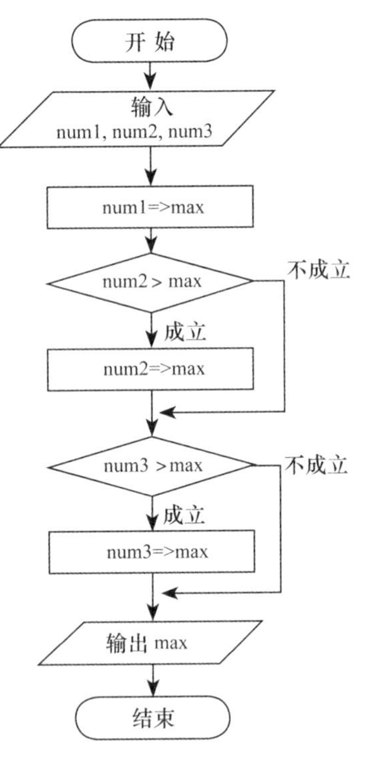

图 1-13 例 1.4 的流程图

1.4.4 程序设计方法

程序设计的一般步骤如下:

(1)分析问题,确定解题方案

根据用户要求,进行需求分析、数据处理分析、可行性分析和运行环境分析。然后在分析的基础上,将实际问题抽象化,建立相应的数学模型并确定解决方案。

(2)确定算法

根据选取的数学模型和确定的解决方案,设计出具体的操作步骤,并可以通过流程图将确定的算法清晰、直观地表示出来。

(3)编写程序

选用合适的开发平台和程序设计语言,将算法按所选语言的规则描述出来,形成程序设计语言编制的源程序。

(4)调试运行程序

对编写好的程序进行试运行和检验,发现问题就对程序进行修改,然后再试运行和检验,直至得出正确的结果。

(5)建立文档资料

整理分析计算结果,并建立相应的文档资料,以便维护和修改。

【例 1.8】 统计 100 以内的素数之和。

(1)分析问题,确定解题方案

解决此问题分两步:

①对一个大于 2 的正整数 n,判断它是不是素数,也就是将 n 作为被除数,用 2～n 的整数去除,如果除不尽,则 n 是素数,否则,不是素数。

②统计 100 以内的素数之和。

(2)确定算法

用伪代码表示算法如下:

```
BEGIN(算法开始)
3=> Sum
4=> n
while n<100
{    2=> i
     while i<=n
     {      n%i=> r
            if r=0 then break
            i+1=> i
     }
     if i<=n then Sum+n => Sum
     n+1=>n
}
print Sum
END (算法结束)
```

用传统流程图描述算法如图 1-14 所示。

(3)编写程序(留给读者完成)

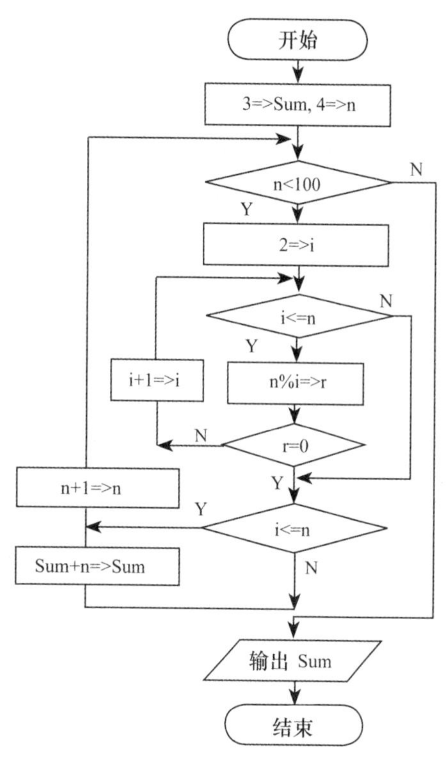

图 1-14　算法的流程图

1.5　情景应用——训练项目

项目 1-1　Visual C++ 6.0 开发工具的使用

【训练目的】

1. 熟悉 Visual C++ 6.0 开发环境。
2. 掌握创建工程、添加 C 源程序的方法。
3. 熟悉 C 程序编辑、编译、连接和运行的过程。
4. 通过运行简单的 C 程序,初步了解 C 源程序的结构。

【操作步骤】

1. 启动 Visual C++ 6.0,并创建工程 test。
2. 在 test 工程中添加一个 temp1. c 文件,并保存在 D:\MYC 路径下。

3. 在 temp1. c 程序中，编辑如下程序：

```
#include <stdio.h>
main()
{
    int a,b,c;
    a=29;
    b=30;
    c=a-b;
    printf("%d\n",c);
}
```

4. 编译、连接并运行，观察运行结果。

项目 1-2　多程序文件的工程设置

【训练目的】

1. 熟悉工程的打开和关闭过程。
2. 熟悉工程的设置方法。

【操作步骤】

1. 启动 Visual C++ 6.0，打开项目 1 中创建的工程 test。
2. 在 test 工程中，再添加一个 temp2. c 文件。
3. 在 temp2. c 文件中，模仿例 1.1 程序，编写输出“Good Night!”的程序代码。
4. 进行工程设置，分别对本工程中的每个 C 程序进行编译、连接和运行。

自我测试练习

一、单选题

1. 下面叙述错误的是(　　)。

A. C 程序中可以有若干个 main()函数

B. C 程序必须从 main()函数开始执行

C. C 程序由若干个函数组成

D. C 程序中不可以没有 main()函数，否则无法执行程序

2. 下面叙述错误的是(　　)。

A. 计算机不能直接执行 C 语言编写的源程序

B. C 程序经过编译后，生成后缀为. obj 的文件是一个二进制文件

C. 后缀为. obj 的文件，经连接生成的后缀为. exe 的文件是一个二进制文件

D. 后缀为. obj 和. exe 的二进制文件都可以直接运行

二、填空题

1. C 语言程序的三大区域从上到下分别是________、________和________。

2. 每一条执行语句都是以________结尾。

3. 引用头文件使用________指令。

三、编程题

1. 请用 Visual C++ 6.0 开发工具，编写一个 C 程序，输出以下信息。

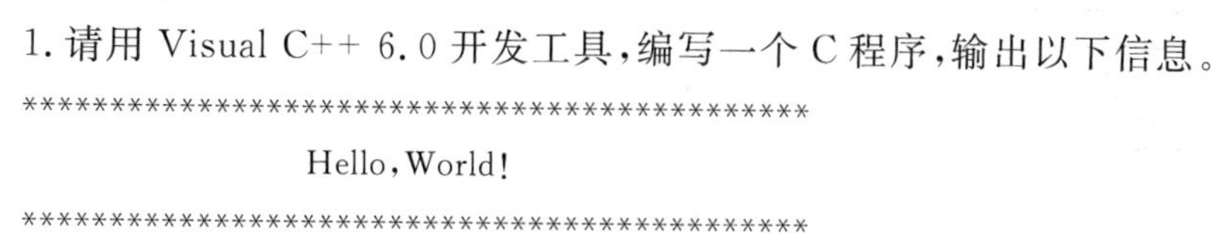

2. 分别用伪代码和流程图表示方法，将任意输入的 2 个数，输出较大数。

第2章

数据类型、运算符与表达式

学习目标

- 掌握C语言的基本字符、标识符和关键字
- 了解C语言的编程规范
- 理解和掌握数据类型、常量与变量
- 理解和掌握运算符与表达式

案例2　饮料交换问题

问题描述

小明、景天和婷婷三人常在一起玩游戏。有一天，小明带来一杯雪碧，而婷婷带来一杯可乐。景天看了看他俩的饮料，突然问道："你俩把饮料对换，但各自的杯不变，该怎么办？"

聪明的小明想了想，便立即给出了答案：准备同样大小的第三个杯子，把雪碧倒入第三个杯子，可乐倒入盛雪碧的杯子，然后将第三个杯子中的雪碧倒入盛可乐的杯子。

请编程，用C语言来描述小明对"两杯饮料交换问题"的求解。

知识准备

数据，是C程序的处理对象。数据在处理时需要先存入计算机的内存中，不同类型的数据在内存中的存放形式是不同的。两杯饮料交换问题，数值化后，涉及C语言数据类型、变量定义等相关知识。

要完成上面的任务，必须要理解C语言的字符集、关键字、标识符、数据类型、常量与变量、运算符与表达式等知识点。

2.1　字符集、关键字和标识符

2.1.1　字符集

字符集是构成C语言的基本元素。用C语言编写程序时，所写的语句是由字符集中的字符构成的。C语言的字符集由下列字符构成：

(1)数字字符：0～9

(2)大小写英文字母：a～z，A～Z

(3)特殊字符:! # % ^ & * _(下划线) - + =~ < > / | . , : ; ? ' " ( )[ ]{ }

(4)空白字符:空格符、换行符、制表符

空白字符在程序中起分隔其他成分的作用,在程序中空白字符通常不会影响程序的意义。写程序时,利用空白字符的这种性质,把程序内容排列成适当的格式,以增强程序的可读性。

2.1.2 关键字(保留字)

在C语言中,有32个关键字,见表2-1。关键字是由系统预先定义的专用词,它们有特别的含义,如int用来定义整数类型。在今后的学习中将会逐步接触到这些关键字的具体使用方法。

表2-1　　C语言关键字

auto	break	case	char	const	continue
default	do	double	else	enum	extern
float	for	goto	if	int	long
register	return	short	signed	sizeof	static
struct	switch	typedef	union	unsigned	void
volatile	while				

2.1.3 标识符

在编程过程中,用来标识变量名、符号常量、数组名、函数名、文件名等的有效字符序列称为"标识符"(Identifier)。通俗地讲,标识符就是名字。

C语言对标识符有如下规定:

(1)标识符只能由字母(a~z,A~Z)、数字(0~9)和下划线(_)三种字符组成,且第一个字符必须为字母或下划线。

(2)不能使用C语言的关键字(保留字)作为标识符。

例如:

```
num,_ax,a3,file_1,Abc,FnFact        //正确,标识符第一个字符为字母或下划线
!num,x$,a#,x+                       //错误,"!""#""$""+"是非标识符字符
4x,7a                               //错误,第一个字符不能是数字
case,int,char                       //错误,关键字不能作为标识符
```

注意

(1)英文字母的大小写代表不同的标识符,即大小写敏感,例如:

```
inum,INUM,iNum                      //3个不同的标识符
```

(2)对标识符的长度,ANSI C没有限制,但各编译器有不同的规定和限制。Turbo C 2.0限制为8个字符,超出部分将被忽略。Visual C++ 6.0基本没有限制。

2.1.4 C语言的编程规范

虽然在C语言中编写代码是自由的,但是为了使编写的代码通用、友好、可读性强,应尽量遵循编程规范。一个好的程序员在编写代码时,一定要有规范性。清晰、整洁的代码才是有

价值的。

1. 匈牙利命名法

在标识符的命名法中最常见的就是匈牙利命名法,即标识符的名字由两部分组成,前面一部分即前缀用于表示类型,后面一部分用于表示意义,采用首字母大写的英文单词或缩写。例如,一个存储和数的变量,可以取名为 iSum,其中 i 表示该变量类型是整型,Sum 表示该变量是用来计算和数的。

本书中的变量命名遵循匈牙利命名规则,一般前缀约定见表 2-2。

表 2-2　　变量命名规则前缀约定

标识符类型	前　缀	标识符类型	前　缀
int	i	数组	同简单变量
long	l	指针	p
float	f	函数	fn
char	ch	结构体	st
unsigned int	w	unsigned long	dw

注意

(1)标识符的命名最好有相关的含义。应做到"见名知意",以增加程序的可读性。例如,iWidth(表示宽度)、iSum(表示求和)、time(表示时间)、PI(表示圆周率)。

(2)对于一些简单验证性例子,建议不必拘泥于匈牙利命名法。否则,反而给初学者增加难度。

2. 注释的合理使用

C 语言的注释是以"/ * "开始,以" * /"结束的。在这之间的所有内容编译程序被认为是注释信息,编译时跳过它们。

注释通常用于以下几种情况:版本版权声明、函数接口说明和重要代码行或者段落说明。

注释是提高可读性的重要手段,用于帮助别人理解代码,在使用时可遵循以下原则:

(1)注释是对代码的解释,并不是文档。注释不可喧宾夺主,注释花样要少。

(2)如果代码本身的功能就很清楚,就没必要加注释。

(3)注释应当准确、易懂,防止出现二义性。

(4)注释的位置要与描述的代码相邻,可放在代码上面或者右侧,不要放在代码的下面。

注意

如果选择 Visual C++ 6.0 开发环境,则有两种注释方法。另一种注释以符号"//"表示注释开始,直到本行结束。这一种注释方法是 C++特有的,一般用于注释一行中较短的信息。

3. 程序中的"{ }"要对齐

(1)程序的分界符"{"和"}"应各占据一行并且位于同一列,同时与引用它们的语句左对齐。例如:

```
void fnFun(int n)
{
}
```

(2)“{}”之内的代码块在“{”右侧空 4 个格处左对齐。例如：

```
if(condition)
{
␣␣␣␣dosomething(); //其中␣表示空格
}
```

(3)如果出现嵌套“{}”的情况，则使用缩进对齐的形式。例如：

```
{
    ……
    {
        ……
    }
}
```

4. 换行使代码更清晰

代码行最大长度应该控制在 70～80 个字符。长的表达式要在低优先级操作符处拆分成新行，操作符放在新行的前面，用于突出显示操作符。拆分出来的新行要适当缩进，使代码版式整齐，可读性强。例如：

(1)按操作优先级拆分

```
if((v1>v2)
    && (v3<v4)
    && (v5<v6))
{
    dosomething();
}
```

(2)按表达式的意义拆分

```
for(initialization;
    condition;
    update)
{
    dosomething();
}
```

2.2　C 语言的数据类型

2.2.1　C 语言的数据类型分类

数据类型决定数据的存储空间的大小及表示形式、数据的取值范围和运算方式。C 语言提供的数据类型非常丰富，包括基本数据类型、构造数据类型和其他数据类型三大类，如图 2-1 所示。

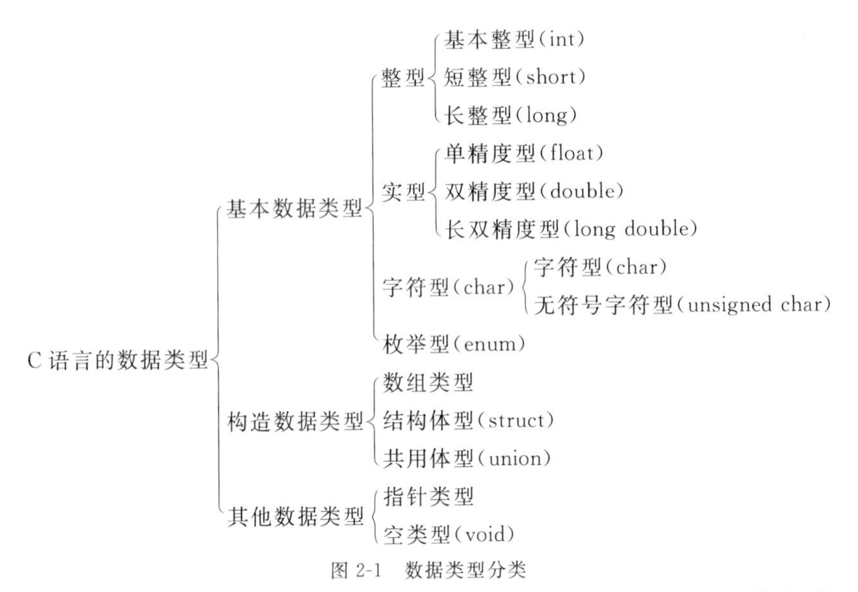

图 2-1 数据类型分类

其中,基本数据类型是C语言系统本身提供的,结构比较简单。构造数据类型是由基本数据类型构造而成的。指针类型是一种重要的数据类型,可以表示复杂的数据结构,使用起来非常灵活,但是比较难理解和掌握。本节只讨论基本数据类型,其余的数据类型在以后的章节中介绍。

2.2.2 整型数据

1. 整型数据的类别

在C语言中,整型数据分为基本整型、短整型、长整型3大类。其中每一类又分为无符号和有符号两种情况,见表2-3。

表 2-3 整型数据的分类

类　型	类型标识符	字　节	取值范围
有符号基本整型	[signed] int	4	−2147483648～2147483647
无符号基本整型	unsigned int	4	0～4294967295
有符号短整型	[signed] short [int]	2	−32768～32767
无符号短整型	unsigned short [int]	2	0～65535
有符号长整型	[signed] long [int]	4	−2147483648～2147483647
无符号长整型	unsigned long [int]	4	0～4294967295

说明

表2-3中的“[ ]”为可选部分。例如,[signed] int 在书写时可以省略 signed。

注意

(1)表2-3中给出的字节数和范围是指字长为32位的编译器。

(2)在TC、Win-TC编译环境中,整型(int)是按字长为16位处理的,而在Devcpp、Visual C++ 6.0编译环境中,整型则是按字长为32位处理的。例如,请观察下列程序的运行结果。

```
#include <stdio.h>
```

```
void main()
{
    short a;
    int b;
    long c;
    printf("%d,%d; ",sizeof(short),sizeof(a));
    printf("%d,%d; ",sizeof(int),sizeof(b));
    printf("%d,%d ",sizeof(long),sizeof(c));
}
```

①用 Win-TC 编译环境,程序运行结果是:2,2;　2,2;　4,4。

②用 Devcpp 或 Visual C++ 6.0 编译环境,程序运行结果是:2,2;　4,4;　4,4。

2. 整型数据在内存中的存储形式

整型数据是以二进制数补码的形式存储的。对有符号数据,则存储单元的最高位为符号位,1 表示负数,0 表示正数。对无符号数据,则没有符号位,所有的存储单元均为数据位。以短整型数据在内存中占 2 个字节(16 位)为例,来说明有符号数据和无符号数据在内存中占用存储单元的区别,如图 2-2 所示。

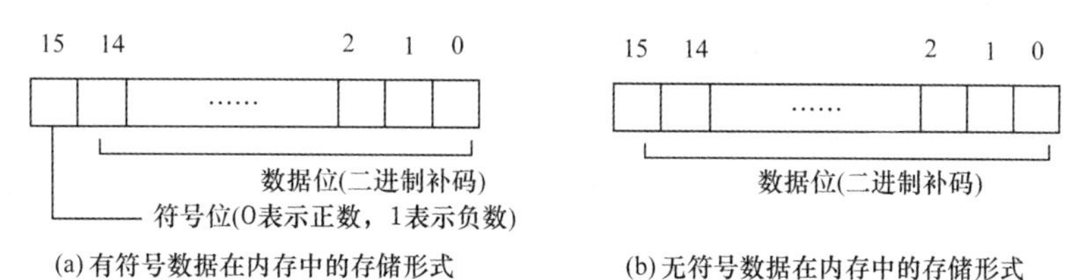

图 2-2　短整型数的存储形式

例如,十进制数 13 的补码就是其原码 1101,所以 13 在内存中的存储形式如图 2-3 所示。由于十进制数-13 的补码是 1111111111110011,所以-13 在内存中的存储形式如图 2-4 所示。

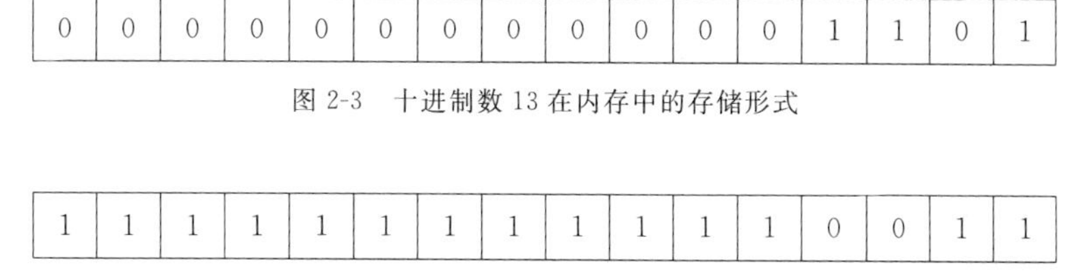

0	0	0	0	0	0	0	0	0	0	0	0	1	1	0	1

图 2-3　十进制数 13 在内存中的存储形式

1	1	1	1	1	1	1	1	1	1	1	1	0	0	1	1

图 2-4　十进制数-13 在内存中的存储形式

3. 求补码的方法

在计算机中,整数有原码、反码和补码 3 种表示方法。

(1)一个正数的反码和补码与原码相同

例如,十进制数 13 转换为二进制数是 1101,所以,13 的

1 字节原码、反码和补码都是 00001101

2 字节原码、反码和补码都是 0000000000001101

(2)负数的原码就是把符号位数值化

例如,-13 的

1 字节原码是 10001101

2 字节原码是 1000000000001101

(3)负数的反码就是其原码的符号位不变,其他位按位取反

例如,-13 的

1 字节反码是 11110010

2 字节反码是 1111111111110010

(4)负数的补码就是在反码末位(最右端位)加 1

例如,-13 的

1 字节补码是 11110011

2 字节补码是 1111111111110011

求一个负整数补码的方法是:先求出该数的原码,除符号位外,其他数位取反后再加 1。

【例 2.1】 求十进制数-14 的 2 字节补码。

(1)求-14 的绝对值:|-14|=14。

(2)14 的二进制表示为 1110,$[-14]_{原}$=1000 0000 0000 1110。

(3)对-14 的二进制原码表示取反操作,$[-14]_{反}$=1111 1111 1111 0001。

(4)反码末位加 1 操作,这样就得到 $[-14]_{补}$=1111 1111 1111 0010。

2.2.3 实型数据

1. 实型数据的类别

实型数据也称为浮点型数据。在 C 语言中,实型数据分为单精度型(float)、双精度型(double)和长双精度型(long double)三种。实型数据均为有符号数据,没有无符号实型数据,见表 2-4。

表 2-4 实型数据的分类

类　型	类型标识符	字　节	数值范围	十进制精度
单精度型	float	4	$3.4\times10^{-38}\sim3.4\times10^{38}$	7 位
双精度型	double	8	$1.7\times10^{-308}\sim1.7\times10^{308}$	15 位
长双精度型	long double	8	$3.4\times10^{-4932}\sim1.1\times10^{4932}$	19 位

注意

double、long double 因编译环境不同有所差异。在 Win-TC 编译环境中,double 占 8 个字节,long double 占 10 个字节;而在 Visual C++ 6.0 编译环境中,它们都占 8 个字节。

2. 实型数据的存储形式

实型数据在内存中是以指数形式存放的。系统把一个实型数据分成小数部分和指数部分,分别存放。其中,指数部分采用规范化的指数形式。一个实型数据 3.14159=+0.314159×10^1 在内存中的存储形式如图 2-5 所示。

+(符号)	.314159	1(指数部分)

图 2-5　实型数据的存储形式

说明

对于一个 4 字节(32 位)的实型数据,用多少位来表示小数部分,用多少位来表示指数部分呢?C 语言本身并无具体规定,而是由 C 编译系统确定。很多的 C 编译系统用 24 位表示小数部分(包括符号位),用 8 位表示指数部分(包括指数的符号)。

2.2.4 字符型数据

字符型数据分为字符型和无符号字符型两种，见表2-5。

表2-5 字符型数据的分类

类　型	类型标识符	字　节	取值范围
字符型	char	1	−128～127
无符号字符型	unsigned char	1	0～255

1. 字符型数据的存储形式

在内存中，一个字符型数据占用一个字节(8位)，以ASCII码的二进制形式存放。即当我们将一个字符常量(如'a')放到一个字符型变量(如C)中时，并不是将字符本身('a')放到存储单元(C)中，而是将字符'a'的ASCII码值97的二进制码放到存储单元(C)中，如图2-6所示。

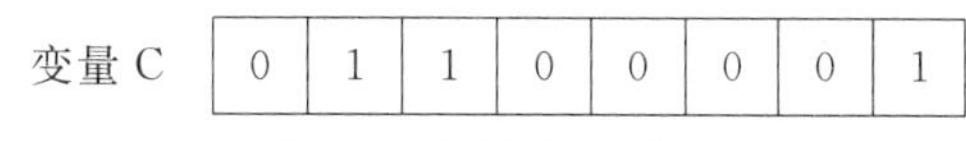

图2-6 字符'a'的存储

数字有时也作为字符来处理，'0'的ASCII码值是48，'1'的ASCII码值是49；'A'的ASCII码值是65，'B'的ASCII码值是66；'a'的ASCII码值是97，'b'的ASCII码值是98。对同一个字母，其大小写的ASCII码值相差32。只要记住'A'、'a'的ASCII码值，就可推算出其他字母的ASCII码值。

2. 字符型数据与整型数据通用

char型数据的ASCII码的取值范围为−128～127，其最高位是符号位。如果使用ASCII码为0～127的字符，因为最高位为0，所以在用整数格式%d输出时，输出一个正整数。如果使用ASCII码为128～255的字符，因为最高位为1，所以在用整数格式%d输出时，输出一个负整数。

unsigned char型数据的ASCII码的取值范围是0～255，字节中无符号位。在用整数格式%d输出时，输出一个0～255的正整数。

所以，在一定范围(0～127)内，int类型和char类型的数据是通用的，可以相互代替、相互运算。

【例2.2】 字符型数据和整型数据通用举例。

```
#include <stdio.h>
void main()
{
    int c1,c2;                                   //定义整型变量c1,c2
    c1='a';                                      //将字符常量'a'赋给变量c1
    c2=97;                                       //将97('a'的ASCII码)赋给变量c2
    printf("c1=%c,c2=%c\n",c1,c2);               //用字符格式输出变量c1,c2
    printf("c1=%d,c2=%d\n",c1,c2);               //用整数格式输出变量c1,c2
}
```

运行结果：

```
c1=a,c2=a
c1=97,c2=97
```

注意

变量 c1,c2 在内存中的值都是 97,输出什么完全取决于输出格式是%d 还是%c。

2.3 常量与变量

程序处理的对象是数据,而每项数据有常量和变量之分。常量又称常数,是指在程序运行过程中,其值不能被改变的量,而变量的值在程序的运行过程中可以改变。

2.3.1 常 量

常量可分为不同类型,常用的有:整型常量、实型常量、字符常量、字符串常量和符号常量。

1. 整型常量

整型常量由一个或多个数字组成,可以有正、负号,但不能有小数点。整型常量有三种表示方法:

(1)十进制常量没有前缀,所含数字为 0~9。例如:198,-345,0。

(2)八进制常量有前缀 0(零),所含数字为 0~7。例如:

```
0571                //正确,在常量前面加上 0 进行修饰
0591                //错误,含有非八进制数字 9
```

(3)十六进制常量有前缀 0x 或 0X,所含数字为 0~9、A~F 或 a~f。例如:

```
0x59af              //正确,在常量前面加上 0x 进行修饰
0x59ak              //错误,含有非十六进制数的字母 k
```

八进制数、十六进制数与十进制数的换算关系如下:

-0537——八进制整数,$(-537)_8=-(5\times8^2+3\times8^1+7\times8^0)=-(5\times64+3\times8+7\times1)=(-351)_{10}$

0x2AF——十六进制整数,$(2AF)_{16}=2\times16^2+10\times16^1+15\times16^0=2\times256+10\times16+15\times1=(687)_{10}$

【例 2.3】 三种进制表示方法的转换。

```
#include <stdio.h>
void main()
{
    int x=1234,y=01234,z=0x1234;
    printf("%d,%d,%d\n",x,y,z);        /* %d:以十进制格式符输出 */
    printf("%o,%o,%o\n",x,y,z);        /* %o:以八进制格式符输出 */
    printf("%x,%x,%x\n",x,y,z);        /* %x:以十六进制格式符输出 */
}
```

运行结果如图 2-7 所示。

```
"D:\■YC\chapter2\Deb...
1234,668,4660
2322,1234,11064
4d2,29c,1234
Press any key to continue
```

图 2-7 三种进制格式的输出

说明

(1)整型常量可以是长整型、短整型、符号整型和无符号整型，只要它的数值范围在 int 型常量的范围内，其默认类型是 int 型。例如，常量 234 是 int 型常量。

在整型常量的后面加上符号 L(或 l)进行修饰，表示该常量是长整型。而后缀 U(或 u)表示该常量是无符号整型。例如：

```
LongNum=2000L;              //L 表示长整型
UnsignLongNum=300U;         //U 表示无符号整型
```

(2)不同的编译器，整型常量的取值范围是不同的。16 位的计算机中整型常量就是 16 位，在 32 位的计算机中整型常量就是 32 位。例如，16 位无符号短整型常量的取值范围为 0～65535;32 位无符号短整型常量的取值范围为 0～4294967295。

模仿练习

1. 将下列二进制数分别转换为十进制数。

(1)10001101　　　　(2)01110111　　　　(3)00110001

2. 将下列八进制数、十六进制数分别转换为十进制数。

(1)035　　　　(2)0x1f4　　　　(3)0x4DF1

2. 实型常量

实型常量，就是我们通常所说的实数，又称浮点数，它们在计算机中是近似表示的。C 语言中的实数只有十进制表示，有以下两种书写形式：

(1)十进制形式

十进制形式由正负号、整数部分、小数点和小数部分组成。例如，123.9、-20.234、0.1234、0.0等都是正确的书写形式。

(2)指数形式

指数形式也称为科学表示形式，由正负号、整数部分、小数点、小数部分、字母 e(或 E)及后面带正负号的整数组成。例如，-1.234e+2、3.45e-02、.89E3、456e-002 等都是正确的指数表示形式。其中 e(或 E)前面的数字表示尾数，e(或 E)后面的整数表示指数。如 1.234E+3 表示 1.234×10^{3}。

注意

(1)字母 e(或 E)之前必须有数字，同时 e(或 E)后面的指数部分必须是整数。如e-3,E5,1.2e2.5 都是不合法的。

(2)当字母 e(或 E)的前面的数字中的整数部分为一位非 0 整数时，指数形式称为“规范化的指数形式”。例如，1.23e+2、-3.45e4 都是规范化的指数形式，而 0.123e-2、23.567E2 都不是规范化的指数形式。

(3)实型常量的后缀，用 F 或 f 表示单精度类型 float;用 L 或 l 表示长双精度类型 long double;无后缀表示双精度类型 double。例如：

```
FloatNum=3.2F;                //单精度类型 float
LongDoubleNum=3.456e-1L;      //长双精度类型 long double
DoubleNum=3.4;                //双精度类型 double
```

3. 字符常量

字符常量是用一对单引号(即撇号)括起来的单个字符，在内存中占一个字节。例如：

'a','b','1','$','A','#'　　　　　//正确的字符常量

'AB',"AB","a"　　　　　　　　　//错误的字符常量

(1)一个字符常量的值是该字符对应的 ASCII 码值。例如,字符常量'a' ～ 'z' 对应的 ASCII 码值是 97～123;字符常量'0'～'9' 对应的 ASCII 码值是 48～57。显然'0'与数字 0 是不同的。

(2)C 语言中还允许一种特殊形式的字符常量,即以反斜线"\"开头的字符序列,称为转义字符。例如,printf("\n%d",x)函数中的 '\n'代表换行,而不是字符 'n'。常用的转义字符见表 2-6。

表 2-6　　　　转义字符及其含义

转义符	ASCII 码	字　符	含　义
\0	0	NULL	字符串结束
\n	10	NL(LF)	换行符,将光标移到下一行开头(第 1 列)
\t	9	HT	将光标移到下一个水平制表符位置
\b	8	BS	退格符,将光标退回到前一列的位置
\r	13	CR	回车符,将光标移到本行的开头(第 1 列)
\f	12	FF	换页符,将光标移到下一页的开头
\\	92		反斜杠字符(\)
\'	39		单引号字符(')
\"	34		双引号字符(")
\ddd			1 到 3 位八进制数,代表一个字符
\xhh			1 到 2 位十六进制数,代表一个字符

例如,'\101' 代表 ASCII 码为 65(十进制)的字符'A','\012' 代表 ASCII 码为 10(十进制)的字符\n,即换行符。字符'\000'或'\0'代表的是 ASCII 码值为 0 的控制符,即空字符。

【例 2.4】 字符常量的输出。

```
#include <stdio.h>
void main()
{
    putchar('H');           /* 输出字符常量'H' */
    putchar('e');           /* 输出字符常量'e' */
    putchar('l');           /* 输出字符常量'l' */
    putchar('\154');        /* 输出转义字符'\154',即字符常量'l' */
    putchar('\x6F');        /* 输出转义字符'\x6F',即字符常量'o' */
}
```

4. 字符串常量

字符串常量是用双引号括起来的字符序列。例如,"CHINA"," ","teacher and student","12345.456","a"等都是字符串常量。

字符串常量一般用一个字符数组(参见第 6 章)来存储,每个字符占一个字节,存放其对应的 ASCII 码。字符串常量在内存中存储时,系统自动加上串尾标志'\0'。

每个字符串常量在内存中占用的存储单元数目应为该字符串长度(字符个数)加 1。例如,"CHINA"的存储形式如图 2-8 所示。

注意

(1)字符串常量"a"与字符常量'a'是不同的。字符常量'a'在内存中占用一个字节，而字符串常量"a"在内存中占用两个字节，如图2-9所示。

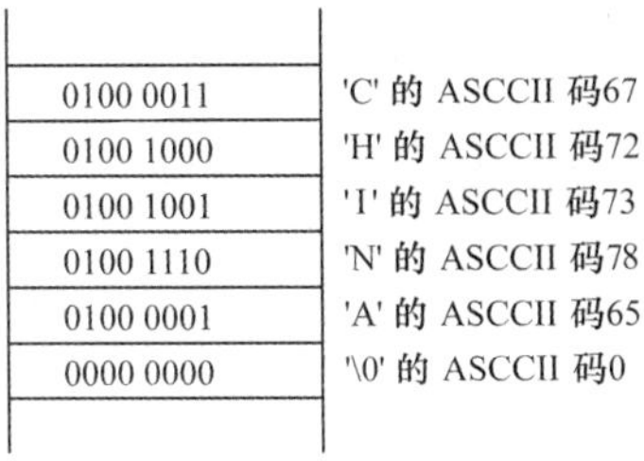

存储内容	说明
0100 0011	'C' 的 ASCCII 码67
0100 1000	'H' 的 ASCCII 码72
0100 1001	'I' 的 ASCCII 码73
0100 1110	'N' 的 ASCCII 码78
0100 0001	'A' 的 ASCCII 码65
0000 0000	'\0' 的 ASCCII 码0

图2-8　字符串"CHINA"的存储形式

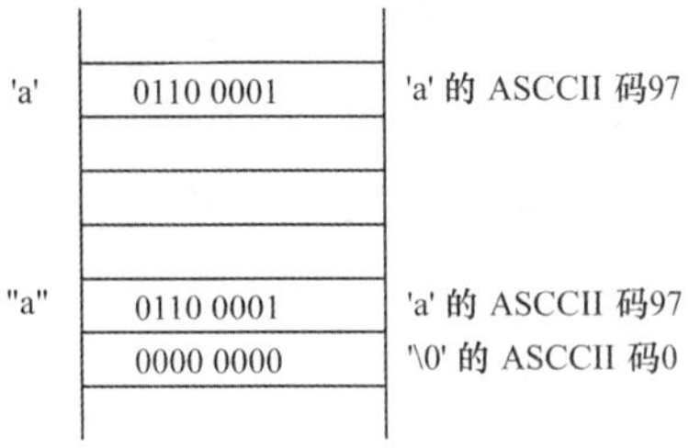

	存储内容	说明
'a'	0110 0001	'a' 的 ASCCII 码97
"a"	0110 0001	'a' 的 ASCCII 码97
	0000 0000	'\0' 的 ASCCII 码0

图2-9　字符'a'和字符串"a"存储形式的比较

(2)字符常量可以进行加减运算，例如，'a'+'d'是a的ASCII码与d的ASCII码相加；而字符串常量则不能进行加减运算，只能做连接、复制等操作。

5. 符号常量

用一个特定的符号来代替一个常量或一个较为复杂的字符串，这个符号称为符号常量。它通常由预处理命令#define来定义。符号常量一般用大写字母表示，以便与其他标识符区别。

符号常量的一般定义形式：

#define　符号常量标识符　常量值(或"字符串")

例如：

```
#define   NULL   0              //定义符号常量NULL代表0
#define   PI   3.14159          //定义符号常量PI代表3.14159
```

【例 2.5】 符号常量的使用。

```
#include <stdio.h>
#define   PI   3.14159          //定义符号常量PI
void main()
{
    double area,circum,r;
    r=2.0;
    area=PI*r*r;
    printf("面积=%f\n",area);
    circum=2.0*PI*r;
    printf("周长=%f\n",circum);
}
```

说明

使用符号常量可以使数据含义清楚，同时也便于该数据的修改。

2.3.2 变　量

变量是指在程序运行过程中，其值可以改变的量。使用变量前必须先定义(声明)，变量有三个要素：名称、类型和值。

1. 变量的名字

变量的定义和赋值

变量的名字是一个标识符，所以要符合标识符的命名规则。

例如：

```
a,_abc,AREA,x1,x2             //合法的变量名
4ac,#g,a+1,fn!a,a$            //不合法的变量名
```

2. 变量的定义

变量在使用之前必须先定义，声明其数据类型和存储类型。

变量定义的一般格式为：

数据类型　变量名1,变量名2,……,变量名n;

例如：

```
int iSum,iLength,x,y;      //定义了4个整型变量iSum,iLength,x,y
char ch;                   //定义了1个字符型变量ch
float fSum,fWidth;         //定义了2个实型(单精度)变量fSum,fWidth
double u,v;                //定义了2个实型(双精度)变量u,v
```

3. 变量的初始化

C语言允许在定义变量的同时使变量初始化。例如：

```
int  a=2;             //定义a为整型变量,初值为2
char b='A';           //定义b为字符型变量,初值为'A'
float x=2.1234F;      //定义x为实型变量,初值为2.1234F
```

也可对被定义的变量部分初始化。例如：

```
int u,v=10,w;         //定义u,v,w为整型变量,v的初值为10
```

注意

如果变量定义时没有初始化，那么局部变量的值是不确定的，而全局变量的值是0(参见第7章)。

【例2.6】 单精度和双精度实型变量的用法。

```
#include <stdio.h>
void main()
{
    float a=123456.111F;                  /* 定义单精度变量a并初始化 */
    double b=123456.111;                  /* 定义双精度变量b并初始化 */
    printf("a=%f,b=%f\n",a,b);            /* 输出变量a,b的值 */
}
```

运行结果：

```
a=123456.109375,b=123456.111000
```

输出的结果中a的数据是123456.109375，这是因为float型数据只接收7位有效数字，后面的数据是无意义的。而b为double型变量，则b能接收全部数据。

【例2.7】 字符型变量的定义形式和用法。

```
#include <stdio.h>
void main()
{
    char c1,c2;                           /* 定义字符型变量c1,c2 */
    c1='a';                               /* 将字符a放到变量c1中 */
```

```
    c2='\101';                           /*将转义字符\101放到变量c2中*/
    printf("c1=%c,c2=%c\n",c1,c2);      /*按字符格式输出变量c1,c2*/
    printf("c1=%d,c2=%d\n",c1,c2);      /*按整数格式输出变量c1,c2*/
}
```

运行的结果：

```
c1=a,c2=A
c1=97,c2=65
```

模仿练习

使用定义字符型变量的方法，编程输出英文单词How are you。

2.4 运算符与表达式

C语言的运算符非常丰富，本章主要介绍算术运算符、赋值运算符和逗号运算符，其他运算符在后续章节中介绍。

2.4.1 C语言运算符

常用的C语言运算符有以下几类：

(1)算术运算符：+ - * / %

(2)关系运算符：< > >= <= == !=

(3)逻辑运算符：! && ||

(4)强制类型转换运算符：()

(5)自增、自减运算符：++ --

(6)赋值运算符：=

(7)条件运算符：?:

(8)逗号运算符：,

(9)指针运算符：* &

(10)求字节数运算符：sizeof

(11)位运算符：<< >> ~ | ^ &

(12)分量运算符：. ->

(13)下标运算符：[]

参加运算的数据称为运算对象或操作数，用运算符把运算对象连接起来的式子称为表达式。以上不同的运算符可以产生不同的表达式。例如，算术表达式、赋值表达式、关系表达式、逻辑表达式等，这些表达式可以完成多种复杂的计算操作。

运算符根据参与运算操作数的个数可分为：单目运算符、双目运算符、三目运算符。例如，!5中的“!”运算符称为单目运算符；加、减、乘、除等运算符，称为双目运算符；条件运算符(?:)称为三目运算符。

2.4.2 算术运算符和算术表达式

C语言的算术运算符包括基本算术运算符和自增、自减运算符。

1. 基本算术运算符

C 语言提供如下几种基本算术运算符：

(1)+：加法运算符。如 2+3，a+b。

(2)-：减法运算符。如 2-3，a-b。

(3)*：乘法运算符。如 2*3，a*b。

(4)/：除法运算符。如 2/3，a/b。

(5)%：取余运算符。如 10%2，a%b。

其中，加、减、乘、除运算符，与数学中的运算相同。

说明

(1)两个整数进行除法运算时，运算结果为整数(舍去小数部分)。例如，5/2 的值是 2，而不是 2.5。

(2)如果参加+、-、*、/ 运算的两个数据中有一个是实型数据，则运算结果为 double 型数据。因为 C 语言中所有的实数在运算过程中都是按 double 型数据处理的。例如，3.2+6 的结果是 9.2，5.0/2 或 5/2.0 的结果是 2.5，这里的 9.2 和 2.5 都是 double 型。

(3)% 运算符的两侧都必须是整型数据，余数符号一般与被除数符号相同。例如，5%2=1，-5%2=-1。

【例 2.8】 简单的算术运算。

```
#include <stdio.h>
void main()
{
    int a=5,b=2,c,d,e;
    c=a+b;
    d=a/b;
    e=a%b;
    printf("c=%d,d=%d,e=%d\n",c,d,e);
}
```

运行结果：

```
c=7,d =2,e=1
```

2. 自增、自减运算符

(1)++：自增运算符。如 a++，++b。

(2)--：自减运算符。如 a--，--b。

自增、自减运算符是单目运算符，即只对一个运算对象施加运算，运算结果仍赋予该对象。参加运算的对象必须是变量。

自增或自减的作用就是使变量的值自增 1 或自减 1。这两个运算符有两种用法，一种是在变量之前，称为前置；另一种是在变量之后，称为后置。

(1)前置运算

++变量　　//先使变量的值增 1，然后再以变化后的值参加运算，即先增 1，后运算

--变量　　//先使变量的值减 1，然后再以变化后的值参加运算，即先减 1，后运算

例如，int a=3，b；

　　b=++a*3；　//等价于 a=a+1；b=a*3；所以，a 的值是 4，b 的值是 12

(2)后置运算

变量++　　//变量先参与表达式的运算,然后再使变量的值增1,即先运算,后增1

变量--　　//变量先参与表达式的运算,然后再使变量的值减1,即先运算,后减1

例如:int a=3,b;

　　b=(a++)*3;　　//等价于 b=a*3;a=a+1;所以,a的值是4,b的值是9

说明

(1)自增(++)或自减(--)运算符只能运用于简单变量,不能用于常量或表达式。例如:

```
x++;                    //正确,自增(++)或自减(--)运用于简单变量
5--;                    //错误,常量不能自增(++)或自减(--)
(x+y)++;                //错误,表达式不能自增(++)或自减(--)
```

(2)++x 与 x++是有区别的。++x 是在使用变量 x 之前先自身加1;而 x++是在使用变量 x 之后再自身加1。如果自增或自减运算本身单独构成一条语句,自增或自减运算符出现在变量的前面和后面,其效果是相同的。

【例 2.9】　分析以下程序的运行结果。

```
#include <stdio.h>
void main()
{
    int x1=1,x2=1,y1,y2;
    y1=++x1;                          //使用 x1 之前先自身加1,等价于 x1=x1+1;y1=x1;
    y2=x2++;                          //使用 x2 之后再自身加1,等价于 y2=x2;x2=x2+1;
    printf("x1=%d,y1=%d\n",x1,y1);    //输出 x1=2,y1=2
    printf("x2=%d,y2=%d\n",x2,y2);    //输出 x2=2,y2=1
    printf("x1=%d\n",x1--);           //先输出2,后减1,x1=1
    printf("x1=%d\n",--x1);           //x1 先减1后输出,x1=0
}
```

运行结果是:

```
x1=2,y1=2
x2=2,y2=1
x1=2
x1=0
```

3. 算术表达式

用算术运算符和括号将运算对象(也称操作数)连接起来的式子,称为算术表达式。运算对象可以是常量、变量、函数等。例如:

```
2*(a+4)/18-2.98+'A'                 /*正确,合法的C算术表达式*/
sin(x)+cos(x)/2,(int)a+4+(--z)      /*正确,合法的C算术表达式*/
sin300+y×e9                         /*错误,不是合法的C算术表达式*/
9+|x|                               /*错误,不是合法的C算术表达式*/
3a+5                                /*错误,不是合法的C算术表达式*/
```

4. 算术运算符的优先级和结合方向

C语言规定了算术运算符的优先级和结合方向,在表达式求值时,先按算术运算符的优先级高低次序执行,再按运算符的结合方向结合(相同优先级时)。例如,先乘除后加减。

(1)基本算术运算符(+,-,*,/,%)中,%、*、/ 的优先级高于+、-,结合方向为自左至右(左结合性)。

例如:a+b*c-2 等价于(a+(b*c))-2。

(2)自增、自减运算符(++、--)的优先级别相同,均高于基本算术运算符(+,-,*,/,%),是单目运算符,结合方向是自右至左(右结合性)。

例如,-a++ 等价于 -(a++)。

下面通过例子来体会一下算术运算符优先级和结合方向这两个概念。

【例 2.10】 算术运算符优先级和结合方向应用。

```
#include <stdio.h>
void main()
{
    float a=2.5;
    int z=5,x;
    x=(int)a+++4+--z*4;        //相当于 x=(int)(a++)+4+(--z)*4;
    printf("a=%f,z=%d,x=%d\n",a,z,x);
}
```

运行结果如下:

```
a=3.500000,z=4,x=22
```

说明

(1)表达式(int)a+++4+--z*4 在执行过程中,对于(int)a++,按自右至左的次序先执行 a++,再执行(int)(a++),对于--z*4,按运算符优先级别的高低,先执行--z,后执行乘法*,加法运算符+的优先级最低,最后执行。按从左到右的顺序依次将各个操作对象加起来,得到最终的结果。

(2)表达式(int)a+++4+--z*4 只是为了说明在程序运行中算术运算符的优先级及结合方向对运算次序的决定性作用。一般情况下都写为(int)(a++)+4+(--z)*4,既明了又易读,同时也确定了一定的运算次序。

模仿练习

1. 设 a=10,b=3,分别计算表达式 a-b+++1 和++a-b+++1 的值。
2. 输入一个 3 位数的整数,编写程序,将它的十位数和百位数互换位置。
3. 输入一个 4 位整数,反向输出这个数。

2.4.3 数据间的混合运算与类型转换

数据类型转换

C 语言中,不同的基本数据类型的数据可以进行混合运算。在进行混合运算时,先转换为同一类型,然后再进行运算。不同类型的数据的转换有两种方式:自动类型转换(隐式转换)和强制类型转换(显式转换)。

1. 自动类型转换(隐式转换)

C 语言允许在整数、单精度浮点型数据之间进行混合运算。在进行混合运算时,首先将不同类型的数据由低向高转换成同一类型,然后再进行运算。转换规则如图 2-10 所示,其中,向左的横向箭头和向上的纵向箭头,表示当运算对象类型不同时的转换方向。

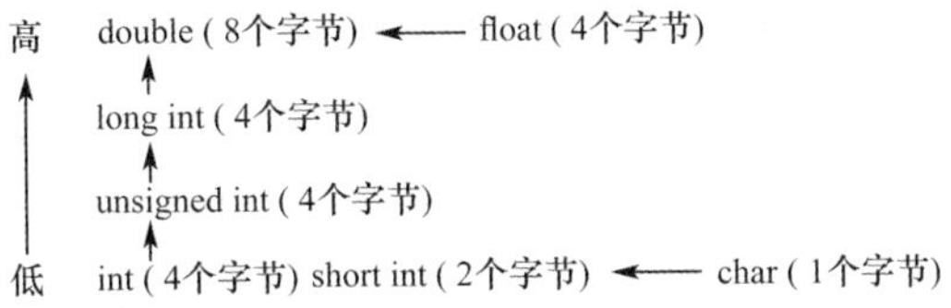

高　double (8个字节) ←—— float (4个字节)
↑
long int (4个字节)
↑
unsigned int (4个字节)
↑
低　int (4个字节) short int (2个字节) ←—— char (1个字节)

图 2-10　自动类型转换规则

说明

(1)横向箭头向左表示必定的转换。

例如,若一个 char 型数据与一个 int 型数据运算,先把 char 型转换成 int 型再运算,结果是 int 型数据。

(2)纵向的箭头表示数据类型级别的高低。按“就高不就低”的原则进行转换。

例如,一个 int 型数据与一个 double 型数据进行运算,先把 int 型转换成 double 型,然后再运算,结果是 double 型数据。

(3)赋值号右边的数据类型转换成左边的数据类型。

当把一个变量值赋给另一个变量时,转换规则是:把赋值号右边的类型转换成赋值号左边的类型。若右边的数据类型长度大于左边的数据类型长度,则要进行截断或舍入操作。

例如,设如下变量声明语句

```
int i;
float f;
double d;
long e;
```

则算术表达式 10+'a'+i*f-d/e 的数据类型自动转换过程如图 2-11 所示。

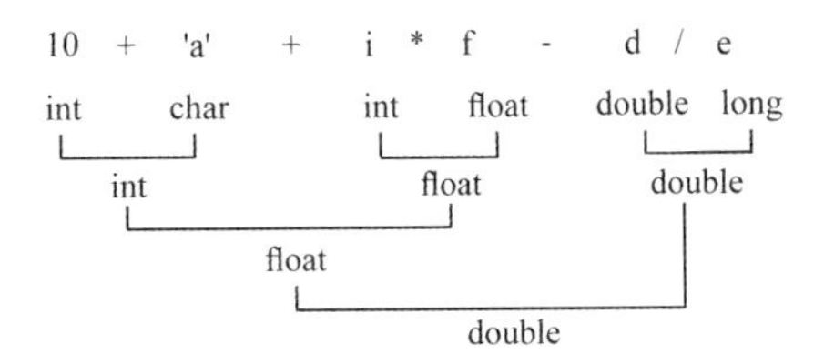

图 2-11　表达式数据类型的自动转换

①进行 10+'a'的运算,'a' 被转换为 int 型整数 97,运算结果为 107。

②进行 i*f 的运算,i 被转换为 float 型,运算结果为 float 型。

③进行 d/e 的运算,e 被转换为 double 型,运算结果为 double 型。

④整数 107 与 i*f 的结果相加,整数 107 被转换成 float 型,运算结果为 float 型。

⑤10+'a'+i*f 的结果与 d/e 的结果相减,结果为 double 型。

【例 2.11】　分析下列程序的运行结果。

```
#include <stdio.h>
void main()
{
    int x,y;
    float a,b=1.8F;
    x=30.9;          //赋值时因为 x 是整型变量,所以 x=30
```

```
    a=40;            //赋值时因为 a 是实型变量,所以 a=40.000000
    y=x+a+b;         //x+a+b=30+40.000000+1.8F=71.8F,但因为 y 是整型变量,所以 y=71
    printf("y=%d\n",y);
}
```

运行结果:

```
y=71
```

2. 强制类型转换(显式转换)

在 C 语言中,常常要把一些表达式的类型转换成所需的类型。

强制类型转换的一般格式为:

(强制转换的类型名)(表达式)

功能:把表达式强制转换为指定的类型。

例如:

```
(int)(a)或 (int)a          /* 将 a 强制转换成整型 */
(double)(x+y)              /* 将 x+y 强制转换成 double 型 */
(float)(45%8)              /* 将 45%8 的值强制转换成 float 型 */
```

【例 2.12】 强制类型转换运算符举例。

```
#include <stdio.h>
void main()
{
    int a=5,b=2;
    float z1,z2;
    z1=(float)(a)/ b;  //a 强制转换为 float 型,然后再与整型变量 b 运算,结果为 float 型
    z2=a / b;
    printf("z1=%f,z2=%f\n",z1,z2);
}
```

运行结果:

```
z1=2.500000,z2=2.000000
```

模仿练习

1. 若有 int b=7;float a=2.5F,c=4.7F;求表达式 a+(b/2*(int)(a+c)/2)%4 的值。
2. 若有 int a=2,b=6;表达式(a++)*(--b)执行后,变量 a 和 b 的值分别为多少?

2.4.4 位运算和位运算符

所谓位运算,是指对一个数据的某些二进制位进行的运算。每个二进制位只能存放 1 位二进制数"0"或者"1"。通常把组成一个数据的最右边的二进制位称为第 0 位,从右到左依次称为第 1 位,第 2 位……最左边一位称为最高位,如图 2-12 所示。

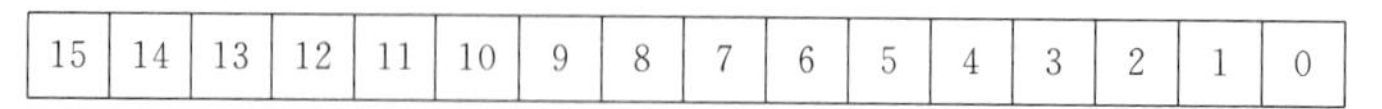

15	14	13	12	11	10	9	8	7	6	5	4	3	2	1	0

图 2-12 位(bit)的排列顺序示意图

C 语言提供 6 种位运算符,见表 2-7。

表 2-7　　　　　　　　位运算符及其含义

位运算符	含 义	位运算符	含 义
&	按位与	~	取反
|	按位或	<<	左移
^	按位异或	>>	右移

说明

(1)取反运算符“~”是单目运算符，其余是双目运算符，即要求两侧各有一个运算量。

(2)位运算的运算对象只能是整型或字符型数据，而不能是实型数据。

1. 按位与运算符“&”

“按位与”是指两个运算对象按对应二进制位进行“逻辑与”运算，即当且仅当参加运算的两个对象的对应二进制位都为“1”时，结果的对应二进制位为“1”，否则为“0”。即：

0&0=0；　0&1=0；　1&0=0；　1&1=1。

例如，设 short x=3,y=5；

因为 x,y 是短整型，占两个字节，所以对应的二进制形式分别为 0000000000000011 和 0000000000000101，所以

```
     x=0000000000000011
     y=0000000000000101
-------------------------
   x&y=0000000000000001
```

因此，3&5 的值等于 1。如果参加“按位与”运算的是负数(如-3&-5)，则以补码形式表示为二进制数，然后按位进行“与”运算。

如果想将一个数据中的某些位清 0，根据“按位与”运算的含义，只需要将这些位与 0 进行“按位与”运算即可。

【例 2.13】　设计一个字符型变量(8 位二进制位)，把它的低 4 位清 0。

分析：欲使 x 的低 4 位为 0，只需将 x 的低 4 位与 0 进行“按位与”即可。即 x=x &0xf0。运算过程如下：

```
        x  =   ********
        &      11110000
------------------------
   x&0xf0=     ****0000
```

其中“*”是 0 或 1。

注意

“按位与”运算的运算符“&”的优先级低于关系运算符“!=”和“==”，所以表达式(x&0x01)中的圆括号不能省略。

2. 按位或运算符“|”

“按位或”运算是指两个运算对象按对应二进制位进行“逻辑或”运算，即当参加运算的两个对象的对应二进制位有一个为“1”时，结果的对应二进制位为“1”。如下所示：

0|0=0；　0|1=1；　1|0=1；　1|1=1。

例如，设 short x=3,y=-5；则 x|y 的结果如下：

```
    x=0000000000000011
|      1111111111111011
------------------------
  x|y= 1111111111111111
```

“按位或”运算常用于对一个数据中的某些二进制位置 1。

例如，一个无符号短整数 x 的二进制数的第 9 位置 1 的运算为：

x=x|0x0100；

运算过程为：

```
   x=yyyyyyyyyyyyyyyy
|      0000000100000000
------------------------
       yyyyyyy1yyyyyyyy
```

可以看出，结果的第 9 二进制位为 1，其余位不变。

3. 按位异或运算符“^”

“按位异或”运算是指两个运算对象按对应二进制位进行“逻辑异或”运算，即当参加运算的两个对象的相应二进制位一个为“0”，另一个为“1”时，结果的对应二进制位为“1”，如下表示：

0^0=0；　0^1=1；　1^0=1；　1^1=0。

例如，设 short x=3,y=5；则 x^y 的结果如下：

```
  x=0000000000000011
  y=0000000000000101
------------------------
x^y=0000000000000110
```

“按位异或”运算的应用：

(1)使数据中的某些二进制位求反。因为 0 和 1 的异或结果为 1,1 和 1 的异或结果为 0，所以只需将需要求反的位与 1 进行“异或”运算，就可以将该位求反。

(2)将变量清 0。任何一个数与它本身的“异或”结果都为 0。利用“异或”运算的这个性质可以完成对变量清 0 操作。例如：

```
  x =yyyyyyyy
^    yyyyyyyy
------------------------
x^x= 00000000
```

4. 按位取反运算符“～”

“按位取反”运算为单目运算，它将运算对象的各位取反。即将 1 变 0,0 变 1，例如，～024 是对八进制数 24(即二进制数 00010100)按位求反。

```
~ 0 0 0 1 0 1 0 0
-----------------
  1 1 1 0 1 0 1 1
```

即取反后的八进制数为 353。

5. 左移运算符“<<”

左移运算符“<<”的使用方法为：

运算对象<<左移位数

左移运算符将运算对象的每个二进制位同时向左移动指定的位数，从左边移出的高位部分被丢弃，空出的低位部分补 0。

【例 2.14】 设 short a＝31，b＝8199，计算 a＜＜3 和 b＜＜3 的值。

(1)因为 a 为 short 型，占两个字节，所以对应的二进制形式为：0000000000011111，左移 3 位时高 3 位的 0 被移出丢弃，低 3 位补 0，所以结果为：0000000011111000，即 a＝248，相当于 a＝a * 8。

(2)因为 b 是 short 型，占两个字节，所以对应的二进制形式为：0010000000000111，左移 3 位时高 3 位被移出丢弃，低 3 位补 0，所以结果为：0000000000111000，即 b＝56。

分析：对于 a，左移 1 位相当于乘 2，左移 3 位相当于乘 8；而对于 b，结论则不成立。这是为什么呢？

分析上述左移过程不难发现：对于 b 来说，第 14 位的 1 被移出丢弃，相当于丢掉了 8 * 8192(8 * 2^{13})，在移位的过程中发生了溢出。因此可以得到结论：在不溢出的情况下，左移一位相当于乘 2。见表 2-8。

表 2-8　　左移 3 位实例

x 的十进制数值	x 的二进制形式	x＜＜3		
		移出丢弃	二进制形式	十进制数值
a＝31	0000000000011111	000	0000000011111000	248 (＝a * 8)
b＝8199	0010000000000111	001	0000000000111000	56 (≠b * 8)

6. 右移运算符“＞＞”

右移运算符“＞＞”的使用方法为：

运算对象＞＞右移位数

右移运算符将运算对象的每个二进制位同时向右移动指定的位数，从右边移出的低位部分被丢弃。对无符号数，左边空出的高位补 0；对有符号数，正数左边空出的高位部分补 0，负数左边空出的高位部分补 0 还是 1 跟计算机系统有关。移入 0 的称为“逻辑右移”，移入 1 的称为“算术右移”。

“逻辑右移”相当于无符号数除以 2，“算术右移”相当于有符号数除以 2。

例如：

a：　　　1001011111101101
a＞＞1：0100101111110110　　　——————逻辑右移
a＞＞1：1100101111110110　　　——————算术右移

7. 位复合赋值运算符

类似于算术运算的复合运算符，位运算符和赋值运算符也可以构成“位复合赋值运算符”。见表 2-9。

表 2-9　　位复合赋值运算符及其意义

运算符	名 称	例 子	等价于
&＝	与赋值	x&＝y	x＝x&y
|＝	或赋值	x|＝y	x＝x|y
＞＞＝	右移赋值	x＞＞＝y	x＝x＞＞y
＜＜＝	左移赋值	x＜＜＝y	x＝x＜＜y
^＝	异或赋值	x^＝y	x＝x^y

模仿练习

1. 任意输入两个数，求这两个数进行“与”和“或”之后的结果。
2. 输入一个整数，截取该数的低8位。

2.4.5 赋值运算符和赋值表达式

所谓赋值，是指将一个数据存储到某个变量对应的内存存储单元的过程。赋值运算符有两种类型：基本赋值运算符和复合赋值运算符。

1. 基本赋值运算符

在C语言中，等号“=”作为一种运算符，称为赋值运算符。

其一般形式：

＜变量名＞=＜表达式＞;

功能：将右边表达式的值赋给左边的变量。例如：

```
a=3;                 /* 将右边数据值3赋给左边的变量a */
x=a+5;               /* 将右边表达式(a+5)的值8赋给左边的变量x */
```

2. 复合赋值运算符

在赋值运算符的前面加上一个其他运算符后就构成复合赋值运算符。

一般形式：

＜变量＞＜双目运算符＞=＜表达式＞;

等价于：

＜变量＞=＜变量＞＜双目运算符＞＜表达式＞;

例如：

```
a+=3 ;               /* 相当于a=a+3; */
x*=y;                /* 相当于x=x*y; */
x%=5;                /* 相当于x=x%5; */
```

赋值运算符是自右向左执行的。C语言使用复合赋值运算符，一可以简化程序，二可以提高编译效率。

大部分二元(双目)运算符都可以和赋值运算符结合成复合赋值运算符，共有10种复合赋值运算符。即：

+=，-=，*=，/=，%=，<<=，>>=，&=，^=，|=

注意

复合赋值运算符在书写时，两个运算符之间不能有空格，否则会出现语法错误。

3. 赋值表达式

由赋值运算符将一个变量和一个表达式连接起来的式子称为赋值表达式。

其一般形式：

＜变量＞＜赋值运算符＞＜表达式＞

例如，a=2是一个赋值表达式。对赋值表达式求解的过程是：将赋值运算符右侧的“表达式”的值赋给左侧的变量，而赋值表达式的值就是被赋值变量的值。如a=2这个赋值表达式的值就是变量a的值。

说明

(1)可以把一个赋值表达式赋给一个变量。例如,b=(a=2);将赋值表达式 a=2 赋给变量 b,此时变量 b 的值就是赋值表达式 a=2 的值,也就是变量 a 的值。

(2)赋值运算符的结合方向是自右至左。因此 b=(a=2)也可以写成 b=a=2。

(3)赋值表达式与赋值语句的区别是赋值语句末尾有分号“;”。在赋值表达式后面加上分号,就可以构成赋值语句。例如:

```
a=b=2                //赋值表达式
a=b;                 //赋值语句
```

【例 2.15】　理解赋值运算符和赋值表达式。

```
#include <stdio.h>
void main()
{
    int a=1,b=1,x,y;
    x=5+(y=6);
    printf("a=b+2 的值=%d\n",a=b+2);                    //输出赋值表达式 a=b+2 的值
    printf("a=%d,b=%d\n",a,b);                          //输出变量 a,b 的值
    printf("x=5+=(y=6)的值=%d\n",x=5+(y=6));            //输出赋值表达式 x=5+(y=6)的值
    printf("x=%d,y=%d\n",x,y);                          //输出变量 x,y 的值
}
```

运行结果:

```
a=b+2 的值=3
a=3,b=1
x=5+(y=6)的值=11
x=11,y=6
```

模仿练习

1. 设 a=10,b=3,c=10,且 a*=b=c-2;计算 a,b,c 的值。
2. 设计程序计算 a*=7*3-15 和 a*=b*=5+4 的值,并分析执行过程。

2.4.6　逗号运算符和逗号表达式

逗号运算符为“,”。用逗号运算符把若干个表达式连接起来的式子称为逗号表达式,其一般形式为:

表达式 1,**表达式** 2,……,**表达式** n

例如:

3+2,4+6

x+3,y+z,s-1

等都是在做逗号运算。

(1)求解过程:按照从左到右的顺序逐个求解表达式 1,表达式 2,……,表达式 n,最后一个表达式(表达式 n)的值就是整个逗号表达式的值。例如,表达式 3+2,4+6 的值是 10。

(2)优先级:逗号运算符在所有运算符中的优先级别最低,且具有从左至右的结合性。例如:

a＝3＊4,a＊5,a+10

求解过程为:先计算3＊4,将值12赋给a,然后计算a＊5的值为60,最后计算a+10的值为22,所以整个逗号表达式的值为22,而a的值为12。

【例2.16】 分析程序运行结果。

```
#include <stdio.h>
void main()
{
    int x,y;
    x=30;
    y=(x=x-10,x/2);          //等价于 x=x-10;y=x/2;
    printf("x=%d,y=%d\n",x,y);
}
```

运行结果如下:

```
x=20,y=10
```

说明

(1)逗号“,”既可以作为分隔符使用,又可以用在表达式中。逗号“,”作为分隔符使用时,用于间隔说明语句中的变量或函数中的参数。例如:

```
int iNum1,iNum2;              /*使用逗号分隔变量*/
printf("%d%d",iNum1,iNum2);   /*间隔函数中的参数*/
```

(2)逗号表达式常用于for循环语句中,它可以表达多个初值或多个步长增量。

模仿练习

分析下列程序段的输出结果。

```
int a=10,b=10,c=10,d;
d=(c++,c+10,100-c);
printf("a=%d,b=%d,c=%d,d=%d\n",a,b,c,d);
c=(d=a+b),(b+d);
printf("a=%d,b=%d,c=%d,d=%d\n",a,b,c,d);
```

2.4.7 案例2的解答

问题分析

小明和婷婷两人交换饮料,可用两变量值交换的数学模型描述:定义变量a,b表示两个杯子,杯中的饮料就是变量中存储的数值。

不失一般性,不同的容器用不同的变量表示,容器中的不同物质代表不同数据。这涉及C语言数据类型、变量的定义和引用。

算法设计

把小明和婷婷的杯子分别用a和b表示,雪碧和可乐定义为变量a和b中存储的数值。借助于一个空杯子,用变量c表示,两杯饮料的交换算法如下:

(1)将a杯中的雪碧倒入c杯中。

(2)将b杯中的可乐倒入a杯中。

(3)将 c 杯中的雪碧倒入 b 杯中。

参考代码如下：

```
#include <stdio.h>
void main()
{
    int a,b,c;
    a=1;        /*小明杯中注入雪碧*/
    b=2;        /*婷婷杯中注入可乐*/
    c=a;        /*将小明杯中的雪碧注入空杯中*/
    a=b;        /*将婷婷杯中的可乐注入小明杯中*/
    b=c;        /*将c杯中的雪碧注入小明杯中*/
    printf("a=%d,b=%d\n",a,b);
}
```

2.5　情景应用——案例拓展

案例 2-1　利用星号字符"*"输出矩形

问题描述

本例使用星号字符"*"输出矩形，这里让每条边都输出 4 个"*"号，使其相等，运行程序，结果如图 2-13 所示。

图 2-13　输出矩形

算法设计

使用字符变量，将星号字符"*"赋给这个变量，然后利用空格的转义字符"\40"在第 2、3 行中间输出两个空格。

参考代码如下：

```
#include <stdio.h>
void main()
{
    char a;                              /*定义字符变量*/
    a='*';                               /*给变量赋值*/
    printf("%c%c%c%c\n",a,a,a,a);        /*输出变量*/
    printf("%c\40\40%c\n",a,a);          /*输出变量和转义字符*/
    printf("%c\40\40%c\n",a,a);          /*输出变量和转义字符*/
    printf("%c%c%c%c\n",a,a,a,a);        /*输出变量*/
}
```

拓展训练

使用星号字符“*”输出菱形。

案例 2-2　计算 a+=a*=a/=a-5

问题描述

运用复合赋值运算符,计算表达式 a+=a*=a/=a-5 的值,设 a 的值为 8,运行结果如图 2-14 所示。

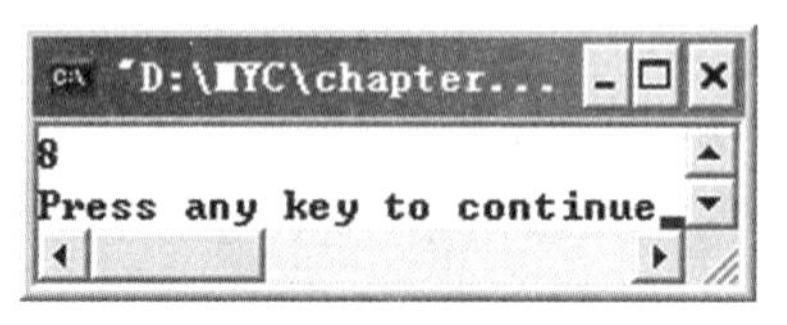

图 2-14　复合赋值运算符应用

算法设计

复合赋值运算符的结合方向是自右至左,因为“-”优先级高于复合赋值运算符,所以先计算减法,然后逐步自右向左执行,即:

```
a+=a*=a/=a-5; =>a +=(a*=(a /=(a-5)));      (a=8)
              =>a +=(a*=(a /=3));          (a=8)
              =>a +=(a*=2);                (a=2)
              =>a +=4                      (a=4)
              =>a =8
```

参考代码如下:

```
#include <stdio.h>
void main()
{
    int a=8;
    a+=a*=a/=a-5;
    printf("%d\n",a);
}
```

拓展训练

令 a=10,b=3,c=2,计算表达式 b*=c+=a/=c+2 的值。

案例 2-3　十进制数与二进制数的转换

问题描述

二进制数转换为十进制数很容易,只要把每个 1 转换成十进制数,然后相加即可。例如:

$$(010111)_2=0\times 2^5+1\times 2^4+0\times 2^3+1\times 2^2+1\times 2^1+1\times 2^0$$
$$=0+16+0+4+2+1$$
$$=23$$

下面主要讨论十进制数转换为二进制数。

算法设计

不妨设十进制数为 k，转换成二进制数 $(a_n \cdots\cdots a_3 a_2 a_1 a_0)_2$ 即：

$$k=(a_n\cdots\cdots a_3a_2a_1a_0)_2=a_n\times2^n+\cdots\cdots+a_3\times2^3+a_2\times2^2+a_1\times2^1+a_0\times2^0$$
$$=(a_n\times2^{n-1}+\cdots\cdots+a_3\times2^2+a_2\times2^1+a_1)\times2^1+a_0\times2^0$$
$$=k_1\times2^1+a_0\times2^0$$

显然有：

$a_0=k\%2, k_1=k/2$，其中 $k_1=a_n\times2^{n-1}+\cdots\cdots+a_3\times2^2+a_2\times2^1+a_1$

对于 k_1，重复上面的方法，有：

$a_1=k_1\%2, k_2=k_1/2$，其中 $k_2=a_n\times2^{n-2}+\cdots\cdots+a_3\times2^1+a_2$

依此类推，一般地：

$a_j=k_j\%2, k_{j+1}=k_j/2$，其中 $k_{j+1}=a_n\times2^{n-j-1}+\cdots\cdots+a_{j+2}\times2^1+a_{j+1}(j=0,1,2,\cdots\cdots,n)$

实现步骤如下：

十进制数转换为二进制数通常使用“除 2 取余法”。例如，十进制数 25，除以 2，商是 12，余数是 1；再把商 12 除以 2，商是 6，余数是 0；直到商为 0 结束。把余数倒序写出为 11001，不足 8 位前面补 0。即 00011001 为其二进制表示。写成竖式为：

```
2 |25……1
2 |12……0
2 |6 ……0
2 |3 ……1
2 |1 ……1
   0
```

拓展训练

将十进制数 25 分别转换为八进制数和十六进制数。

自我测试练习

一、单选题

1. 下列合法的标识符是(　　)。

A. char　　B. a$　　C. a-9　　D. x_y

2. C 语言规定，程序中用到的变量一定要(　　)。

A. 先定义后使用　　B. 先使用后定义　　C. 使用时再定义　　D. 前面 3 种都行

3. 下面叙述中，错误的是(　　)。

A. C 程序中，各种括号应成对出现

B. C 程序中，赋值号左边不可能是表达式

C. C 程序中，变量名的大小写没有区别

D. C 程序中，若未给全局变量赋初值，则变量的初值自动为 0

4. 下列字符串中，合法的字符常量是(　　)。

A. n　　B. '\n'　　C. 110　　D. "n"

5. C 程序中，运算对象必须为整数的运算符是(　　)。

A. *　　B. /　　C. %　　D. ++

6. 表达式 0x13&0x17 的值是(　　)。

A. 0x17　　B. 0x13　　C. 0xf8　　D. 0xec

7. 在位运算中，操作数每右移一位，其结果相当于(　　)。

A. 操作数乘以 2　　B. 操作数乘以 4

C. 操作数除以 2　　D. 操作数除以 4

8. 表达式～0x13 的值是(　　)。

A. 0xffec　　B. 0xff71　　C. 0xff68　　D. 0xff17

9. 设有以下语句

```
char iData1=3,iData2=4,iData3;
iData3=iData1 ^iData2<<2;
```

则 iData3 的二进制值是(　　)。

A. 00010100　　B. 00010011　　C. 00011100　　D. 00011000

10. 设有下列语句

```
int a=1,b=2,c;
c=a^(b<<2);
```

执行后，c 的值为(　　)。

A. 6　　B. 7　　C. 8　　D. 9

二、填空题

1. 字符常量与字符串常量的区别是________。

2. 下面程序的运行结果是________。

```
#include <stdio.h>
main()
{
    char c1='a',c2='b',c3='c',c4='\101',c5='\116';
    printf("a%cb%c\tabc\n",c1,c2,c3);
    printf("\t\b%c %c",c4,c5);
}
```

3. 运行下面程序，其输出结果是________，并思考其结果说明了什么。

```
#include <stdio.h>
main()
{
    int a1,a2,a3=258;
    a1=97;
    a2=98;
    printf("a1=%c,a2=%c,a3=%c\n",a1,a2,a3);
}
```

4. 下面程序的运行结果是________。

```
#include <stdio.h>
main()
{
```

```
    int x=10,y=20,m,n;
    m=x++;
    n=++y;
    printf("x=%d,y=%d,m=%d,n=%d\n",x,y,m,n);
    m=x--;n=--y;
    printf("x=%d,y=%d,m=%d,n=%d\n",x,y,m,n);
}
```

5. 假设 a=12,表达式 a%=(5%2)中 a 的运算结果是________。

6. 下面程序的输出结果是________。

```
#include <stdio.h>
void main()
{
    char a=0x95,b,c;
    b=(a&0xf)<<4;
    c=(a&0xf0)>>4;
    a=b|c;
    printf("%x\n",a);
}
```

7. 下面程序的输出结果是________。

```
#include <stdio.h>
void main()
{
    unsigned int a=0112,x,y,z;
    x=a>>3;
    printf("x=%o\n",x);
    y =~(~0<<4);
    printf("y=%o\n",y);
    z=x&y;
    printf("z=%o\n",z);
}
```

三、编程题

1. 编程求 C 语言表达式 $4a^2+5b^3$ 的值,假设 a=3,b=1.5。

2. 假设 a=10,编程求表达式 a+=a-=a*=a 中 a 的运算结果。

3. 从键盘输入三角形的三个边长 a、b、c,求出三角形的面积。求三角形的面积用公式:area=sqrt(s*(s-a)*(s-b)*(s-c)),其中 s=1/2(a+b+c)

注:假设输入的 a、b、c 能构成一个三角形,所以无须对三边做能否构成一个三角形的有效性判断。

第3章

顺序结构程序设计

学习目标

- 了解C语言的基本语句和三种基本结构
- 理解顺序结构的程序设计方法
- 掌握格式化输入/输出函数
- 掌握字符输入/输出函数

案例3　算术计算器

问题描述

在日常生活中,人们经常用到计算器。本案例将用C语言开发一个简单的字符界面的算术计算器,当用户输入两个数以后,可以计算这两个数的和、差、积、商。程序运行效果如图3-1所示。

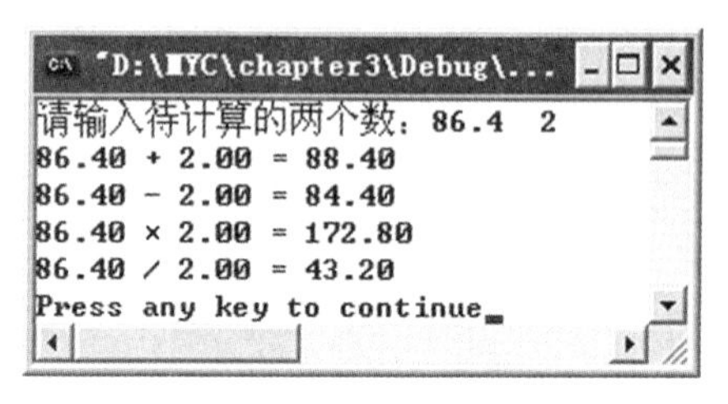

图3-1　算术计算器

知识准备

本案例是一种最简单的顺序结构程序。按照解决问题的顺序写出相应的语句(人机交互提示、输入、计算和输出)。

要完成上面的任务,必须了解C语言的基本语句,理解顺序结构的程序设计方法,掌握格式化输入/输出函数等知识点。

3.1　结构化程序设计的基本概念

3.1.1　三种基本结构

C语言是结构化程序设计语言,结构化程序设计的思想是,用顺序结构、选择结构和循环结构等三种基本结构来构造程序;限制使用无条件转移语句(goto 语句)。结构化程序设计可采用结构化流程图表示。

1. 顺序结构

顺序结构如图 3-2(a)所示。在顺序结构中,程序由上而下依次执行。若“语句 1”位于“语句 2”之前,则先执行“语句 1”,再执行“语句 2”,两者之间是顺序执行的关系。

2. 选择结构

选择结构如图 3-2(b)所示。程序执行选择结构时,先判断条件,当条件成立(或称为“真”)时,执行“语句 1”,否则执行“语句 2”。即两者中只能执行其中之一。

3. 循环结构

循环结构如图 3-2(c)所示。程序执行循环结构时,先判断条件,根据判断结果决定是否重复执行循环体语句,即直到条件不成立时才跳出循环。

采用循环结构,可以用较短的语句完成大量的工作,大大减少了编程的复杂性和工作量。

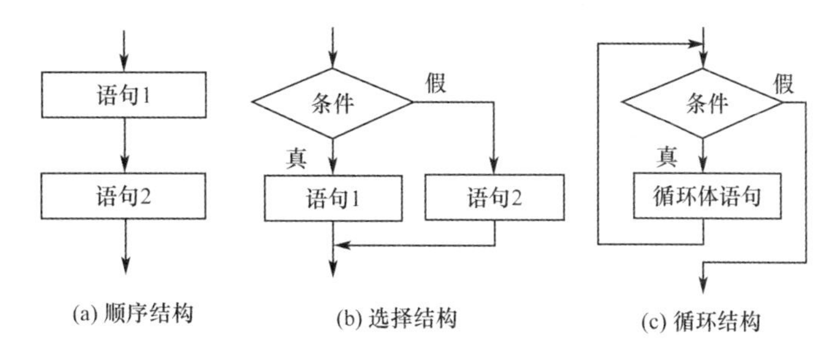

图 3-2 三种基本结构

理论和实践证明,由以上三种基本结构组成的程序能处理任何复杂的问题。

注意

三种基本结构的共同特点是:

(1)一个程序流程只有一个入口和一个出口。

(2)结构内的每一部分都有机会被执行到。

(3)结构内不存在“死循环”。

3.1.2 C 语言的基本语句

C 语言的语句是用来向计算机系统发出操作指令的,一条语句经编译后产生若干条机器指令。C 语句是 C 语言源程序的重要组成部分,是用来完成一定操作任务的,所以,一个 C 程序包含若干条 C 语句。C 语言的语句可以分为如下五大类:

1. 函数调用语句

函数调用语句由一个函数调用加一个分号“;”构成,其一般形式为:

函数名([实际参数表]);

例如:

```
printf("this is a book");      //调用库函数输出字符串"this is a book"
```

2. 表达式语句

由表达式加一个分号“;”就构成了一个表达式语句。

例如:

```
sum=a+b;                  //赋值语句
```

```
i++;                        //自增运算表达式语句
x=1,y=2;                    //逗号表达式语句
```

3. 控制语句

控制语句用于控制程序流程，以实现程序的各种结构方式，共 9 种，即：

(1)if 语句　　　　　(条件语句)

(2)switch 语句　　　(多分支选择语句)

(3)while 语句　　　(循环语句)

(4)do-while 语句　　(循环语句)

(5)for 语句　　　　(循环语句)

(6)break 语句　　　(终止执行循环语句或 switch 语句)

(7)continue 语句　　(结束本次循环语句)

(8)goto 语句　　　　(转向语句)

(9)return 语句　　　(函数返回语句)

4. 复合语句

由“{”和“}”把一些语句组合在一起，称为复合语句，又称语句块(Block)。例如：

```
{
    int a=0,b=1,sum;
    sum=a+b;
    printf("%d",sum);
}
```

5. 空语句

只有一个分号“;”组成的语句。空语句表示什么也不做，必要时再补充完善。

**说明**

在此约定，凡教材中提到语句一词，均指以上各种语句。

3.2　顺序结构的基本语句

顺序结构可以独立使用，构成一个简单的完整程序，常见的输入、计算和输出三部曲程序的结构就是顺序结构。

在顺序结构中，常用的语句有：赋值语句、输入数据函数调用语句(scanf()、getchar())、输出数据函数调用语句(printf()、putchar())等。

3.2.1　赋值语句

赋值语句由赋值表达式再加上一个分号“;”构成，其一般形式为：

变量=表达式;

例如：

```
y=4;                //将整数 4 赋给变量 y
x=y*5+2;            //将表达式 y*5+2 的值赋给变量 x
```

说明

(1)在上述赋值语句中,“=”是赋值符号,赋值符号的右边是由常量、变量、运算符组成的表达式。

(2)因赋值语句是由赋值表达式加一个分号“;”构成的,所以下面也是合法的赋值语句

```
i++;            //等价于 i=i+1;
x+=3;           //等价于 x=x+3;
j--;            //等价于 j=j-1;
```

(3)赋值语句是将右边表达式的值赋给左边的变量,因此,赋值语句要先对右边表达式计算求值,然后再将求得的值赋给左边的变量,赋值语句兼有计算功能。在上例中,先计算表达式 y*5+2,求得值为 22,最后将 22 赋给变量 x。

3.2.2 格式输出函数 printf()

C 语言没有提供输入和输出语句,数据的输入和输出是通过函数调用来实现的。在 C 语言的标准函数库中,提供了一些用于输入和输出的函数,例如,scanf()函数和printf()函数等。

1. printf()函数的一般形式

输出函数 printf()的使用

格式:**printf(格式控制,[输出列表]);**

功能:按指定的格式,把指定的任意类型的数据显示在屏幕上。

说明

(1)“格式控制”是用双引号括起来的字符串,也称为转换控制字符串。它由字符“%”、格式字符(如 d、f、c 等)和普通字符(原样输出的)组成。

(2)“输出列表”是一些与“格式控制”中的格式字符一一对应的需要输出的数据,是以逗号相间隔的常量、变量或表达式。

【例 3.1】 编辑以下程序,观察运行结果。

```
#include <stdio.h>
void main()
{
    int a=2;
    char ch='e';
    float b=2.4F;
    printf("%d\n",a);            //按照%d 格式,输出整型变量 a,然后换行
    printf("%c\n",ch);           //按照%c 格式,输出字符变量 ch,然后换行
    printf("%f\n",b);            //按照%f 格式,输出单精度浮点型变量 b,然后换行
    printf("a=%d,b=%f\n",a,b);        //在格式%d,%f 中,输出 a,b,其他照原样输出,然后换行
    printf("hello world\n");          //输出字符串"hello world",然后换行
}
```

运行结果如下:

```
2
e
2.400000
a=2,b=2.400000
hello world
```

说明

对于语句“printf("a=%d,b=%f\n",a,b);”,“a=%d,b=%f\n”是格式控制,“a,b”是输出列表。执行时,输出变量 a 和 b 中的值 2 和 2.400000。其中%d 表示以十进制整数格式输出变量 a 的值,而%f 表示以单精度格式输出变量 b 的值。格式控制的对应关系如图 3-3 所示。

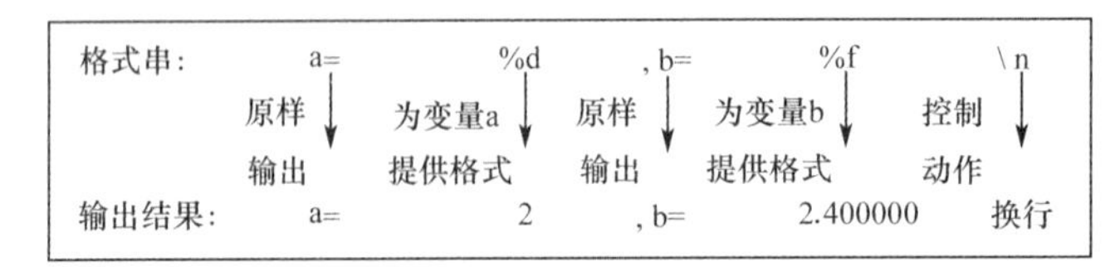

图 3-3 格式控制示意图

注意

在调用标准库函数时,文件开头应包含以下预编译命令:

```
#include ＜stdio. h＞        //从系统约定的路径查找头文件 stdio. h
或
#include "stdio. h"          /*从当前目录查找头文件 stdio. h,若没有找到,再从系统约定的路径查
                               找头文件 stdio. h*/
```

2. 格式说明符

格式说明符由%开头后跟一个字母构成,它规定了输出形式。例如,例 3.1 中的%d,它规定了输出项 a 以整数形式输出,而%c 规定了输出项 ch 以字符形式输出。常用的格式说明符见表 3-1。

表 3-1　printf( )函数常用的格式说明符

数据类型	格式说明符	功能描述
整　数 (int,long)	%d	以带符号的十进制数形式输出整数
	%md (或%-md)	以十进制数形式按给定的宽度 m 输出 int 型数据。若数据的位数小于 m,则在左(或右)端补以空格,若大于 m,则按实际位输出
	%ld	以十进制数形式按数据的实际长度输出 long 型数据
	%mld (或%-mld)	以十进制数形式按给定的宽度 m 输出 long 型数据。若数据的位数小于 m,则在左(或右)端补以空格,若大于 m,则按实际位输出
	%o	以八进制数无符号形式输出整数(不输出前导符 0)
	%x,%X	以十六进制数无符号形式输出整数(不输出前导符 0x),用 x 时,输出十六进制数的 a~f 以小写字母输出;用 X 时,则以大写字母输出
	%u	以十进制数无符号形式输出整数
字　符 (char)	%c	以单个字符形式输出字符数据
	%mc(或%-mc)	按指定的宽度 m 和右(或左)对齐方式输出 char 型数据
	%s	输出字符串形式
	%ms(或%-ms)	按指定的宽度 m 和右(或左)对齐方式输出字符串
	%m. ns(或%-m. ns)	从字符串中截取 n 个字符输出,输出域宽为 m,并按右(或左)对齐方式

（续表）

数据类型	格式说明符	功能描述
实 数 (float,double)	%f	以小数形式输出实数(单、双精度)，小数位数为6
	%m.nf (或%-m.nf)	指定输出的数据共占m列，其中小数占n列，靠右(或左)对齐
	%e,%E	以指数形式输出实数(单、双精度)，用E时，则输出时以大写字母E表示(如1.2E+02)；用e时，输出时以小写字母e表示(如1.2e+02)
	%m.ne (或%-m.ne)	指定输出的数据共占m列，数值部分为n位小数，靠右(或左)对齐

(1)输出整型、长整型、无符号整型数据

格式控制符%md中的m是正整数，m为指定的输出字段的宽度，负号表示左对齐，缺省为右对齐；%ld中的l表示输出数据为长整型数据。

【例3.2】 输出整型、长整型、无符号整型数据。

```
#include <stdio.h>
void main()
{
    int y=20;
    long a=1024L;
    unsigned b=54321;
    printf("%d,%ld,%u\n",y,a,b);           //以十进制数形式按数据实际长度输出y,a,b
    printf("%8d,%8ld,%8u\n",y,a,b);        //以十进制数形式按8列宽输出y,a,b,右对齐
    printf("%-8d,%-8ld,%-8u\n",y,a,b);//以十进制数形式按8列宽输出y,a,b,左对齐
}
```

运行结果如下：

```
20,1024,54321
␣␣␣␣␣␣20,␣␣␣␣1024,␣␣␣54321(其中"␣"表示空格,下同)
20␣␣␣␣␣␣,1024␣␣␣␣,54321␣␣␣
```

(2)输出字符和字符串

格式控制符%m.ns中的m、n是正整数，m为指定的输出字段的宽度，n是从字符串中截取字符的个数，负号表示左对齐，缺省为右对齐。

【例3.3】 输出字符和字符串数据。

```
#include <stdio.h>
void main()
{
    char ch='a';
    printf("%c\n",ch);                     /*输出变量ch(单个字符)*/
    printf("%-3c\n",ch);                   /*输出变量ch,占3列,左对齐*/
    printf("%3c\n",ch);                    /*输出变量ch,占3列,右对齐*/
    printf("%s\n","programing");           /*按实际长度输出字符串programing*/
    printf("%15s\n","programing");         /*输出字符串programing,占15列,右对齐*/
    printf("%-15s\n","programing");        /*输出字符串programing,占15列,左对齐*/
}
```

运行结果如下：

```
a
a␣␣
␣␣a
programing
␣␣␣␣␣programing
programing␣␣␣␣␣
```

(3)输出实型数据

格式控制符%m.nf中的m、n是正整数，m为指定的输出字段的宽度，n是小数的位数，负号表示左对齐，缺省为右对齐。

【例3.4】 输出实型数据。

```
#include <stdio.h>
void main()
{
    double x;
    x=1234.56789;
    printf("<1>x=%f\n",x);          //以小数形式输出实数,小数位数为6
    printf("<2>x=%10.2f\n",x);      //数据共占10列,其中小数占2列,右对齐
    printf("<3>x=%-10.2f\n",x);     //数据共占10列,其中小数占2列,左对齐
    printf("<4>x=%e\n",x);          //以指数形式输出实数
    printf("<5>x=%10.2e\n",x);      /*占10列,数值部分为2位小数,右对齐,位数不够左补
                                      空格*/
    printf("<6>x=%-10.2e\n",x);     /*占10列,数值部分为2位小数,左对齐,位数不够右补
                                      空格*/
}
```

运行结果如下：

```
<1>x=1234.567890
<2>x=␣␣␣1234.57
<3>x=1234.57␣␣␣
<4>x=1.234568e+003
<5>x=␣1.23e+003
<6>x=1.23e+003␣
```

(4)输出转义字符

转义字符就是以“\”开头的字符序列。例如，语句printf("\n hello world");中的“\n”就是转义字符，其作用是在输出时产生一个“换行”操作。“\n”换行符还可以插入所需要的地方，来控制屏幕输出格式。C语言常用的转义字符参见第2章的表2-6。

【例3.5】 转义字符输出形式举例。

```
#include <stdio.h>
void main()
{
    char a,b,c;
    a='n';
    b='e';
    c='\167';                        //八进制数167代表的字符w
```

```
    printf("%c%c%c\n",a,b,c);            //以字符格式输出
    printf("%c\t%c\t%c\n",a,b,c);        //每输出一个字符跳到下一输出区
    printf("%c\n%c\n%c\n",a,b,c);        //每输出一个字符后换行
}
```

运行结果如下：

```
new
n␣␣␣␣␣␣␣e␣␣␣␣␣␣␣w
n
e
w
```

3.2.3　格式输入函数 scanf()

输入函数 scanf()的使用

1. scanf()函数的一般形式

格式：**scanf(格式控制，变量地址列表)；**

功能：从指定的输入设备(默认为键盘)，按指定的格式读入数据，并将读入的数据赋给变量地址列表中的相应变量。

说明

(1)“格式控制”的含义同 printf()函数。

(2)“变量地址列表”是以逗号相隔的变量，且必须带地址符 &，不能是常量，也不能是表达式。例如：

```
int a;
float b;
scanf("%d%f",&a,&b);                //正确，变量a、b的地址列表&a、&b
scanf("%d%f",a,b);                  //错误，变量a、b必须带地址符&
```

2. 格式说明符

scanf()函数中的格式说明符的使用与 printf()函数类似，必须用%开头，后面跟一个字母(也可以在其中间增加附加字符)，它规定了输入项对应的输入数据格式。同样格式说明符要在个数和类型上与输入项相匹配。scanf()函数常用的格式说明符及附加字符见表 3-2 和表 3-3。

表 3-2　scanf()函数常用的格式说明符

数据类型	格式说明符	功能描述
整 数	%d,%D	用来输入带符号的十进制整数
	%i,%I	用来输入带符号的十、八、十六进制整数
	%o,%O	用来输入无符号的八进制整数
	%x,%X	用来输入无符号的十六进制整数
	%u,%U	用来输入无符号的十进制整数
实 数	%f,%lf	用来输入实数(单精度、双精度)，可以用小数形式或指数形式输入
	%e,%g,%E,%G	与%f 作用相同
字 符	%c	用来输入单个字符
	%s	用来输入字符串，将字符串送到一个字符数组中，在输入时以非空白字符开始，以第一个空白字符结束。字符串以串结束标志“\0”作为最后一个字符

表 3-3　　scanf( )函数的附加字符

附加字符	功能说明
l	用于输入长整型数据(用%ld,%lo,%lx)和 double 型数据(%lf 或%le)
h	用于输入 short 型数据(用%hd,%ho,%hx)
m(正整数)	指定输入数据所占的宽度(列数)
*	表示本输入项读入以后不赋给相应的变量

【例 3.6】 用 scanf()函数输入数据。

```
#include <stdio.h>
void main()
{
    int a,b;
    printf("请输入 2 个整数:");
    scanf("%d%d",&a,&b);
    printf("a=%d,b=%d\n",a,b);
}
```

运行结果如下:

```
请输入 2 个整数:3␣4 ↙(回车)
a=3,b=4
```

语句 scanf("%d%d",&a,&b);的作用是将从键盘接收到的数 3 和 4 送到变量 a 和 b 所在的内存单元中。“%d%d”是格式控制,“&a,&b”是地址列表,其中“&”是“地址运算符”,&a 表示变量 a 在内存中的地址,如图 3-4 所示。变量 a、b 的地址是在编译连接阶段分配的。

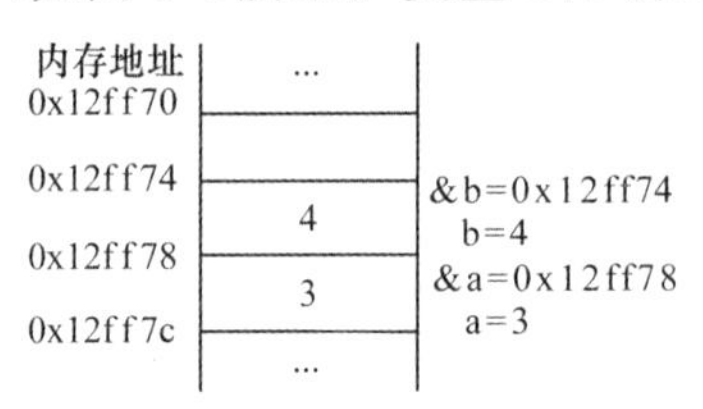

图 3-4　变量 a、b 在内存中示意图

注意

(1)格式控制符之间可以用任何字符隔开,相应地,在输入时各个数也要用与此相同的字符隔开。如果格式控制符中没有任何分隔符,则输入时各个数之间可以使用一个或多个空格间隔,也可以用回车键、跳格键(Tab 键)来间隔。例如:

scanf("a=%d,b=%d",&a,&b);

函数中的:“a=”“,b=”都是普通字符,所以在实际运行输入时,应输入:

a=3,b=4 ↙(回车)

从而,就将 3 和 4 分别赋给了变量 a 和 b。

(2)在使用%c 格式输入字符时,空格字符和转义字符都作为有效字符输入。例如:

scanf("%c%c%c",&c1,&c2,&c3);

如果输入:a␣b␣c ↙(回车)

则字符'a'送给 c1,空格字符'␣'送给 c2,字符'b'送给 c3。%c 只要求读入一个字符,后面不需要用空格作为两个字符的间隔,因此将空格字符'␣'作为下一个输入字符送给 c2。

(3)在输入数据时,遇到以下情况时认为一个数据项输入结束。

空格、回车、跳格(Tab)、非法输入。例如:

scanf("%d%c%f",&a,&b,&c);

若输入:12a34.56↙(回车)

则数据12送给变量a,当读到字符'a'时,认为第一个数据的输入结束,字符'a'应送给变量b,而%c只接收一个字符,所以当读到数据34.56时,认为第二个输入项结束,将实数34.56送给变量c。

【例3.7】 用scanf()函数输入数据。

```
#include <stdio.h>
void main()
{
    int a,b;
    char ch;
    printf("请输入2个整数:");
    scanf("%d%c%d",&a,&ch,&b);
    printf("a=%d,ch=%c,b=%d\n",a,ch,b);
}
```

运行结果如下:

```
请输入2个整数:3+4↙(回车)
a=3,ch=+,b=4
```

模仿练习

利用格式化输入/输出函数,从键盘输入任意两个整数,分别进行加、减、乘、除四则运算。使之满足如下要求:

(1)运行结果如下:

```
请输入2个整数:12␣5↙(回车)
a+b =17
a-b =7
a*b=60
a/b =2
```

(2)运行结果如下:

```
请输入2个整数:12␣5↙(回车)
12+5 =␣␣17
12-5 =␣␣␣7
12*5=␣␣60
12/5 =␣␣␣2
```

3.2.4　字符输出函数putchar()

格式:**putchar(ch);**

功能:通过标准输出设备(显示器)输出一个字符。

说明

(1)ch 可以是字符常量、字符变量或整型变量,当 ch 是字符型数据时,输出的是字符本身;当 ch 是整型数据时,输出的是整型数据的 ASCII 码值对应的字符。

(2)ch 也可以是转义字符,以控制一个动作。例如:

```
putchar('B');          //输出字符 B
putchar(65);           //输出 ASCII 码值 65 对应的字符,即字符 A
putchar('\n');         //换行
```

【例 3.8】 字符输出示例。

```
#include <stdio.h>
void main()
{
    int a;
    char c1,c2;
    a=71;
    c1='o';
    c2='y';
    putchar('\102');putchar(c1);putchar(c2);
    putchar('\n');
    putchar(a);putchar('i');putchar('r');putchar(108);
}
```

运行结果:

```
Boy
Girl
```

3.2.5 字符输入函数 getchar()

格式:**getchar();**

功能:接收从键盘上输入的一个字符,返回一个整数,即输入字符的 ASCII 码值。

【例 3.9】 从键盘输入单个字符,并在屏幕上显示出来。

```
#include <stdio.h>
void main()
{
    int a;
    char ch;
    ch=getchar();        /*接收从键盘输入的一个字符,并返回给字符变量 ch*/
    a=getchar();         /*接收从键盘输入的一个字符,并返回给整型变量 a*/
    putchar(ch);         /*输出变量 ch*/
    putchar(a);          /*输出变量 a*/
}
```

运行结果:

```
DA↙(回车)
DA
```

注意

其他字符输入函数：getche()、getch()。

(1)getche()函数用于从键盘中读入一个字符，然后直接运行下一条语句。

(2)getch()也是单字符输入函数，与getchar()的差别是：getch()函数屏幕不回显输入的字符，之后也是执行下一条语句。getchar()函数用于从键盘中读入一个字符，然后等待输入是否结束，如果用户按Enter键，则执行下一条语句。

【例3.10】 编程观察字符输入函数getche()、getch()和getchar()的差异。

```
#include <stdio.h>
#include <conio.h>
void main()
{
    char c1,c2,c3;                                  //定义3个字符变量
    printf("请输入一个字符(用getche()接收):");      //提示用户输入一个字符
    c1=getche();                                    //使用getche()函数接收
    printf("\n");                                   //输出一行空行
    printf("请输入一个字符(用getch()接收):");       //提示用户输入一个字符
    c2=getch();                                     //使用getch()函数接收
    printf("\n");                                   //输出一行空行
    printf("请输入一个字符(用getchar()接收):");     //提示用户输入一个字符
    c3=getchar();                                   //使用getchar()函数接收
    printf("\n你输入的3个字符是:");
    putchar(c1);                                    //输出第一个字符
    putchar(c2);                                    //输出第二个字符
    putchar(c3);                                    //输出第三个字符
    printf("\n");
}
```

运行结果如图3-5所示。

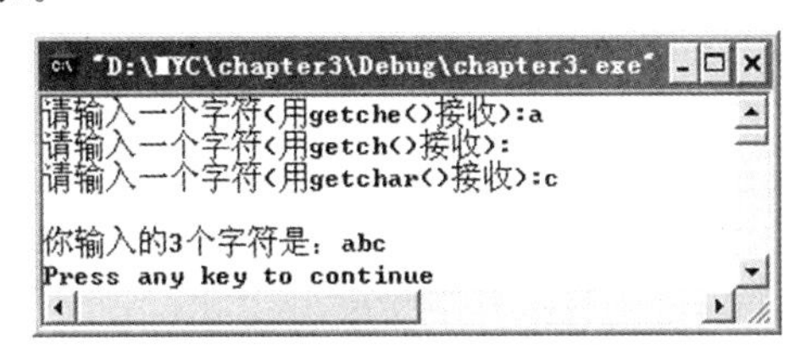

图3-5　程序运行结果

模仿练习

1. 从键盘输入一个字符，在屏幕显示该字符及其对应的ASCII码值。

2. 从键盘输入一个字符，输出其前驱字符。例如：

运行结果如下：

```
请输入一个字符:y↙(回车)
字符y的前驱字符是x
```

3.2.6 案例 3 的解答

问题分析

根据问题描述，程序必须读入两个待计算的数据，然后进行 4 种运算并输出 4 个结果，所以需要 6 个变量来存储这些数值。为保证程序能够处理带小数点的数值，并提供足够的精度，变量的数据类型选用 float 类型。即：

```
float x,y;                //2 个用来存储运算数的变量
float sum,sub,mult,div;   //4 个用来存储计算结果的变量：和、差、积、商
```

程序使用 scanf()、printf()来完成数据的输入和输出。

算法设计

(1)提示用户输入两个待计算的数。

(2)通过输入语句得到待计算的数据。

(3)分别计算两数的和、差、积、商。

(4)输出运算结果：和、差、积、商。

参考代码如下：

```
#include <stdio.h>
void main()
{
    float x,y;                /*2 个用来存储运算数的变量*/
    float sum,sub,mult,div;   /*4 个用来存储计算结果的变量：和、差、积、商*/
    printf("请输入待计算的两个数:");
    scanf("%f%f",&x,&y);
    sum=x+y;
    sub=x-y;
    mult=x*y;
    div=x/y;
    printf("%0.2f+%0.2f=%0.2f\n",x,y,sum);
    printf("%0.2f-%0.2f=%0.2f\n",x,y,sub);
    printf("%0.2f×%0.2f=%0.2f\n",x,y,mult);
    printf("%0.2f/%0.2f=%0.2f\n",x,y,div);
}
```

3.3 情景应用——案例拓展

案例 3-1 字母的魔法变幻

问题描述

在 C 语言中字母是区分大小写的，利用 ASCII 码表中大写字母和小写字母之间的差值是 32 的特性，可实现大小写字母间的互相转换。

算法设计

从ASCII码表中得知，大写字母的ASCII码值和小写字母的ASCII码值相差32，而C语言允许字符型数据和整型数据混合运算，因此，一个小写字母减去32，即得到相应的大写字母。

参考代码如下：

```
#include <stdio.h>
void main()
{
    char ch1,ch2;
    ch1=getchar();
    ch2=ch1-32;
    printf("\n letter:%c,ASCII=%d",ch1,ch1);
    printf("\n letter:%c,ASCII=%d",ch2,ch2);
}
```

运行结果如下：

```
a ↙(回车)
letter:a,ASCII=97
letter:A,ASCII=65
```

说明

用getchar()函数从键盘上输入小写字母'a'，赋给变量ch1，ch1经过运算(与32相减)将小写字母'a'转换为大写字母赋给变量ch2，然后分别用字符形式和整数形式输出变量ch1和ch2的值。

拓展训练

设计一个程序，将大写字母转换为小写字母。

案例3-2 求各位数字

问题描述

任意输入一个3位正整数，求它的个位、十位和百位数字，并反向输出这个3位正整数。

算法设计

假设xyz是一个3位正整数，问题就是要分别求出x、y、z。

(1)两个整数进行除运算时，运算结果为整数(舍去小数部分)，于是有：

```
xyz/100=x;                    //百位上的数字
yz/10=y;                      //十位上的数字
```

(2)利用取余运算符"%"，提取个位上数字，且：

```
xyz%100=yz;                   //低两位数
xyz%10=z;                     //个位上数字
yz%10=z;                      //个位上数字
z%10=z;                       //个位上数字
```

参考代码如下：

```
#include <stdio.h>
void main()
{
    int n,i,j,k;
    printf("请输入一个3位正整数:");
    scanf("%d",&n);
    i=n/100;                        //提取百位数字
    j=n/10%10;                      //提取十位数字
    k=n%10;                         //提取个位数字
    printf("%d,%d,%d\n",i,j,k);     //输出各位数字
    printf("%d\n",k*100+j*10+i);    //反向输出这个3位数
}
```

拓展训练

输入一个4位正整数,将其个位数字与千位数字交换,构造一个新数并输出。

案例3-3 纸币兑换

问题描述

发工资2368元,用票面100元、50元、20元、10元、5元和1元的纸币,问最少多少张?

算法设计

要求最少张纸币,也就是尽可能最多的大面额纸币。所以,必须按由大到小票面的顺序分别计算相应的张数。

参考代码如下:

```
#include <stdio.h>
void main()
{
    int s,n;
    printf("输入你要兑换的纸币数(元):");
    scanf("%d",&s);
    n=s/100;                //100元的张数
    s=s%100;
    n=n+s/50;               //100元+50元的张数
    s=s%50;
    n=n+s/20;               //100元+50元+20元的张数
    s=s%20;
    n=n+s/10;               //100元+50元+20元+10元的张数
    s=s%10;
    n=n+s/5;                //100元+50元+20元+10元+5元的张数
    s=s%5;
    n=n+s/1;                //100元+50元+20元+10元+5元+1元的张数
    printf("最少的兑换张数=%d\n",n);
}
```

拓展训练

如果使用票面50元、20元和1元的纸币发工资，对给定的工资额，问最少多少张？并输出各种币种的张数。

自我测试练习

一、单选题

1. 若变量已正确定义为int类型，要通过语句“scanf("%d,%d,%d",&a,&b,&c);”给a赋值1，给b赋值2，给c赋值3，以下输入形式正确的是(注:“␣”代表一个空格符)(　　)。

A. 1,2,3␣↙(回车)　　　　B. 1␣2␣3↙(回车)

C. 1,␣␣2,␣3↙(回车)　　　　D. ␣1,2,3↙(回车)

2. 若变量已正确定义为int类型，要通过语句“scanf("%d%d%d",&a,&b,&c);”给a赋值1，给b赋值2，给c赋值3，以下输入形式正确的是(注:“␣”代表一个空格符)(　　)。

A. 1,2,3↙(回车)　　　　B. 1␣2␣3↙(回车)

C. 1,2,␣3↙(回车)　　　　D. 1␣2,3↙(回车)

3. 有变量定义语句“int a,c;char b;”,要通过语句“scanf("%d%c%d",&a,&b,&c);”给a赋值1，给b赋值'*'，给c赋值3，以下输入形式正确的是(　　)。

A. 1,*,3↙(回车)　　　　B. 1*3↙(回车)

C. 1␣*␣3↙(回车)　　　　D. 1,␣*,3↙(回车)

4. 以下程序输出结果是(　　)。

```
#include <stdio.h>
main()
{
    char a=4;
    printf("%d\n",a=a-1);
}
```

A. 40　　　　B. 3　　　　C. 8　　　　D. 4

5. 程序段“int x=12;double y=3.141593;printf("%d%8.6f",x,y);”的输出结果是(　　)。

A. 123.141593　　　　B. 12␣3.141593

C. 12,3.141593　　　　D. ␣123.141593

二、填空题

1. 若整型变量a和b中的值分别为8和9，要求按下列格式输出a和b的值：

a=8

b=9

请完成输出语句“printf("________",a,b);”。

2. 若变量x、y已定义为int类型，且x、y的值分别为99和9，要求按下列格式输出：

99/9=11

请完成输出语句“printf("________",________);”。

3.下面程序的运行结果是________。

```
void main()
{
    int iX,iY,iM,iN;
    iX=10;
    iY=20;
    iM=iX++;
    iN=++iY;
    printf("iX=%d,iY=%d,iM=%d,iN=%d\n",iX,iY,iM,iN);
    iM=iX--;
    iN=--iY;
    printf("iX=%d,iY=%d,iM=%d,iN=%d\n",iX,iY,iM,iN);
}
```

4.下面程序的输出结果是________。

```
#include <stdio.h>
void main()
{
    int a=5,b=7;
    float x=67.8546,y=-789.124;
    char c='A';
    printf("%3d%3d\n",a,b);
    printf("%8.2f,%8.2f\n",x,y);
    printf("%e,%10.2e\n",x,y);
    printf("%c,%d,%o,%x\n",c,c,c,c);
}
```

三、编程题

1.编写程序,从键盘输入一个圆的半径值,求圆周长、圆面积。输出结果时,要求有文字说明,且保留 2 位小数。

提示:设圆半径为 r,则圆周长$=2\pi r$,圆面积$=\pi r^2$。

2.从键盘输入一个 4 位数整数,计算并输出各位数字之和。例如,5331 各位之和是 5+3+3+1。

第 4 章

选择结构

学习目标

- 掌握关系运算和逻辑运算的运算规则，熟悉条件表达式的构成
- 掌握 if 语句和 switch 语句的使用方法
- 掌握逻辑推理与判断问题的数值化求解方法
- 能够使用 if 语句和 switch 语句，进行选择结构程序设计

案例 4　谁是盗窃者

问题描述

公安人员审问四名盗窃者嫌疑犯。已知，这四人中仅有一名是盗窃者，还知道这四人中每人要么是诚实的，要么是说谎的。在回答公安人员的问题中：

甲说："乙没有偷，是丁偷的。"

乙说："我没有偷，是丙偷的。"

丙说："甲没有偷，是乙偷的。"

丁说："我没有偷。"

根据这四人的回答，小明想了想，用笔在纸上画了画，5 分钟后做出答案：是乙偷的。

请问：小明是怎么知道的，他的判断正确吗？

知识准备

谁是盗窃者的算法要点：首先把问题进行数值化处理，根据对话列出条件表达式，最后用 C 语言选择结构计算表达式的值，验证小明给出的判断。

本案例涉及 C 语言的条件表达式以及选择结构。日常生活中，经常需要判断某一个"条件"是否成立，并根据条件做出选择。

要完成上面的任务，必须熟悉条件表达式的构成和运算规则，掌握逻辑推理与判断问题的数值化处理方法，熟悉使用 if 语句进行选择结构程序设计。

4.1　条件判断表达式

在进行程序设计时，经常需要判断某个"条件"是否成立，通常把这个"条件"称为"条件判断表达式"。C 语言中的条件判断表达式可以是任意表达式，但通常是关系表达式或逻辑表达式。

4.1.1 关系表达式

1. 关系运算符

关系运算是对两个运算量之间大小的比较，关系运算的结果为逻辑值或称“布尔”(Boolean)值，其值只有“真”或“假”两种可能。C语言提供6种关系运算符，见表4-1。

表4-1 关系运算符

运算符	名称	例子	关系	优先级	
＞	大于	a＞b	a大于b	同级	高 ↓ 低
＞＝	大于等于	a＞＝b	a大于等于b		
＜	小于	a＜b	a小于b		
＜＝	小于等于	a＜＝b	a小于等于b		
＝＝	等于	a＝＝b	a等于b	同级	
!＝	不等于	a!＝b	a不等于b		

优先级别：前4种关系运算符相同，都是10级；后两种相同，都是9级。关系运算符的优先级都低于算术运算符，高于赋值运算符。

结合方向：关系运算符的结合方向均为左结合。例如：

a＞b+c　　等价于　　a＞(b+c)

a＝＝b+c　　等价于　　a＝＝(b+c)

注意

(1)关系运算符＜＝，＞＝，＝＝，!＝在书写时，不要有空格将其分开，否则会产生语法错误。例如：

x ＞␣＝y　　　//错误！“＞”与“＝”之间有空格字符“␣”

x ＞＝y　　　//正确

(2)关系运算符“等于”是双等号“＝＝”，不是单等号“＝”，单等号是赋值运算符。

2. 关系表达式

用关系运算符将两个表达式连接起来的式子称为关系表达式。其一般形式为：

＜表达式1＞＜关系运算符＞＜表达式2＞

例如，下面的关系表达式都是合法的。

a+b＞5，a＜＝b+c，a-6＞b+2，a!＝b+1

3. 关系表达式的值——逻辑值(“真”或“假”)

在C编译系统中，没有“逻辑”类型数据，用“1”和“0”分别表示逻辑值的“真”和“假”。在进行判断时系统视非0值为“真”，零值为“假”；而关系运算的结果若为“真”则其值为“1”，若为“假”则其值为“0”，结果值是无符号整数，可参与其后的运算。

例如：

3+5＝＝2*4　　即判断(3+5)是否等于(2*4)，结果值为1。

3＜＝5!＝4　　先判断(3＜＝5)，结果为1，再判断1!＝4，结果值为1。

2+3 !＝5＞5-3　　等价于(2+3)!＝(5＞(5-3))，结果值为1。

x＝5＞4＞＝3　　等价于先求5＞4结果为1，再进行1＞＝3的比较，结果为0，即关系运算的结果值为0，最后将0赋给变量x。

【例 4.1】 关系表达式应用举例。

```
#include <stdio.h>
void main()
{
    char ch='A';
    int a=4,b=2,c=5;
    float x=100,y=3.14;
    printf("%d,%d\n",ch<97,a+b<b+c);
    printf("%d,%d\n",a<c,x>y*10==100);
}
```

运行结果如下：

```
1,1
1,0
```

模仿练习

1. 写出表达下列条件的关系表达式。

(1)x 为负数　(2)x 为奇数　(3)x 不能被 3 整除　(4)x 为非负数

2. 设 a=-1,c=2,计算表达式 a+++c<5 的值,并编程观察运行结果。

4.1.2 逻辑表达式

逻辑运算符和逻辑表达式

关系表达式描述单一条件,如“x<5”,如果选择条件是“x<5”,同时“x>-5”,那么就要借助于逻辑表达式。

1. 逻辑运算符

逻辑运算表示运算对象的逻辑关系。C 语言提供 3 种逻辑运算符,见表 4-2。

表 4-2　逻辑运算符

运算符	名称	例子	运算规则	优先级
!	逻辑非	!a	当 a 为“真”时,!a 为“假”;当 a 为“假”时,!a 为“真”	高
&&	逻辑与	a&&b	当且仅当 a 和 b 都为“真”时,a&&b 为“真”,否则为“假”	↓
||	逻辑或	a||b	当且仅当 a 和 b 都为“假”时,a||b 为“假”,否则为“真”	低

优先级别:逻辑非“!”的优先级别是 14 级,高于算术运算符;逻辑与“&&”的优先级别是 5 级,逻辑或“||”是 4 级;逻辑与和逻辑或的优先级别都低于关系运算符和算术运算符。

结合方向:逻辑运算符“!”的结合方向为右结合,“&&”“||”为左结合。

2. 运算规则

逻辑运算真值表见表 4-3,即:

&&:当且仅当两个运算量的值都为“真”时,运算结果为“真”,否则为“假”。

||:当且仅当两个运算量的值都为“假”时,运算结果为“假”,否则为“真”。

!:当运算量的值为“真”时,运算结果为“假”;当运算量的值为“假”时,运算结果为“真”。

表 4-3　　逻辑运算真值表

a	b	!a	!b	a&&b	a‖b
非0	非0	0	0	1	1
非0	0	0	1	0	1
0	非0	1	0	0	1
0	0	1	1	0	0

3. 逻辑表达式

用逻辑运算符(&&、||、!)把一个或两个表达式连接起来的式子,称为逻辑表达式。其一般形式为:

!表达式　　或　　**表达式1 && 表达式2**　　或　　**表达式1 || 表达式2**

在C语言中,可以用逻辑表达式表示多个条件的组合。例如,(x+y)&&(x<5)。

逻辑表达式的值也是一个逻辑值,"真"或"假"。例如:

!4　　结果值为0

3&&4　　结果值为1

3||0　　结果值为1

3&&0||2　　等价于(3&&0)||2,结果值为1

!4||3&&2　　等价于(!4)||(3&&2),结果值为1

【例4.2】 逻辑表达式应用举例。

```
#include <stdio.h>
void main()
{
    char ch='A';
    int a=0,b=2,c=5;
    float x=100,y=3.14;
    printf("%d,%d\n",ch&&a,a||b);
    printf("%d,%d\n",!a,(x&&y)||(!a&&c));
}
```

运行结果如下:

```
0,1
1,1
```

4. 逻辑表达式的运用

在生活中,人们的很多行为只有两种状态,例如,参加会议和不参加会议等,当某一结果又受多种条件制约时,用C语言的逻辑表达式来描述,问题就简单了。

【例4.3】 A、B、C、D、E、F、G共7名学生,有可能参加某次计算机竞赛,也可能不参加。因某种原因,他们是否参赛受一些条件的制约。请用逻辑表达式表示如下的条件:

(1)A参加,并且B也参加;　　(2)A和C中只能有一个人参加;

(3)B和D中有且仅有一个人参加;　　(4)D、E、F、G中至少有2人参加;

(5)C和G或者都参加,或者都不参加;　　(6)C、E、G中至多只能2人参加。

解题分析:X参加用X=1表示,不参加用X=0表示;则用逻辑表达式描述如下:

(1)A==1&&B==1　　(2) A+C<=1　　(3)B+D==1

(4)D+E+F+G>=2　　(5) C+G==2||C+G==0　　(6)C+E+G<=2

注意

(1)逻辑运算符两侧的操作数，除了可以是0和非0的整数外，也可以是其他任何类型的数据，如实型、字符型等。

(2)对于逻辑与运算，如果第一个操作数被判定为“假”，系统不再判定或求解第二个操作数。例如，有表达式a&&b&&c，如果a为0，则系统直接给出此式结果为0，如果a不为0，b为0，则系统在求解a&&b后给出结果为0，并不再进行和c的求与计算。

(3)对于逻辑或运算，如果第一个操作数被判定为“真”，系统不再判定或求解第二个操作数。例如，a||b||c，如果a为非0值，则系统直接给出结果为1，不再对b、c进行判断求解。只有a为0时，才判断b；只有a、b均为0时，才判断c。

模仿练习

1. 写出表达下列条件的表达式。

(1)x为负数或大于10的数　　(2)x能被3整除，但不能被5整除

2. 有A、B、C、D四人是否参加会议，受到一些条件的制约。请用逻辑表达式表达如下的条件：

(1)A不参加，并且B也不参加　　(2)A、B、C中最多一人不参加

(3)A和C有且仅有一个人参加　　(4)如果A参加，那么C和D也都参加

4.2 算术、关系、逻辑、赋值混合运算

当表达式中包含多个运算符时，根据运算符的优先级来决定运算顺序，高优先级的先参加运算，低优先级的后参加运算。运算符的优先级详见表4-4。

表4-4　运算符的优先级

<table>
<tr><th>优先级</th><th colspan="2">类　别</th><th>运算符</th></tr>
<tr><td rowspan="11">高
↓
低</td><td colspan="2">圆括号</td><td>()</td></tr>
<tr><td colspan="2">逻辑非</td><td>!</td></tr>
<tr><td rowspan="3">算术运算</td><td>自增、自减</td><td>++,--</td></tr>
<tr><td>乘、除、取模(求余数)</td><td>*,/,%</td></tr>
<tr><td>加、减</td><td>+,-</td></tr>
<tr><td rowspan="2">关系运算</td><td>小于、小于等于、大于、大于等于</td><td><,<=,>,>=</td></tr>
<tr><td>等于、不等于</td><td>==,!=</td></tr>
<tr><td rowspan="2">逻辑运算</td><td>逻辑与</td><td>&&</td></tr>
<tr><td>逻辑或</td><td>||</td></tr>
<tr><td colspan="2">条件运算</td><td>?:</td></tr>
<tr><td colspan="2">赋值运算</td><td>=,+=,-=,*=,/=,%=</td></tr>
</table>

说明

算术、关系、逻辑、赋值混合运算的优先级从高到低为：

！(非)→ 算术运算→ 关系运算→&&→||→赋值运算

【例 4.4】 混合运算举例。

(1)　5＞3&&2||8＜4-！0

　=((5＞3)&&2)||(8＜(4-(！0)))

　=(1&&2)||(8＜(4-1))

　=1　　　　　　　//第一个操作数(1&&2)被判定为“真”，不再判定第二个操作数

(2)　！(3＞4)&&！5||2

　=(！(3＞4)&&(！5))||2

　=(1&&0)||2

　=0||2

　=1

(3)若 a=3,b=4,c=5,则表达式：

　！(a+b)+c-1&&b+c/2

　=(！(a+b)+c-1)&&(b+(c/2))

　=(0+5-1)&&(4+2)

　=4&&6

　=1

模仿练习

设 a=2,b=5,c=6,计算下列表达式的值。

(1)++a-b+++1　　　　(2)a+b＞c&&b=c

(3)！(a＞b)&&！c||1　　　　(4)！(a+b)+c-1&&b+c/2

(5)++a+10+3 * 4/5-'a'

4.3 选择结构

选择结构程序根据条件做出选择，有时只有一个条件可供选择，就是单分支结构；有时提供两个条件只能选其一，就是双分支结构；有时可以从多个条件选其一，就是多分支结构。选择结构语句有 if 语句和 switch 语句两种。

4.3.1 if 语句

微课

选择结构 if

if 语句有三种基本形式。

1. 单分支 if 语句

格式：if(表达式) 语句；

功能：如果表达式的值为“真”(非 0)，则执行语句；否则不执行语句。其流程图如图 4-1 所示。

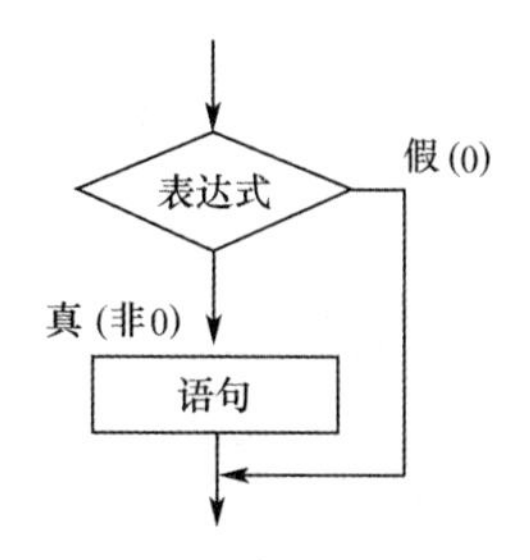

图 4-1　if 单分支流程图

【例 4.5】　编写一个 if 单分支结构程序，用于显示用户输入数据的绝对值。

解题分析：问题转化为求 y=|x|。如果 x<0，则 y 取 x 的值是错误的，需重新为 y 取-x 的值，最后输出 x 和 y 的值。

```
#include <stdio.h>
void main()
{
    float x,y;
    printf("请输入 x:");
    scanf("%f",&x);
    y=x;
    if(x<0) y=-x;
    printf("y=|%10.4f|=%10.4f\n",x,y);//%10.4 表示占 10 个字符位,小数点 4 位,且右对齐
}
```

运行结果如下：

```
请输入 x:-2.5↙(回车)
y=|␣␣␣-2.5000|=␣␣␣␣2.5000        //注:其中"␣"表示一个空格字符
```

2. 双分支 if 语句

格式：**if(表达式) 语句 1;**

　　　else　　　语句 2;

功能：如果表达式的值为“真”(非 0)，则执行语句 1；否则执行语句 2。其流程图如图 4-2 所示。

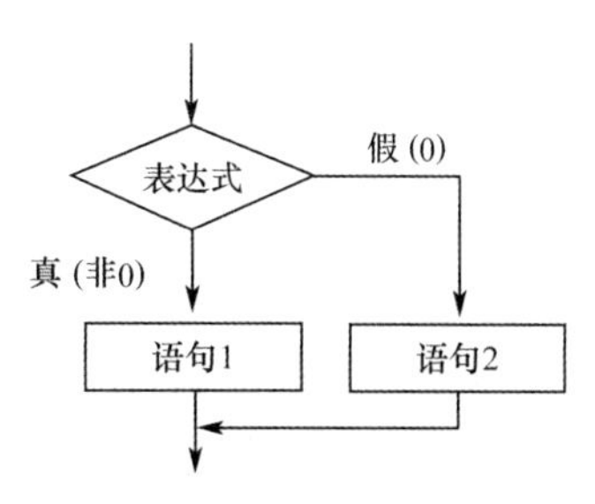

图 4-2　if 双分支流程图

【例 4.6】　编写一个 if 双分支结构程序，用于显示用户输入数据的绝对值。

解题分析：问题转化为求 y=|x|。如果 x≥0，则 y 取 x 的值是正确的，即维持原值，不做修改；如果 x<0，则 y 取 x 的值是错误的，需重新为 y 取-x 的值；最后输出 x 和 y 的值。

```
#include <stdio.h>
void main()
```

```
{
    float x,y;
    printf("请输入 x:");
    scanf("%f",&x);
    if(x >=0)y=x;
    else        y=-x;
    printf("y=|%10.4f|=%10.4f\n",x,y);    //%10.4 表示占 10 个字符位,小数点 4 位,且右对齐
}
```

运行结果如下:

```
请输入 x:-30.5 ↙(回车)
y=|␣␣-30.5000|=␣␣␣30.5000
```

模仿练习

(1)利用单分支 if 语句,判断输入的整数是否是 3 的倍数,不是 5 的倍数。

(2)编写一个 if 双分支结构程序,从键盘输入两个整数,求其中较大数并输出。

3. 多分支 if 语句

格式:**if(表达式 1) 语句 1**

```
     else if(表达式 2) 语句 2
        ……
     else if(表达式 n) 语句 n
     else   语句 n+1
```

功能:依次判断表达式的值,当出现某个值为真时,则执行其对应的语句,然后跳到整个 if 语句之后继续执行程序。如果所有的表达式的值均为假,则执行语句 n+1,然后继续执行后续语句。其流程图如图 4-3 所示。

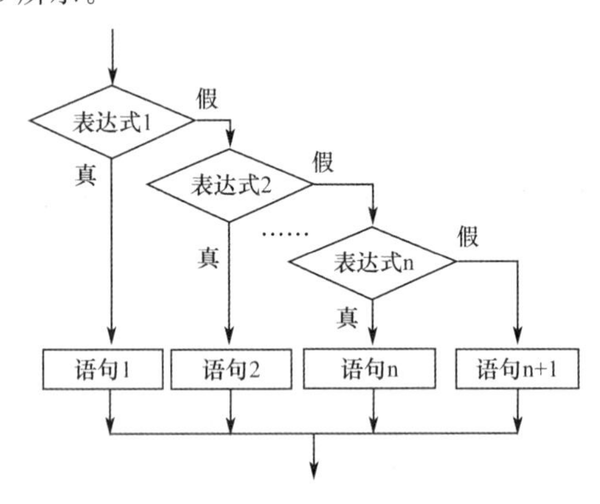

图 4-3 if 多分支流程图

【例 4.7】 编写一个 if 多分支结构的程序,将成绩的百分制转换为等级制。百分制与等级制的对应关系如下:90～100 分对应 A 级、80～89 分对应 B 级、70～79 分对应 C 级、60～69 分对应 D 级、0～59 分对应 E 级。

解题分析:对于任一成绩,必对应某一等级,所以,属于多选一类型。

```
#include <stdio.h>
void main()
{
```

```
    int iScore;
    printf("请输入考试成绩:");
    scanf("%d",&iScore);
    if(iScore>=90 && iScore<=100)
        printf("你成绩的等级是 A.\n");
    else if(iScore>=80 && iScore<=89)
        printf("你成绩的等级是 B.\n");
    else if(iScore>=70 && iScore<=79)
        printf("你成绩的等级是 C.\n");
    else if(iScore>=60 && iScore<=69)
        printf("你成绩的等级是 D.\n");
    else if(iScore>=0 && iScore<=59)
        printf("你成绩的等级是 E.\n");
    else printf("无效成绩! \n");
}
```

运行结果如下:

```
请输入考试成绩:86↙(回车)
你成绩的等级是 B.
```

4. if 语句使用注意事项

(1)if 后面的条件表达式必须用圆括号括起来。

(2)每个表达式后面的语句如果不止一条,则必须用一对花括号"{}"括起来组成复合语句;否则只能执行前面的第一条语句。例如:

```
if(a>b){a++;b++;}
else {a=0;b=1;}
```

(3)表达式可以是任意类型的 C 语言合法表达式,除常见的算术表达式、关系表达式或逻辑表达式外,也可以是其他表达式,如赋值表达式,甚至还可以是一个变量。例如:

```
if(a=4) ……          /* 赋值表达式 */
if(a) ……            /* 一个变量 */
```

模仿练习

1. 编写程序,输入 x 值,输出 y 值。其中 x 与 y 的函数关系如下:

$$y=\begin{cases}5x^2-2x+7 & (x\geqslant 10)\\ 6x+2 & (10>x\geqslant 0)\\ x^3-5x & (x<0)\end{cases}$$

2. 编写程序,判断键盘输入字符的类型(大写字母、小写字母、数字、其他四类)。

4.3.2 if 语句的嵌套

所谓 if 语句的嵌套,就是在 if 语句中又包含了一个或多个 if 语句。在 if 语句中可根据需要,用 if 语句的三种形式进行互相嵌套。一般形式如下:

1. 嵌套在 if 子句中

```
if(表达式)
{
```

```
    if 语句 1
}
else 语句 2;
```

2. 嵌套在 else 子句中

```
if(表达式)语句 1;
else {
    if 语句 2
}
```

注意

多分支 if 语句,可以看成由双分支 if 语句多次嵌套而成。即多分支 if 语句是 if 语句嵌套的特例。

【例 4.8】 编程求解如下符号函数值。

$$y=\begin{cases}-1 & (x<0)\\ 0 & (x=0)\\ 1 & (x>0)\end{cases}$$

【解题分析】 这是一个分段函数求值问题,要求编写程序,输入一个 x 值,输出 y 值。可以用多种方法来解决。这里只用 if 语句的嵌套来完成。

算法 1:嵌套在 else 子句中,就变成了 if 多分支结构。

```
#include <stdio.h>
void main()
{   int x,y;
    printf("请输入 x:");
    scanf("%d",&x);
    if(x < 0)y=-1;
    else  if(x==0)y=0;     } 内嵌 if…else
          else      y=1;   }
    printf("x=%d,y=%d\n",x,y);
}
```

算法 2:嵌套在 if 子句中。

```
#include <stdio.h>
void main()
{
    int x,y;
    printf("请输入 x:");
    scanf("%d",&x);
    if(x!=0)
      if(x < 0) y=-1;   } 内嵌 if…else
      else      y=1;    }
    else y=0;
    printf("x=%d,y=%d\n",x,y);
}
```

注意

(1)else 与 if 配对规则：else 总是与它前面最接近而又没有和其他 else 语句配对的 if 语句配对。

(2)书写格式要注意层次感。必要时加"{}"来强制确定配对关系。为了使逻辑关系清晰，一般情况下，总是把内嵌的 if 语句放在外层的 else 子句中(如算法 1)，这样由于有外层的 else 相隔，内嵌的 else 不会被误认为和外层的 if 配对，只能与内嵌的 if 配对。

4.3.3 条件运算符(?:)

条件运算符

"?:"为条件运算符，条件运算符有三个操作数，是 C 语言中唯一的三目运算符。其连接的表达式为条件表达式。条件表达式如下：

<表达式 1> ? <表达式 2>:<表达式 3>

功能：首先计算表达式 1 的值，如果表达式 1 的值为非 0(真)，则整个条件表达式的值取表达式 2 的值；否则，整个条件表达式的值取表达式 3 的值。

【例 4.9】 从键盘输入 2 个整数，求其中较大数并输出。

```
#include <stdio.h>
void main()
{
    int a,b,max;
    printf("请输入 2 个整数:");
    scanf("%d%d",&a,&b);
    max=a>b? a:b;                    //a>b?a:b 是一个条件表达式
    printf("较大数是%d\n",max);
}
```

运行结果如下：

```
请输入 2 个整数:2␣23↙(回车)
较大数是 23
```

说明

(1)条件运算符的优先级与结合性

条件运算符的优先级，高于赋值运算符，但低于关系运算符和算术运算符。其结合性为从右到左(即右结合性)。

(2)条件表达式类型

条件表达式中的"表达式 1""表达式 2""表达式 3"的类型可以各不相同。

(3)在某种程度上条件运算符可以起到逻辑判断的作用。

模仿练习

1. 输入一个字符，如果是大写字母，则将其转换为小写字母，否则不转换。

2. 输入一个字符，将大小写字母互换，即大写字母变为小写字母，小写字母变为大写字母，其他字符不变。

3. 任意输入 3 个整数，编程实现对 3 个整数进行由小到大排序并显示在屏幕上。

4.3.4 switch 语句

选择结构 switch

switch 语句是一个多分支选择结构的语句，它所实现的功能与多分支 if 语句很相似，但在大多数情况下，switch 语句表达方式更直观、简单、有效。

1. switch 语句的语法格式

```
switch(＜表达式＞)
{
    case ＜常量表达式 1＞:[＜语句序列 1＞;][break;]
    case ＜常量表达式 2＞:[＜语句序列 2＞;][break;]
    ……
    case ＜常量表达式 n＞:[＜语句序列 n＞;][break;]
    [default:＜语句序列 n+1＞;[break;]]
}
```

2. switch 语句执行过程

switch 语句执行过程如图 4-4 所示。

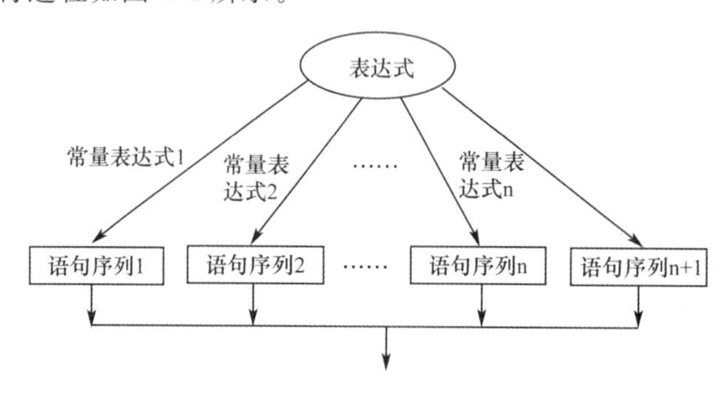

图 4-4 switch 语句执行过程

(1)首先计算 switch 后的表达式的值。

(2)然后将结果值与 case 后的常量表达式的值比较，如果找到相匹配的 case，程序就执行相应的语句序列，直到遇到 break 语句，switch 语句执行结束；如果找不到匹配的 case，就归结到 default 处，执行它的语句序列，直到遇到 break 语句为止；如果没有 default，则不执行任何操作。

3. 使用 switch 语句的注意事项

(1)switch 后面的"表达式"和"常量表达式"必须是整数类型或枚举类型，如 char、short、int、long 等。

(2)case 后的"常量表达式"必须互异，不能有重复，其中 default 和＜语句序列n+1＞可以省略。

(3)switch 语句中的 case 和 default 的出现次序是任意的，且 case 的次序不要求按"常量表达式"的大小顺序排列。

(4)case 后面的"常量表达式"仅起语句标号作用，必须在运行前就是确定的，不能改变的。系统一旦找到入口标号，就从此标号开始执行，不再进行标号判断，所以必须加上 break 语句，以便结束 switch 语句。

(5)多个 case 的后面可以共用一组执行语句，也能执行多个 case 后面的＜语句序列＞。

【例 4.10】 用 switch 语句编写程序，根据输入的成绩输出相应的 A、B、C、D 和 E 等级，其中 A：90～100 分；B：80～89 分；C：70～79 分；D：60～69 分；E：0～59 分。

```
#include <stdio.h>
void main()
{
    int iScore,temp;
    printf("请输入成绩:");
    scanf("%d",&iScore);
    if(iScore<0 || iScore>100)
    {
        printf("无效成绩！\n");
        return;
    }
    temp=iScore/10;
    switch(temp)
    {
        case 10:
        case 9:printf("你的成绩等级是 A.\n");break;
        case 8:printf("你的成绩等级是 B.\n");break;
        case 7:printf("你的成绩等级是 C.\n");break;
        case 6:printf("你的成绩等级是 D.\n");break;
        case 5:case 4:case 3:
        case 2:case 1:case 0:
            printf("你的成绩等级是 E.\n");break;
    }
}
```

运行结果如下：

```
请输入成绩:45↙(回车)
你的成绩等级是 E.
```

模仿练习

输入 1～7 的任意一个数字，程序按照用户的输入数字来输出对应的星期几的英文，例如，输入 3，程序则输出 Wednesday。若输入 1～7 之外的数字，则提示输入错误。

4.3.5 案例 4 的解答

问题分析

谁是盗窃者？就是将逻辑推理与判断的数值化求解问题。

谁是盗窃者的算法要点：首先把问题进行数值化处理，根据对话列出条件表达式，最后用 C 语言选择结构，计算表达式的值，验证小明给出的判断。

假设用变量 A、B、C、D 分别代表四个人，变量的值为 1 代表该人是盗窃者，为 0 代表不是盗窃者。

由题目已知：四人中仅一人是盗窃者，且这四人中每个人要么说真话，要么说假话，由于甲、乙、丙三人都说了两句话："X没有偷，Y偷了"，因此不论该人是否说谎，他提到的两人之中必有一人是小偷。故在列条件表达式时，可以不关心谁说谎，谁说实话。这样，可列出下列条件表达式：

甲说："乙没有偷，是丁偷的。"B+D=1

乙说："我没有偷，是丙偷的。"B+C=1

丙说："甲没有偷，是乙偷的。"A+B=1

丁说："我没有偷。" A+B+C+D=1

本案例的任务就是利用C语言提供的选择结构，对小明的判断进行验证。

算法设计

(1)定义四个变量A、B、C、D分别代表四个人，变量的值为1代表是盗窃者。

(2)根据对话，列出判断条件表达式：

b+d ==1 && b+c==1 && a+b==1 && a+b+c+d==1　　(*)

(3)从小明的答案：b=1；a=c=d=0 判断表达式(*)的值是否为真。

如果表达式(*)的值为真，则小明的判断正确，否则小明的判断错误。

参考代码如下：

```
#include <stdio.h>
void main()
{
    int a,b,c,d;
    b=1;            /*盗窃者是乙*/
    a=c=d=0;        /*盗窃者不是甲、丙、丁*/
    if(b+d==1 && b+c==1 && a+b==1 && a+b+c+d==1)
        printf("小明的判断正确，盗窃者是乙\n");
    else printf("小明的判断错误，盗窃者不是乙\n");
}
```

4.4 情景应用——案例拓展

案例4-1 判断闰年

问题描述

从键盘输入一个表示年份的整数，判断该年份是否为闰年，并显示判断结果。

算法设计

设year为某一年份，year为闰年的条件是：year可以被4整除且不可以被100整除，或者year可以被400整除，可用如下表达式来表示：

(year%4==0&&year%100!=0)||year%400==0

参考代码如下：

```
#include <stdio.h>
```

```
void main()
{
    int year;
    printf("请输入年份:");
    scanf("%d",&year);
    if((year%4==0&&year%100!=0)||year%400==0)
        printf("%d 是闰年.\n",year);        //输出是闰年
    else printf("%d 不是闰年.\n",year);     //输出不是闰年
}
```

拓展训练

输入一个一位整数，判断它是不是同构数。若是，输出“Yes”；若不是，输出“No”。（注：所谓同构数，是指其平方数中的某部分与之相同的整数。例如，5 是同构数，因为 5 的平方是 25，而 25 的末位是 5。）

案例 4-2 计算职员工资

问题描述

已知某公司员工的底薪为 500 元，某月所接工程的利润 profit（整数）与利润提成的关系如下（计量单位：元）：

profit≤1000　　没有提成
1000<profit≤2000　　提成 10%
2000<profit≤5000　　提成 15%
5000<profit≤10000　　提成 20%
10000<profit　　提成 25%

请输入某员工利润，输出应得月薪。

算法设计

为了使用 switch 语句，必须将利润 profit 与提成的关系转换成某些整数与提成的关系。分析本题可知，提成的变化点都是 1000 的整数倍（1000、2000、5000……），如果将利润 profit 整除 1000，则当：

profit≤1000　　对应 0、1
1000<profit≤2000　　对应 1、2
2000<profit≤5000　　对应 2、3、4、5
5000<profit≤10000　　对应 5、6、7、8、9、10
10000<profit　　对应 10、11、12……

为解决相邻两个区间的重叠问题，最简单的方法就是：利润 profit 先减 1（最小增量），然后再整除 1000 即可：

profit-1≤999　　对应 0
1000≤profit-1≤1999　　对应 1
2000≤profit-1≤4999　　对应 2、3、4
5000≤profit-1≤9999　　对应 5、6、7、8、9
10000≤profit-1　　对应 10、11、12……

参考代码如下：

```
#include <stdio.h>
void main()
{
    long profit;
    int grade;
    double salary=500.0;
    printf("输入利润:");
    scanf("%ld",&profit);
    grade=(profit-1)/1000;
    switch(grade)
    {
        case 0:break;                                   //profit≤1000
        case 1:salary+=profit*0.1; break;               //1000<profit≤2000
        case 2:
        case 3:
        case 4:salary+=profit*0.15; break;              //2000<profit≤5000
        case 5:
        case 6:
        case 7:
        case 8:
        case 9:salary+=profit*0.2; break;               //5000<profit≤10000
        default:salary+=profit*0.25;                    //10000<profit
    }
    printf("员工的薪水=%.2f\n",salary);
}
```

拓展训练

某市不同车型的出租车3公里的起步价和计费分别为：夏利7元，3公里以外2.1元/公里；富康8元，3公里以外2.4元/公里；桑塔纳9元，3公里以外2.7元/公里。编程：从键盘输入乘车的车型及行车公里数，输出应付车费。

案例 4-3 解一元二次方程

问题描述

求一元二次方程：$ax^2+bx+c=0$ 的根，其中方程的系数 a、b、c 由键盘输入。

算法设计

(1)当 $a=0$ 时：①若 $b=0$，则方程无解；②若 $b\neq0$，则只有一个实根 $x=-c/b$。

(2)当 $a\neq0$ 时：①若 $b^2-4ac\geqslant0$，有两个实根：$x=-b/2a\pm\sqrt{b^2-4ac}/2a$；

②若 $b^2-4ac<0$，有两个虚根：$x=-b/2a\pm(\sqrt{4ac-b^2}/2a)i$。

参考代码如下：

```
#include <stdio.h>
#include <math.h>
```

```
void main()
{
    float a,b,c;
    float data,twoa,term1,term2;
    printf("请输入一元二次方程的 3 个系数 a,b,c:");
    scanf("%f%f%f",&a,&b,&c);
    if(fabs(a)<=1e-6)                    //当 a=0 时
        if(fabs(b)<=1e-6)                //当 b=0 时
            printf("无解！\n");
        else
            printf("一个实根:%f\n",-c/b);
    else                                 //当 a≠0 时
    {
        data=b*b-4*a*c;
        twoa=2*a;
        term1=-b/twoa;
        term2=sqrt(fabs(data))/twoa;
        if(data>=1e-6 )                  //若 b²-4ac≥0,有两个实根
            printf("两实根:x1=%f,x2=%f",term1+term2,term1-term2);
        else                             //若 b²-4ac<0,有两个虚根
            printf("两虚根:x1=%f+%fi,x2=%f-%fi",term1,term2,term1,term2);
    }
}
```

运行结果如下：

```
①请输入一元二次方程的 3 个系数 a,b,c:1␣-3␣2↙(回车)
  两实根:x1=2.000000,x2=1.000000
②请输入一元二次方程的 3 个系数 a,b,c:1␣2␣2↙(回车)
  两虚根:x1=-1.000000+1.000000i,x2=-1.000000-1.000000i
③请输入一元二次方程的 3 个系数 a,b,c:0␣1␣2↙(回车)
  一个实根:-2.000000
④请输入一元二次方程的 3 个系数 a,b,c:0␣0␣2↙(回车)
  无解！
```

说明

(1)因为数学库函数 fabs()和 sqrt()的原型在头文件 math.h 中，所以必须将 math.h 包括进来。

(2)由于 data(即 b^2-4ac)是一个实数，而实数在计算机中存储时，经常会有一些微小误差，所以不能直接判断 data 是否等于 0。由于实数取小数点后 6 位，所以如果其绝对值小于 0.000001(即 10^{-6})，就认为等于 0。

(3)程序中使用变量 data,twoa,term1,term2，主要是为了减少后面的重复计算。

拓展训练

正四棱台上底边长为a，下底边长为b，高为h，求正四棱台的体积。正四棱台的体积公式为：$V=h(s_1+s_2+\sqrt{s_1 s_2})/3$。其中，$s_1$ 和 s_2 分别是两底的面积。使用if语句来实现上述功能。

自我测试练习

一、单选题

1. 关于if语句后面一对括号中的表达式，叙述正确的是（　　）。

A. 只能用关系表达式　　B. 只能用逻辑表达式

C. 只能用关系表达式或逻辑表达式　　D. 可以使用任意合法的表达式

2. 对switch语句后面一对括号中的表达式，叙述正确的是（　　）。

A. 只能是数字　　B. 只可以是浮点数

C. 只能是整型数据或字符型数据　　D. 可以使用任意合法的表达式

3. 设iX=2，iY=3，ch='a'，则表达式iZ=(iX||iY)&&(ch>'A')的值是（　　）。

A. true　　B. false　　C. 1　　D. 0

4. int k=x>y?(x>z?x:z):(y>z?y:z)语句的目的是（　　）。

A. 求x，y，z最大值　　B. 求x，y，z最小值

C. 求x，y，z中间值　　D. 求x，y，z平均值

5. 以下有关switch语句的说法正确的是（　　）。

A. break语句是语句中必需的一部分

B. 可以根据需要使用或不使用break语句

C. break语句在switch语句中不可以使用

D. 在switch语句中的每一个case都要使用break语句

二、填空题

1. 写出下面各表达式的值（假设a=1，b=2，c=3，x=4，y=3）。

(1)!a<b&&b!=c||x+y<=3（　　）

(2)a+(b>=x+y)? c-a:y-x　（　　）

(3)a||1+'a'&&b&&'c'　（　　）

2. 下面程序的输出结果是________。

```
#include <stdio.h>
void main()
{
    int i,j;
    i=j=2;
    if(i==2)
        if(i==1) printf("%d",i=i+j);
        else     printf("%d",i=i-j);
    printf("%d",i);
}
```

3. 下面程序的输出结果是________。

```
#include <stdio.h>
void main()
{  int x=2;
   switch(x)
   {  case 1:
        case 2:x++;
        case 3:x+=2;
        case 4:printf("%d\n",x); break;
        default:printf("x unknown\n");
   }
}
```

三、编程题

1. 求分段函数 y=f(x)的值，f(x)的表达式如下：

$$y=\begin{cases} x+3 & (x>5) \\ 0 & (0\leqslant x\leqslant 5) \\ 2x+30 & (x<0) \end{cases}$$

2. 假设星期一至星期五每工作一小时的工资是 20 元，星期六和星期日每工作一小时的工资是平时的 3 倍，其中工资的 4.5%是税金。请输入某一天的工作小时数，然后输出该天实际领取的工资及税金。

3. 从键盘输入三角形的三个边长 a、b、c，求出三角形的面积。求三角形的面积用公式：area=sqrt(s*(s-a)*(s-b)*(s-c))，其中 s=1/2(a+b+c)。注：要求对输入三角形的三个边长做出有效性判断。

第 5 章

循环结构

学习目标

- 掌握 while、do-while 和 for 三种循环语句及区别
- 学会使用 continue、break 及 goto 语句
- 掌握循环的嵌套使用
- 能够使用循环语句进行程序设计

案例 5　裁纸奔月

问题描述

地球离月球的距离是 385000 公里，有人说："将一张纸裁成两等份，把裁好的两张纸摞起来，再裁成两等份。如此重复下去，第 43 次后纸的高度就是地球离月球的距离。"一张纸的厚度是 0.006 cm，你相信吗？

知识准备

裁纸奔月的算法要点：有规律地重复折叠和计算。在日常生活中常常会遇到许多有一定规律的重复性操作，解决这类问题需要用到循环语句。C 语言中有三种循环语句：while、do-while 和 for。

5.1　while 循环语句

循环结构 while

while 循环又称为当型循环，其一般格式为：

```
while(表达式)
{
    循环体语句;
}
```

功能：先计算表达式的值，再进行判断，当表达式的值为非 0（真）时，则执行循环体语句，然后重复这种先计算、再判断、后执行的过程；当表达式的值为 0（假）时结束循环，继续执行 while 循环后面的语句。其流程图如图 5-1 所示。

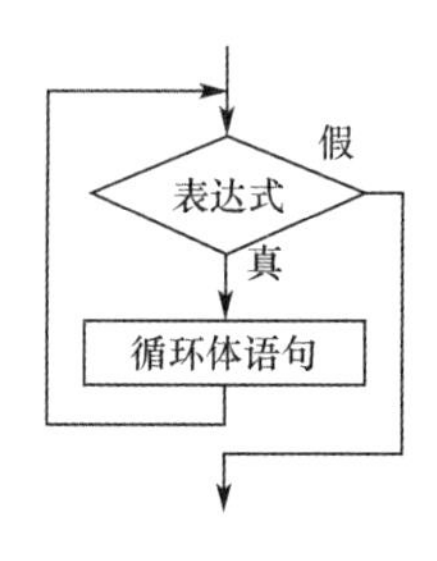

图 5-1　while 循环语句流程图

【例 5.1】 用 while 语句计算 1+2+……+100 的值。

本题可看作数列{a_k=k|k=1,2,……,100}的求和，累加求和的通项为：iSum+k→iSum，所以，可以用如下伪代码描述。

```
Begin
1=>i,0=>iSum
while i≤100
{
    iSum+i=>iSum
    i+1=>i
}
print iSum
End
```

流程图如图 5-2 所示。

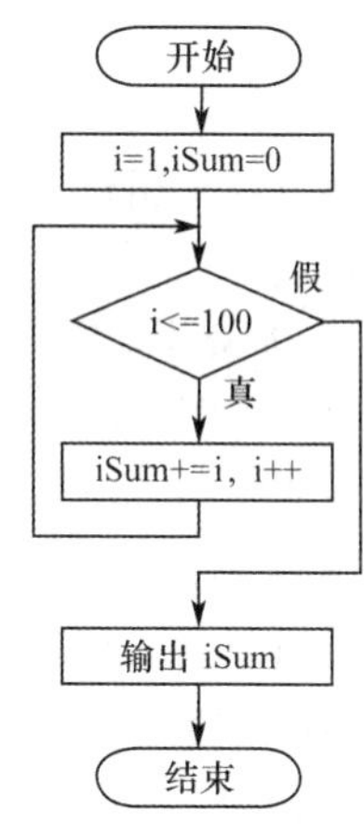

图 5-2　例 5.1 程序流程图

完整的 C 程序如下：

```
#include <stdio.h>
void main()
{
    int i,iSum;
    i=1;                          //初始化循环变量
    iSum=0;                       //累加器清零
    while(i<=100)                 //循环条件
    {
        iSum+=i;                  //累加求和
        i++;                      //修正循环变量
    }
    printf("sum=%d\n",iSum);      //输出结果
}
```

运行结果如下：

```
sum=5050
```

说明

(1)循环体语句可以是一条语句，也可以由多条语句组成。例 5.1 包含两条语句

```
{
    iSum+=i;
    i++;
}
```

花括号"{ }"不能去掉，形成复合语句。否则，循环体语句范围只到 while 后面的第一个分号处，即循环体只有"iSum+=i;"一条语句，是错误的。

(2)在循环体中应有使循环趋向于结束的语句，即设置改变循环条件的语句。在例 5.1 中，循环结束条件是 i>100，循环体中语句"i++;"将最终导致 i>100 的发生。如果无此语句，i 值始终不变，则该循环将永远执行下去，这种情况称为死循环。

注意

循环体语句可以是空语句，表示不执行任何操作。

循环结构 do-while

5.2 do-while 循环语句

do-while 循环又称为直到型循环，其一般格式为：

do {

循环体语句;

}while(表达式);

功能说明：先执行循环体语句，再求表达式的值，若表达式的值为非 0(真)，则再次执行循环体语句，如此反复，直到表达式的值为 0(假)时结束循环，并继续执行 do-while 循环后面的语句，如图 5-3 所示。

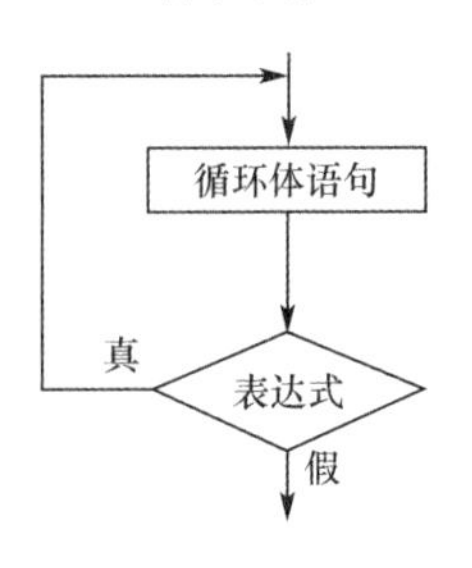

图 5-3 do-while 循环语句流程图

【例 5.2】 用 do-while 语句计算 1+2+……+100 的值。

```
#include <stdio.h>
void main()
{
    int i,iSum;
    i=1;
    iSum=0;
    do {
        iSum+=i;
        i++;
    }while(i<=100);
    printf("sum=%d\n",iSum);
}
```

运行结果如下：

```
sum=5050
```

说明

(1)do-while 语句先执行一次循环语句，然后再求表达式的值，所以，无论开始表达式的值是否为“真”，循环体语句至少被执行一次，这一点同 while 语句是有区别的。

(2)while 后面的分号“;”不能少。

(3)当循环体只有一条语句时，花括号“{ }”可省略，但建议保留，避免与 while 语句混淆。

注意

用 while 语句和 do-while 语句实现循环结构的特点：

(1)循环的初始化部分，位于循环之前，如“i=1;iSum=0;”。

(2)循环体部分，是由功能语句和修改循环控制语句组成的复合语句。

```
{   iSum +=i;          //累加求和功能语句
    i++;               //修改循环控制语句
}
```

(3)条件判断部分，就是 while 中的表达式，其表达式与修改循环控制语句的变量关联。

模仿练习

分别用 while 和 do-while 语句做如下练习，并注意两者的差异。

1. 计算 1/1+1/2+……+1/50 的值。

2. 计算 $1^2+2^2+3^2+\cdots\cdots+10^2$ 的值。

5.3　for 循环语句

for 循环语句又称为计数循环，其一般格式为：

循环结构 for

```
for(初始表达式;循环条件表达式;变量增值表达式)
{
    循环体语句;
}
```

功能说明：

(1)先执行初始表达式。

(2)计算循环条件表达式，若为非 0(真)，执行循环体语句；若为 0(假)，则结束循环。

(3)计算变量增值表达式，然后重复执行第二步。

流程图如图 5-4 所示。

【例 5.3】　用 for 语句计算 1+2+……+100 的值。

流程图如图 5-5 所示。

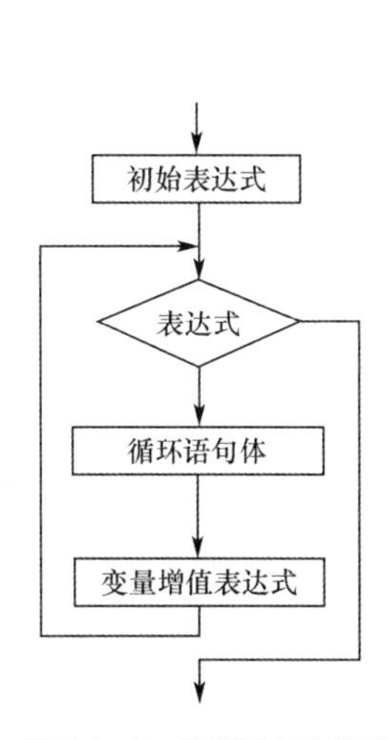

图 5-4　for 循环语句流程图

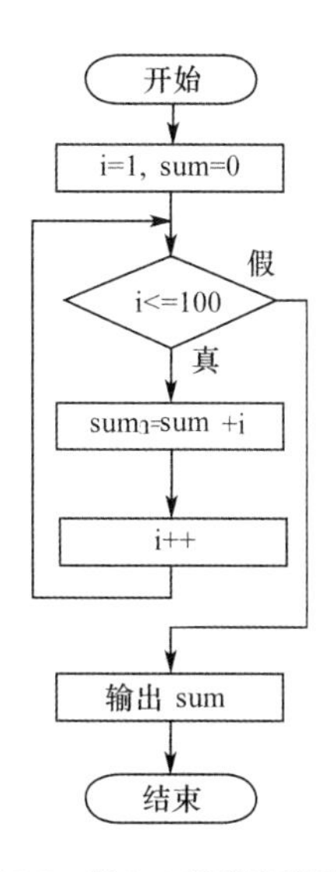

图 5-5　例 5.3 程序流程图

在 for 循环中：

初始表达式：i＝1，sum＝0

循环条件表达式：i＜＝100

变量增值表达式：i++

```
#include <stdio.h>
```

```
void main()
{
      int i,sum;
      for(i=1,sum=0;i<=100;i++)
        {
              sum=sum+i;
        }
      printf("sum=%d\n",sum);
}
```

运行结果如下：

```
sum=5050
```

说明

(1)如果循环体语句只有一条语句，花括号"{ }"可省略，否则必须用花括号"{ }"括起来，使其形成复合语句。

(2)for语句中的初始表达式和变量增值表达式既可以是简单表达式，也可以是逗号表达式，此表达式可以是与循环控制变量无关的表达式。

(3)for语句中的循环条件表达式是任意类型的表达式，但一般是关系表达式或逻辑表达式，其值取逻辑值，即"真"或"假"，用来控制循环次数。

注意

for语句中的任何一个表达式都可以缺省，但分号";"一定要保留。缺省表达式部分的功能，可以用其他语句去完成。以例5.3为例，说明几种等价的缺省形式。

(1)缺省初始表达式：for(；循环条件表达式；变量增值表达式)

```
i=1;sum =0;                //把初始表达式移出至循环语句的前面
for(;i<=100;i++)
      sum=sum+i;
```

(2)缺省循环条件表达式：for(初始表达式；；变量增值表达式)

```
for(i=1,sum=0; ;i++)
{
      if(i >100)break;     //通过break语句跳出循环体
      sum=sum+i;
}
```

(3)缺省变量增值表达式：for(初始表达式；循环条件表达式；)

```
for(i=1,sum=0;i <=100;)
{
      sum=sum+i;
      i++;                 //把变量增值表达式放在循环体内
}
```

(4)初始表达式和循环条件表达式同时缺省：for(；；变量增值表达式)

```
i=1;sum=0;
for(; ;i++)
{
```

```
    if(i>100)break;      // 通过 break 语句跳出循环体
    sum=sum+i;
}
```

(5)缺省循环条件表达式和变量增值表达式:for(初始表达式;;)

```
for(i=1,sum=0;;)
{
    if(i>100)break;      // 通过 break 语句跳出循环体
    sum=sum+i;
    i++;
}
```

(6)全部缺省:for(;;)

留给读者完成。

模仿练习

用 for 语句做如下练习:

1. 计算 1+3+5+……+99 的值。
2. 输入 n(n<=5),计算 n!的值。
3. 统计 100 以内能同时被 3、5、7 整除的数的个数。

微课

循环的嵌套

5.4 循环的嵌套

一个循环的循环体内包含另外一个循环语句称为循环的嵌套。如图 5-6 所示是一个循环嵌套的例子。循环嵌套时,外层循环执行一次,内层循环从头到尾执行一遍。三种循环不仅可以自身嵌套,而且还可以互相嵌套。

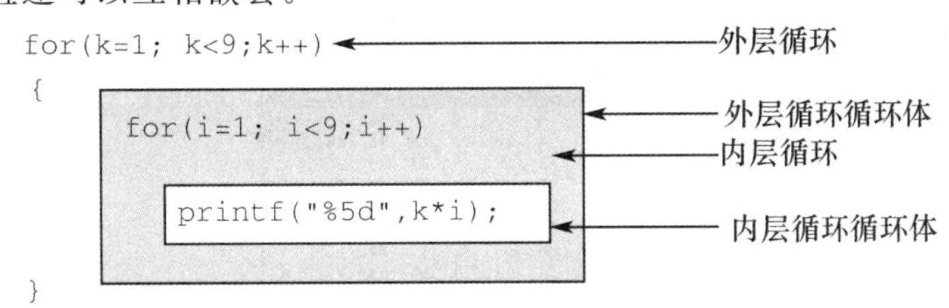

for(k=1; k<9;k++)
外层循环
{
for(i=1; i<9;i++)
外层循环循环体
内层循环
printf("%5d",k*i);
内层循环循环体
}

图 5-6 循环嵌套的结构

【例 5.4】 如图 5-7 所示,打印九九乘法表。

	1	2	3	4	5	6	7	8	9	
1	1	2	3	4	5	6	7	8	9	第 1 行
2	2	4	6	8	10	12	14	16	18	第 2 行
……										……
k	k*1	k*2	k*3	k*4	……	k*i	……		k*9	第 k 行
……										……
9	9	18	27	36	45	54	63	74	81	第 9 行

图 5-7 九九乘法表

为简化问题,仅考虑打印表中的积数,乘数和被乘数两项留给读者完成。

算法设计

(1)如图 5-7 所示,从上往下看,问题简化为打印第 1 行乘积、第 2 行乘积、……、第 k 行乘积、……、第 9 行乘积,可用 for 循环语句实现。

```
for(k=1;k<=9;k++)
{
    //打印第 k 行;
}
```

(2)观察第 k 行(k=1,2,3,……,9):

k＊1　k＊2　k＊3　k＊4……　k＊i……k＊9　(i=1,2,3,……,9)

从左往右看,是一个通项公式为:$a_i=k*i$ 的数列$\{a_i|i=1,2,\cdots\cdots,9\}$,所以,可用循环语句实现。

```
for(i=1;i<=9;i++) printf("%4d",k*i);
```

由于第 k 行是另起一行,所以,必须添加换行操作 printf("\n")。

参考代码如下:

```
#include <stdio.h>
void main()
{
    int k,i;
    for(k=1;k<=9;k++)            /* 外循环 */
    {
        for(i=1;i<=9;i++)        /* 内循环 */
            printf("%4d",k*i);   /* 右对齐,隔开 */
        printf("\n");            /* 换行 */
    }
}
```

运行结果如图 5-8 所示。

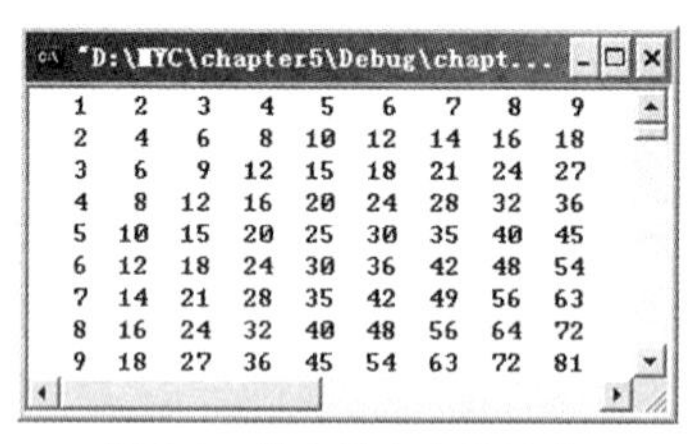

图 5-8　输出的九九乘法表

说明

(1)格式化输出语句"printf("%4d",k＊i);"使每个乘积数占 4 个字符位,且右对齐。

(2)内嵌的循环中还可以再嵌套循环,这就是多重循环。三种循环(while,do-while,for)都可以嵌套而且可以互相嵌套。

【例 5.5】 一个自然数的七进制表示是一个三位数,而这个自然数的九进制表示也是一个三位数,且这两个三位数的数码顺序正好相反,求这个三位数。

算法设计

设所求数的七进制形式为 abc,那么这个数的九进制形式就是 cba,且有如下关系:

```
a*7*7+b*7+c==c*9*9+b*9+a
```

由于 a 和 c 是百位上的数字，所以取值分别为 1～6，而 b 是十位上的数字，所以取值分别为 0～6。枚举所满足条件：a＊7＊7+b＊7+c==c＊9＊9+b＊9+a 的 a、b、c 即为所求。

参考代码如下：

```
#include "stdio.h"
void main()
{
    int a,b,c;
    for(a=1;a<7;a++)
        for(b=0;b<7;b++)
            for(c=1;c<7;c++)
                if(a*7*7+b*7+c==c*9*9+b*9+a)
                {
                    printf("这个特殊三位数是:");
                    printf("%d%d%d(7)=%d%d%d(9)=%d(10)\n",
                    a, b, c, c, b, a, a*7*7+b*7+c);
                }
}
```

运行结果如图 5-9 所示。

图 5-9　输出特殊的三位数

模仿练习

1. 修改例 5.4，输出上三角形九九乘法表。
2. 求不定方程 x+y=100 的正整数解。

5.5　三种循环语句的比较

1. 三种循环都可以用来处理同一类问题，一般情况下它们可以互相替代。

2. 三种循环都能用 break 语句结束循环，用 continue 语句开始下一次循环。

3. while 和 do-while 只判断循环条件。循环变量的初值化要放在循环语句之前（如 i=0，s=1 等），在循环体中还应包含修改循环条件的语句（如 i++，j++等）。

4. for 语句本身除了包含循环条件之外，还可以给循环变量赋初值。当然也允许省略其中某些部分。当省略前后两项成为 for(;循环条件表达式;)时，完全与 while(循环条件)等效。

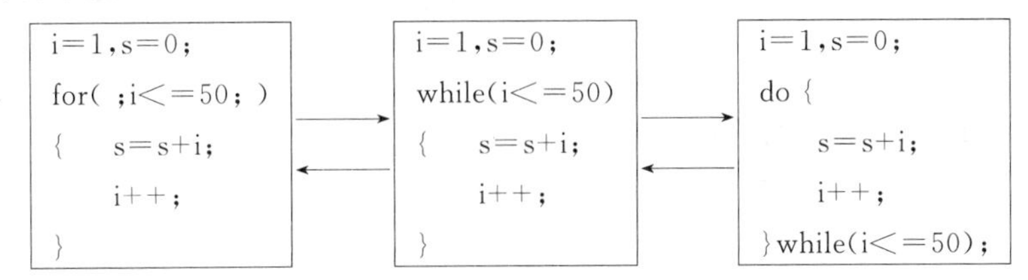

5. while 和 for 都是先判断后循环，而 do-while 是先循环后判断。

5.6 案例5的解答

问题分析

把厚度为0.006 cm的纸不断地裁剪、摞叠，经过43次操作后，如果摞好的纸当作梯子，你就可以沿着纸梯子直奔月球。

本案例的任务就是利用C语言提供的循环语句，求解纸的厚度。演示经过43次操作后纸的高度足以奔月。

算法设计

(1)准备工作：定义两个变量paper和n，分别存储纸的厚度与裁摞次数，并把paper初始值设为0.006 cm，n的初始值设为0。

(2)当纸的厚度小于地球和月球的距离时，即paper＜38500000000 cm时，重复做以下工作：

裁纸摞起来，即纸的厚度变成原来的2倍，次数加1，即n+1。

(3)当paper＞＝38500000000 cm时，结束裁纸摞叠，并完成如下工作：

①输出纸的厚度，即打印变量paper。

②输出最后摞纸次数，即打印变量n。

参考代码如下：

```
#include <stdio.h>
void main()
{
    double paper=0.006;
    int n=0;
    while(paper<38500000000.0)    /* 纸厚小于地球与月球的距离时，重复做 */
    {
        paper=paper*2;            /* 摞起来，即纸的厚度*2 */
        n=n+1;                    /* 记录摞纸的次数 */
    }
    printf("纸的厚度：%f\n",paper);
    printf("摞纸次数：%d\n",n);
}
```

运行结果如下：

```
纸的厚度：52776558133.248001
摞纸次数：43
```

5.7 break、continue和goto语句

5.7.1 break与continue语句

一般格式：

break;

continue;

功能说明：

(1)break：强行结束循环，转向执行循环语句的下一条语句。

(2)continue：结束本次循环。对于 while 和 do-while 循环，跳过循环体其余语句，转向循环终止条件的判断；而对于 for 循环，跳过循环体其余语句，转向循环变量增值表达式的计算，如图 5-10 所示。

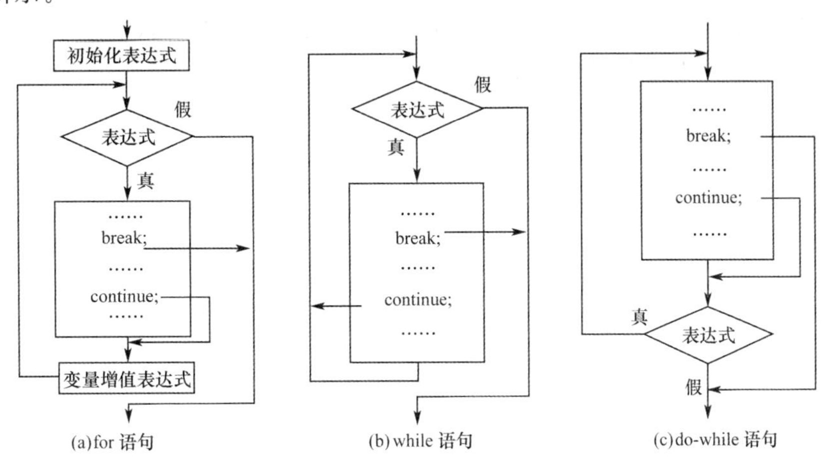

图 5-10 break 和 continue 语句对循环控制的影响

说明

(1)break 语句只能用于循环语句和 switch 语句中，continue 只能用于循环语句中。而且往往是在一个特殊的条件成立时，执行 break 或 continue 语句。

例如，输出 100 以内的自然数，可用如下含有 break 的循环语句实现：

```
for(i=1; ;i++)
{    printf("%4d",i);
     if(i>=99) break;
}
```

而输出 100 以内的偶数，可用如下含有 continue 的循环语句实现：

```
for(i=1; i<100;i++)
{    if(i%2) continue;
     printf("%4d",i);
}
```

(2)循环嵌套时，break 和 continue 只影响包含它们的最内层循环，与外层循环无关。

(3)continue 语句有点像 break 语句，但 continue 语句不造成强制性的中断循环，而是强行执行下一次循环，而 break 语句则终止循环。

【例 5.6】 求 1～100 不能被 8 整除的数。

```
#include <stdio.h>
void main()
{
    int n;
    for(n=1; n <=100; n++)
    {
        if(n%8 ==0) continue;
```

```
            printf("%4d",n);
        }
    }
```

【例 5.7】 输入一个整数，判断其是否为素数。

【解题分析】 所谓 k 是素数，是指 k 只能被 1 和本身整除的数，因此可以使用试探法来判断素数。要判断 k 是否为素数，就试探用[2,k-1]区间之内的所有整数去除以 k，如果没有一个可以将 k 除尽，则 k 是素数，否则是合数。

参考代码如下：

```
#include "stdio.h"
#include <stdio.h>
void main()
{
    int i, k;
    printf("请输入一个正整数:");
    scanf("%d",&k);
    for(i=2;i<k;i++)
    {
        if(k%i==0) break;                   //如果 i 是 k 的因子,则跳出循环
    }
    if(i==k) printf("%d 是素数。\n",k);   //判别前一条 for 循环语句的终止情况
    else     printf("%d 不是素数。\n",k);
}
```

说明

寻找素数其实是寻找一种倍数关系，所以没必要试探[2,k-1]的所有整数，只要试探 2～$\sqrt{k}$的整数就可以了。这样可提高程序的效率。

设 k 不是素数，那么就存在 m、n 使得 $k=(\sqrt{k})^2=m*n$，(其中，m，n>=2)。假设 m 是其中一个较小数，从而 $k=(\sqrt{k})^2=m*n\geq m^2\geq 2^2$，即$\sqrt{k}\geq m\geq 2$。故有结论：如果 k 不是素数(是合数)，那么 k 在[2，$\sqrt{k}$]必有一个约数。

这需用到开方函数 sqrt()，而函数 sqrt()的原型在 math.h 头文件中，所以，要加预编译命令：

```
#include "math.h"
```

模仿练习

1. 编写程序，计算满足：$1^2+2^2+3^2+\cdots\cdots+n^2<1000$ 的最大 n 值。
2. 输出 10～100 的全部素数。

5.7.2 goto 语句和标号语句

goto 语句的格式：

goto <语句标号>;

功能说明：

(1)goto 语句是无条件转移语句，程序执行到 goto 语句时，无条件地转移到＜语句标号＞所指定的语句并执行。

(2)＜语句标号＞是一个标识符，应按标识符的命名规则来命名。

(3)标号语句则是由语句标号和其后的冒号构成的，即：

语句标号：

是 goto 语句的转移目标。

例如：

```
loop：sum+=i;              //其中"loop:"是标号语句，"loop"称为语句标号
    i++;
    if(i<=36)goto loop;    //其中"goto loop;"称为 goto 语句
```

goto 语句被执行时，无条件地转移到"标号语句"处。

我们可以用 goto 语句构成循环。

【例 5.8】 求 1～36 的整数之和。

```
#include <stdio.h>
void main( )
{
    int i=1,sum=0;
loop:sum+=i;
    i++;
    if(i<=36) goto loop;
    printf("sum=%d\n",sum);
}
```

运行结果如下：

```
sum=666
```

注意

(1)＜标号语句＞必须与 goto 语句同处于一个函数中，goto 语句一般用于同层跳转，或由里层向外层跳转，而不能用于由外层向里层跳转。

(2)goto 语句作为一种语言成分是必需的，但没有它照样能编写程序。如果大量使用 goto 语句进行无条件转移会打乱各种有效的控制语句，造成程序结构不清晰。按结构化程序设计的原则，应该限制使用它，否则影响程序的可读性。

5.8 情景应用——案例拓展

案例 5-1 趣味古典数学问题

问题描述

有一对兔子，从出生后第 3 个月起每个月都生一对兔子。小兔子长大，到第 3 个月后每个月又生一对兔子。假设所有的兔子都不死亡，问每个月的兔子总对数为多少？程序运行效果如图 5-11 所示。

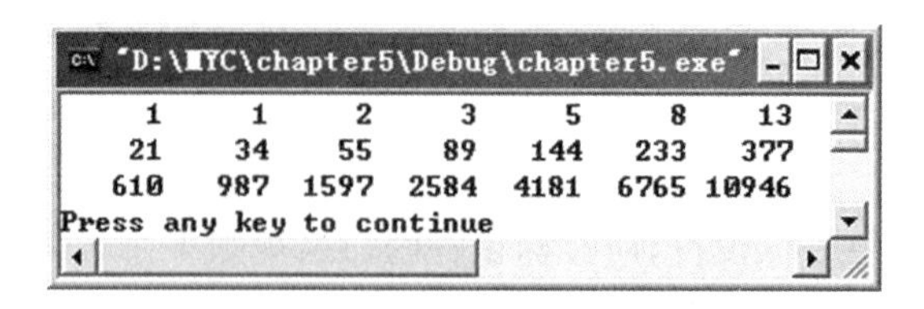

图 5-11 趣味古典数学问题运行效果

算法设计

把每个月的兔子总对数组成的数列记为{ f_n | n=1,2,3,……},并把不满一个月的兔子称为小兔子,满一个月而不满两个月的兔子称为中兔子,满三个月及以上的兔子称为老兔子,根据题意有:每对老兔子每月都生一对小兔子。于是每个月的小、中、老兔子以及兔子总数见表 5-1。

表 5-1 月份-兔子明细表

第几个月:n	小兔子对数	中兔子对数	老兔子对数	兔子总对数:f_n
1	1	0	0	1
2	0	1	0	1
3	1	0	1	2
4	1	1	1	3
5	2	1	2	5
6	3	2	3	8
……	……	……	……	……

显然,数列{f_n}有如下关系:

$f_1=1$

$f_2=1$

$f_n=f_{n-1}+f_{n-2}$ $(n\geqslant 3)$

这就是 Fibonacci 数列。因此,打印数列前 21 项可用如下算法描述:

Begin(算法开始)
$1=>f_1, 1=>f_2$
print f_1, f_2
for(n=3;n<=21;n++)
{
    $f_{n-1}+f_{n-2}=>f_n$, print f_n //由前两项的 f_{n-1}、f_{n-2}求得 f_n,并输出 f_n
    $f_{n-1}=>f_{n-2}$, $f_n=>f_{n-1}$ //修改 f_{n-1}、f_{n-2}的值,被下次循环递推
}
End(算法结束)

参考代码如下:

```
#include <stdio.h>
void main()
{
    int i;
    long f1=1,f2=1,f;
    printf("%6ld%6ld",f1,f2);
```

```
    for(i=3;i<=21;i++)
    {
        f=f1+f2;                        //由前两项的 f1、f2 求得当前项 f
        printf("%6ld",f);               //输出 f
        if(i%7==0) printf("\n");        //每行限输出 7 个 Fibonacci 数
        f1=f2;
        f2=f;                           //修改 f1、f2 的值,被下次循环递推
    }
}
```

拓展训练

猴子吃桃问题:猴子第 1 天摘若干个桃子,当即吃了一半,还不过瘾,又多吃了一个;第 2 天早上又将剩下的桃子吃掉一半,又多吃了一个。以后每天早上都吃了前一天剩下的一半零一个。到第 10 天早上再想吃时,只剩下一个桃子了。编写程序求第一天共摘了多少个桃子。

案例 5-2　猜数字

问题描述

有等式 xyz+yzz=532,编程求 x、y、z 的值(其中 xyz 和 yzz 分别表示一个 3 位数)。程序运行效果如图 5-12 所示。

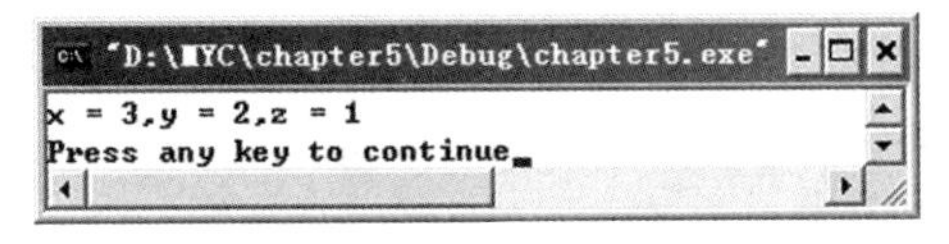

图 5-12　猜数字运行效果

算法设计

(1)对 x、y、z 分别进行穷举,由于 x 和 y 均为最高位,所以 x 和 y 不能为 0,穷举范围为 1~9,而 z 始终做个位,所以 z 的穷举范围为 0~9。

(2)对 x、y、z 进行穷举,判断 xyz 和 yzz 之和是否是 532,是则将结果输出,否则进行下次判断。

参考代码如下:

```
#include <stdio.h>
void main()
{
    int x,y,z,data;
    for(x=1;x<10;x++)
        for(y=1;y<10;y++)
            for(z=0;z<10;z++)
            {
                data=100*x+10*y+z+100*y+10*z+z;
                if( data ==532) printf("x=%d,y=%d,z=%d\n",x,y,z);
            }
}
```

拓展训练

有如下一道算术题，被雨淋湿了，9个数字中只能看清4个，第一个方格尽管看不清，但肯定不是1，请编程把看不清的5个数字找出来。

(□×(□3+□))^2=8□□9

案例5-3 婚礼上的谎言

问题描述

三对情侣参加婚礼，三个新郎为a、b、c，三个新娘为x、y、z，有人想知道究竟谁和谁结婚，于是就问新人中三位，得到如下提示：a说他将和x结婚；x说她的未婚夫是c；c说他将和z结婚。这人事后知道他们在开玩笑，说的全是假话，那么究竟谁与谁结婚呢？程序运行效果如图5-13所示。

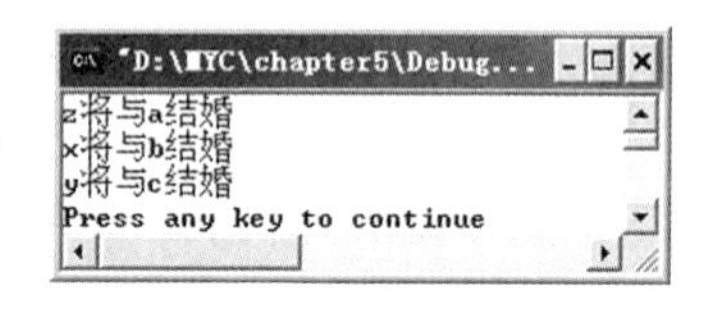

图5-13 婚礼上的谎言运行效果

算法设计

(1)这是逻辑推断问题，必须将问题数值化。

三个新郎，比如a，用a=1表示新郎a和新娘x结婚；用a=2表示新郎a和新娘y结婚；用a=3表示新郎a和新娘z结婚。即：a与'x'+a-1结婚(a可能的取值是1、2、3)。

同理，如果新郎a不与新娘x结婚则写成a!=1；新郎a不与新娘y结婚则写成a!=2；新郎a不与新娘z结婚则写成a!=3。

根据题意得到如下表达式：

a!=1　　a不与新娘x结婚

c!=1　　c不与新娘x结婚

c!=3　　c不与新娘z结婚

(2)题中隐含条件：任两个新郎不能娶同一新娘，即a!=b且b!=c且a!=c。

(3)穷举所有可能的情况，代入上述表达式进行推理运算。如果假设的情况使上述表达式的结果为真，则假设的情况就是正确的答案。

参考代码如下：

```
#include <stdio.h>
void main()
{
    int a,b,c;
        for(a=1;a<=3;a++)
            for(b=1;b<=3;b++)
                for(c=1;c<=3;c++)
                    if(a!=1 && c!=1 && c!=3 && a!=b && a!=c && b!=c)
                    {
                        printf("%c将与a结婚\n",'x'+a-1);
                        printf("%c将与b结婚\n",'x'+b-1);
                        printf("%c将与c结婚\n",'x'+c-1);
                    }
}
```

拓展训练

有A、B、C、D、E 5个人，每人额头上都贴上了一张黑色或白色的纸条。5人对坐，每人都可以看到其他人额头上的纸的颜色，但都不知道自己额头上的纸的颜色。5人相互观察后，有如下对话：

A说："我看见有3个人额头上贴的是白纸，1个人额头上贴的是黑纸。"

B说："我看见其他4个人额头上贴的都是黑纸。"

C说："我看见有1个人额头上贴的是白纸，其他3人额头上贴的是黑纸。"

D说："我看见其他4个人额头上贴的都是白纸。"

E说："我不发表观点。"

现在已知额头上贴黑纸的人说的都是谎话，额头上贴白纸的人说的都是实话，问这5个人中谁的额头上贴的是白纸，谁的额头上贴的是黑纸？

提示：A=1表示A额头贴白纸，A=0表示A额头贴黑纸，那么

　　如果A额头贴白纸，则有 a&&b+c+d+e==3

　　如果A额头贴黑纸，则有 !a&&b+c+d+e!=3

从而，A说："我看见有3个人额头上贴的是白纸，1个人额头上贴的是黑纸。"可用如下逻辑表达式 a&&b+c+d+e==3||!a&&b+c+d+e!=3 描述。

自我测试练习

一、单选题

1. 下面程序段运行结果是(　　)。

```
int iNum=0;
while(iNum <=2)
    printf("%d",iNum);
```

A. 2　　B. 3　　C. 死循环，无限个0　　D. 有语法错误

2. 以下程序段(　　)。

```
iNum=-1;
do {
    iNum *=2;
}while(!iNum);
```

A. 是死循环　　B. 循环执行2次　　C. 循环执行1次　　D. 有语法错误

3. 以下循环语句执行次数是(　　)。

```
int i=1;
for(;i==0;) printf("%d",i);
```

A. 2次　　B. 1次　　C. 0次　　D. 无限次

4. 以下描述正确的是(　　)。

A. continue语句的作用是结束整个循环的执行

B. 只能在循环体内和switch语句体内使用break语句

C. 在循环体内使用break语句或continue语句的作用相同

D. 从多层循环嵌套中退出时，只能使用goto语句

5. 与 while(E)不等价的是(　　)。

A. while(!E==0)　　B. while(E>0||E<0)

C. while(E==0)　　D. while(E!=0)

二、填空题

1. 从键盘输入若干个字符,统计数字字符的个数,以换行符结束循环。填空使程序完整。

```
int iNum=0,chLetter;
chLetter=getchar();
while ________
{
    if ________ iNum++;
    chLetter=getchar();
}
```

2. 以下程序的功能是计算 s=1+12+123+1234+12345 的值,请填空将程序补充完整。

```
void main()
{
    int t=0,iSum=0,i;
    for(i=1;i<6;i++)
    {
        t=i+________;
        iSum=iSum+t;
    }
    ________;
}
```

3. 以下程序的功能是输出 100 以内(不含 100)能被 3 整除,且个位数为 6 的所有整数,请填空将程序补充完整。

```
void main()
{
    int i,j;
    for(i=0;i<10;i++)
    {
        j=i*10+6;
        if ________ continue;
        printf("%d",j);
    }
}
```

三、编程题

1. 输入一个正整数,然后输出该整数的所有因子。

2. 一个数如果恰好等于它的因子之和,这个数就称为“完全数”。例如,6 的因子是 1、2、3,而 6=1+2+3。因此 6 是一个完全数。编程找出 1000 之内的所有完全数。

3. 输入两个正整数 m 和 n。求其最大公约数和最小公倍数。

4. 打印出所有的“水仙花数”。所谓水仙花数,是指一个 3 位数,其各位数字立方和等于该数本身。例如,153 是一水仙花数,因为 $153=1^3+5^3+3^3$。

5.下列乘法算式中：每个汉字代表1个数字(0～9)。相同的汉字代表相同的数字，不同的汉字代表不同的数字。

赛软件 * 比赛＝软件比拼

试编程确定使得整个算式成立的数字组合，如有多种情况，请给出所有可能的答案。

6.如果要将整钱换成零钱，那么壹元钱可兑换成壹角、贰角或伍角，问有多少种兑换方案？

7.海滩上有一堆桃子，5只猴子来分。第1只猴子把这堆桃子平均分为5份，多了一个，这只猴子把多的一个扔入海中，拿走了一份。第2只猴子把剩下的桃子又平均分为5份，又多了一个，它同样把多的一个扔入海中，拿走了一份。第3、第4、第5只猴子都是这样做的，问海滩上原来最少有多少个桃子？

第 6 章

数　组

学习目标

- 掌握一维数组的定义、初始化和引用方法
- 掌握二维数组的定义、初始化和引用方法
- 理解字符数组与字符串的区别，掌握它们的使用方法
- 较熟练地使用数组进行程序设计，解决实际问题

案例 6　十个小孩分糖

问题描述

十个小孩围成一个圈分糖果，张老师随意地分给每个小孩几块糖果，然后要求所有的小孩同时将自己手中的糖果分一半给右边的小孩；糖果块数为奇数的人可向老师要一块。问经过这样几次调整后大家手中的糖果块数都一样吗？每人各有多少块糖？程序运行结果如图 6-1 所示。

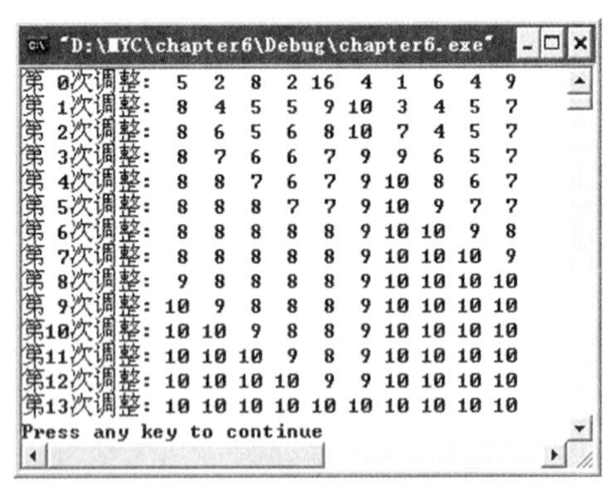

图 6-1　分糖的调整过程

知识准备

本案例如果用 10 个简单变量存储小孩的糖果数，每次调整糖果数的操作就非常复杂，这显然不合理。又如，对某班学生成绩进行排序，就算法而言是十分简单的，但如果每个学生每门课程的成绩都用一个简单变量来保存，那么就需要很多变量，解决起来将十分烦琐，给程序设计带来极大不便。

所以，必须引入一种新的数据结构——数组，来存储批量数据。

6.1 一维数组

6.1.1 一维数组的定义

数组

一维数组的定义格式为：

<类型标识符> <数组名>[<常量表达式>];

其中：

类型标识符:表示数组中所有元素的数据类型。

数组名:数组型变量的名称。

常量表达式:指出一维数组中元素的个数,即数组长度。

例如：

```
int iA[10];              //定义有 10 个元素的 int 类型数组,数组名为 iA
char chBuffer[30];       //定义有 30 个元素的 char 类型数组,数组名为 chBuffer
float fBase[80];         //定义有 80 个元素的 float 类型数组,数组名为 fBase
```

**说明**

(1)数组的长度不允许做动态定义,必须是常量或常量表达式。例如：

```
int a[3+2 * 4];          //正确
int b[n];                //错误,长度不允许动态定义
```

(2)相同类型的数组和变量可以在一个类型说明符下一起说明,用逗号隔开。例如：

```
int iA[10],iB[20],x,y;
```

(3)数组中的所有元素共用一个名字,用下标来区别每个不同的元素。下标从 0 开始,按下标顺序依次连续存放。例如,数组 iA 的 10 个元素是:iA[0]、iA[1]、……、iA[9]。

注意

在数组 iA 中,只能使用 iA[0]、iA[1]、……、iA[9],而不能使用 iA[10],否则就会出现下标越界的错误。

6.1.2 一维数组的引用

数组定义后,就可以引用数组中的任意一个元素了,引用形式如下：

<数组名>[<下标表达式>]

例如,对前面(6.1.1 节)定义的数组 iA 而言,以下都是对数组元素的正确引用：

```
iA[3]=5;                 //把 5 赋给数组 iA 的第 4 个元素
iA[i]=6;                 //把 6 赋给数组 iA 的第 i+1 个元素,这里 0<=i<=9
scanf("%d",&iA[9]);      //将键盘输入的数据存储在元素 iA[9]中
printf("%d",iA[9]);      //输出数组 iA 的第 10 个元素 iA[9]的值
```

说明

(1)下标表达式可以是整型常量、整型变量或整型表达式。

(2)数组元素在内存中是连续存放的,例如,程序段：

```
int iA[10],i;
for(i=0;i<10;i++) iA[i]=i+2;
```

运行结果在内存中存放形式如图 6-2 所示。其中每一个元素都相当于一个整型变量，可以存放一个整型数值，与 10 个整型变量不同之处在于：数组元素是按顺序排列的，数组元素的访问是通过下标变量进行的，因此，用循环语句操作数组非常方便。

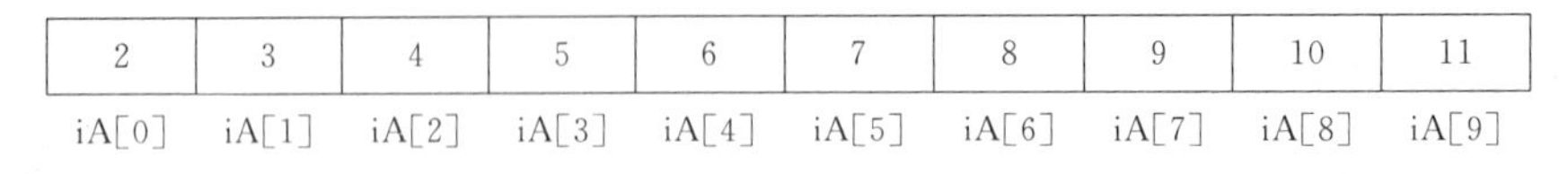

图 6-2 一维数组 iA 在内存中的存放形式

【例 6.1】 输入 10 个整数存储在数组中，然后将数组元素输出。

【编程要点】

(1)定义有 10 个元素的一维数组。

(2)输入 10 个数，存储到数组元素中。

(3)将数组元素逐个输出。

【实现代码】

```
#include <stdio.h>
void main()
{
    int iA[10];                          //定义 10 个 int 类型存储单元的数组 iA
    int i;
    printf("请输入 10 个整数:\n");
    for(i=0;i<10;i++)
        scanf("%d",&iA[i]);              //输入 10 个数，存储到数组元素中
    for(i=0;i<10;i++)                    //输出数组中的 10 个数
        printf("%d ",iA[i]);
}
```

运行结果如下：

```
请输入 10 个整数:
65  48  90  75  85  68  23  89  0  100↙(回车)
65  48  90  75  85  68  23  89  0  100
```

模仿练习

定义一个数组，数组元素 a[0]～a[9]的值为 0～9，然后按反序输出 9～0。

6.1.3 一维数组的初始化

一维数组的初始化

与简单变量一样，数组也可以在定义时初始化。

一维数组初始化的一般格式如下：

<类型说明符> <数组名>[常量表达式]={初值表};

对一维数组的初始化，有以下几种形式：

(1)在定义数组时直接对数组的全部元素赋初值。例如：

```
int iA1[6]={0,1,2,3,4,5};
```

将数组元素的初值依次放在一对花括号“{}”内，并用逗号“,”分开，从左到右将花括号中的每个数与数组的每个元素一一对应。经过上面的定义和初始化之后，数组中的各元素值为：iA1[0]=0、iA1[1]=1、iA1[2]=2、iA1[3]=3、iA1[4]=4、iA1[5]=5。

【例 6.2】 初始化一维数组。

本实例中，对定义的数组变量进行初始化操作，然后隔位输出。运行程序，显示效果如图 6-3 所示。

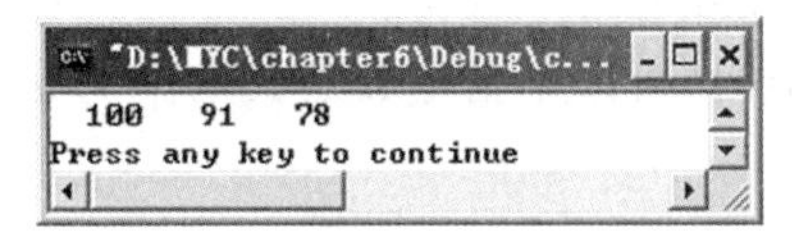

图 6-3 初始化一维数组

【实现代码】

```
#include <stdio.h>
void main()
{
    int i;
    int iA1[6]={100,92,91,88,78,69};   //对数组元素赋初值
    for(i=0;i<6;i+=2)                  //隔位输出数组中元素
        printf("%5d",iA1[i]);           //每个数占5个字符位且右对齐
    printf("\n");
}
```

说明

在程序中，定义一个数组变量 iA1 并对其进行初始化，使用 for 循环输出数组中元素，在循环中，控制循环变量使其每次增加 2。这样根据下标进行输出时，就会实现隔位输出的效果。

(2)只给部分元素赋初值，未赋初值的元素值为 0。例如：

int iA2[6]={10,23,9};

这样只对前 3 个元素显式赋初值，后 3 个元素值自动设为 0。

【例 6.3】 给数组中的部分元素赋初值。

本实例中，定义数组并给部分元素赋初值，然后输出数组中所有元素，观察输出元素数值。运行程序，显示效果如图 6-4 所示。

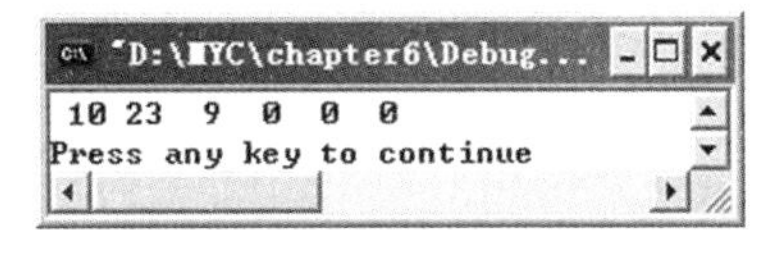

图 6-4 部分元素赋初值

【实现代码】

```
#include <stdio.h>
void main()
{
    int i;
    int iA2[6]={10,23,9};              //对数组中部分元素赋初值
    for(i=0;i<6;i++)                   //输出数组中的所有元素
        printf("%3d",iA2[i]);
    printf("\n");
}
```

说明

对数组中部分元素的初始化操作和对数组中全部元素赋值的操作是一样的，只不过在花括号中给出的元素数值个数比数组元素个数少。

(3)对数组全部元素赋初值时，可以不指定数组长度。例如：

```
int iA3[ ]={0,1,2,3,4,5};
```

等价于：

```
int iA3[6]={0,1,2,3,4,5};
```

【例 6.4】 用初始化方法，把某班前 6 名学生 C 语言程序设计课程的考试成绩存储在数组中，再从键盘输入一个考分，查找该数是否在数组中，如果在的话，输出它是第几名学生的成绩。

【编程要点】

(1)定义有 6 个元素的数组并初始化。

(2)输入一个数存储到某变量中。

(3)将变量中的数与数组元素逐个比较进行查找，并输出查找结果。

【实现代码】

```
#include <stdio.h>
void main()
{
    int iA3[ ]={98,97,91,89,88,85};    //不指定数组元素个数
    int fA;
    int i;
    printf("请输入你要查找的数:");
    scanf("%d",&fA);                    //输入要查找的成绩
    for(i=0;i<6;i++)
    {
        if(fA==iA3[i])
        {
            printf("这是第%d 名学生的成绩。\n",i+1);
            break;
        }
    }
}
```

运行结果如下：

```
请输入你要查找的数:89
这是第 4 名学生的成绩。
```

模仿练习

1. 求出 Fibonacci 数列的前 20 项并存储在数组中，然后再按每行 5 个数据输出。

其中，Fibonacci 数列，按如下递归定义：

F(1)=1;

F(2)=1;

F(n)=F(n-1)+F(n-2),n>2。

2. 求 10 个整数中的最小值。

6.1.4 案例6的解答

问题分析

分糖过程是一个机械的重复过程，编程算法完全可以按照描述的过程进行模拟。但如果利用前面学过的知识就需要10个简单变量来存储小孩手中的糖果数，每次调整糖果数就要对10个简单变量操作，非常复杂，这显然效率低。为此，我们改用数组存储数据。

算法设计

(1)定义两个含10个元素的一维数组，其中一个用于存储10个小孩手中的糖果数，并将老师随意分给他们的糖果数设为初始值。例如：

```
int sweet[10]={5,2,8,2,16,4,1,6,4,9};
int temp[10];
```

另一个用于每次调整时，存储手中分出的一半。

(2)判断每个小孩手中的糖果数，如果完全相同，结束调整转向步骤(5)，否则重复做以下操作。

(3)所有的小孩同时将自己手中的糖果分一半给右边的小孩，糖果块数为奇数的人可向老师要一块。

```
for(i=0;i<10;i++)                /*将每个人手中的糖果分出的一半存储在数组temp中*/
    temp[i]=sweet[i]=(sweet[i]+1)/2;
for(i=0;i<9;i++)                 /*将分出的一半给右边的孩子*/
    sweet[i+1]+=temp[i];
sweet[0]+=temp[9];
```

(4)输出小孩手中的糖果数，转向步骤(2)。

(5)分糖调整结束。

参考代码如下：

```
#include <stdio.h>
void main()
{
    int sweet[10]={5,2,8,2,16,4,1,6,4,9};
    int i,temp[10],k=0;
    printf("第%2d次调整:",k++);
    for(i=0;i<10;i++)                /*输出每个小孩手中的糖果数*/
        printf("%3d",sweet[i]);
    while(1)
    {
        for(i=1;i<10;i++)            /*判断每个小孩手中的糖果数是否完全相同*/
            if(sweet[0]!=sweet[i]) break;
        if(i>=10) break;
        for(i=0;i<10;i++)            /*将每个人手中的糖果分出一半*/
            temp[i]=sweet[i]=(sweet[i]+1)/2;
        for(i=0;i<9;i++)             /*将分出的一半给右边的孩子*/
            sweet[i+1]+=temp[i];
        sweet[0] +=temp[9];
```

```
        printf("\n第%2d次调整:",k++);
        for(i=0;i<10;i++)                    /*输出当前小孩手中的糖果数*/
            printf("%3d",sweet[i]);
    }
    printf("\n");
}
```

6.2 二维数组

二维数组也称为矩阵,需要两个下标才能标识某个元素的位置。二维数组经常用来表示按行和按列的格式存放数据。

二维数组

6.2.1 二维数组的定义

二维数组的定义格式为:

<类型标识符> <数组名>[<常量表达式1>][<常量表达式2>];

其中:

常量表达式1:表示数组的行数。

常量表达式2:表示数组的列数。

例如,"int a[3][4];"定义了一个3行4列的整型数组,逻辑上可以形象地用一个矩阵(表格)表示,如图6-5所示,即a数组是一个3行4列的整型数矩阵。

	第0列	第1列	第2列	第3列
第0行	a[0][0]	a[0][1]	a[0][2]	a[0][3]
第1行	a[1][0]	a[1][1]	a[1][2]	a[1][3]
第2行	a[2][0]	a[2][1]	a[2][2]	a[2][3]

图6-5 二维数组的矩阵表示

说明

(1)最后一行是第2行,最后一列是第3列,因此,最后一个元素是a[2][3],即:数组名[行数-1][列数-1],而不是a[3][4]。

(2)就存储形式而言,一维数组与二维数组是一样的。物理上,系统以"按行存放"的方式将二维数组分配在内存中一片连续的存储空间内,即先存放第0行的第0列、第1列……直到最后一列元素,接着再存放第1行的第0列、第1列……直到最后一列元素……直到最后一行的所有列元素存放完毕为止,如图6-6所示(图中以a_{ij}表示元素a[i][j]的值,下同)。

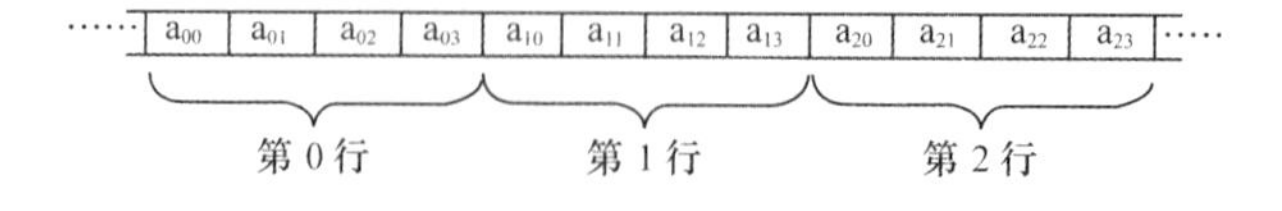

图6-6 二维数组在内存中的存放方式

(3)二维数组可以看成一维数组的扩展:由一维数组作为元素所组成的一维数组。例如,上述3行4列的二维数组a,就可以看作是由3个"元素"组成的一维数组,这3个"元素"分别是原数组的 3 行，以 a[i]表示，i=0，1，2，如图 6-7(a)所示，而且，每个“元素”又是一个由 4 个元素组成的一维数组，如图 6-7(b)所示。

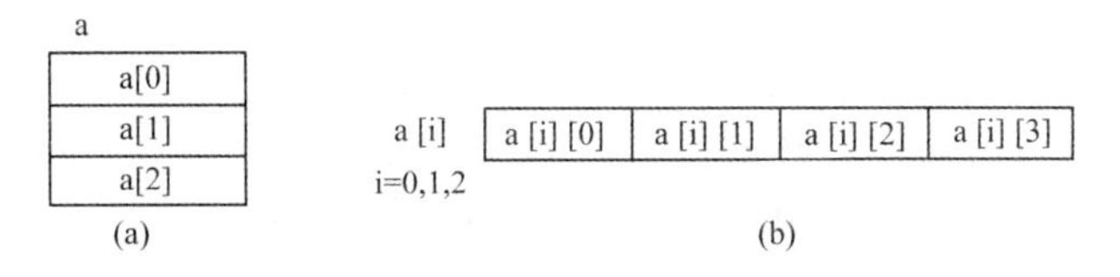

图 6-7　二维数组可以看成一维数组的一维数组

6.2.2　二维数组的引用

二维数组元素的引用形式为：

＜数组名＞[＜行下标＞][＜列下标＞]

例如：

```
int a[3][4];
```

第一个＜行下标＞的范围为 0～2，而第二个＜列下标＞的范围为 0～3。例如：

```
a[1][3]=56;          //正确，把 56 赋给 a 数组中第 1 行第 3 列的元素
a[0][0]=3;           //正确，把 3 赋给 a 数组中第 0 行第 0 列的元素
```

注意

(1)行下标和列下标可以是整型常数或整型表达式，其取值范围从 0 开始，分别到行数-1 和列数-1 为止。

```
int a[3][4];
a[3][0]=12;          //错误，第一个<行下标>越界，正确的范围为 0～2
a[0][4]=12;          //错误，第二个<列下标>越界，正确的范围为 0～3
a[3][4]=8;           //错误，行下标和列下标都越界
```

(2)要区别定义数组时用的 int a[3][4]和引用数组时用的 a[3][4]，前者 a[3][4]中的 3 和 4 是用来定义数组各维的大小；后者 a[3][4]中的 3 和 4 是下标值，a[3][4]代表一个数组元素。

6.2.3　二维数组的初始化

与一维数组一样，二维数组也可以在定义时对其进行初始化。有以下四种方法来实现：

(1)按行赋初值。例如：

```
int a[3][4]={{11,12,13,14},
             {21,22,23,24},
             {31,32,33,34}};
```

赋初值后数组如图 6-8 所示。

11	12	13	14
21	22	23	24
31	32	33	34

图 6-8　按行对数组赋初值

(2)将所有数据写在一个花括号内,按数据排列的顺序对各元素赋初值。例如:

```
int a[3][4]={11,12,13,14,21,22,23,24,31,32,33,34};
```

等价于:

```
int a[3][4]={{11,12,13,14},{21,22,23,24},{31,32,33,34}};
```

【例 6.5】 使用二维数组保存数据。

本实例实现了二维数组的初始化,并按矩阵形式显示二维数组元素的值。运行程序,显示效果如图 6-9 所示。

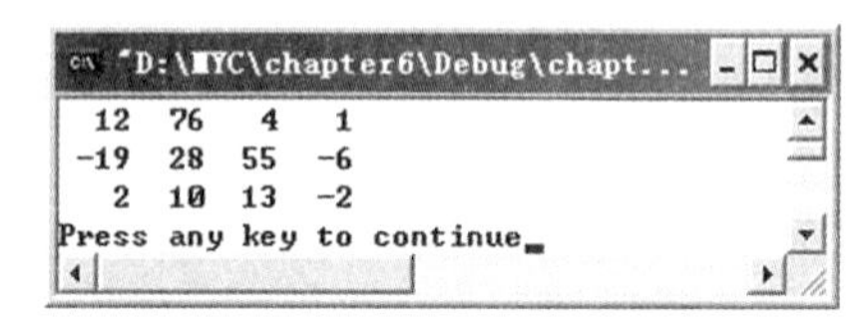

图 6-9 使用二维数组保存数据

【实现代码】

```
#include <stdio.h>
void main()
{
    int i,j;
    int a[3][4]={{12,76,4,1},{-19,28,55,-6},{2,10,13,-2}};
    for(i=0;i<3;i++)                    //遍历所有的元素
    {
        for(j=0;j<4;j++)
            printf("%4d",a[i][j]);      //每个数占 4 个字符位且右对齐
        printf("\n");
    }
}
```

(3)若对全部元素显式赋初值,则数组第一维的元素个数在说明时可以不指定,但第二维的元素个数不能缺省。

例如,下面几种二维数组的初始化方法是等价的:

```
int b[ ][4]={{1,2,3,4},{86,14,96,55}};
int b[2][4]={1,2,3,4,86,14,96,55};
int b[ ][4]={1,2,3,4,86,14,96,55};
```

【例 6.6】 求一个 3×4 阶矩阵元素的最小值。

【编程要点】

①一个二维数组可以形象地用一个矩阵表示,反之,一个 3×4 阶矩阵也可以用二维数组存储。因此,定义一个二维数组来存储 3×4 阶矩阵元素,并用初始化方法将矩阵元素直接赋给数组。即:

```
int a[3][4]={{12,76,4,11},{-119,28,55,-6},{2,120,13,-12}};
```

②用双循环语句遍历二维数组,求最小值。

【实现代码】

```
#include <stdio.h>
void main()
{       //第一维元素个数缺省
```

```
    int a[ ][4]={{12,76,4,11},{-119,28,55,-6},{2,120,13,-12}};
    int i,j,row=0,colum=0,min;           //row:行,colum:列,min:最小值
    min=a[0][0];
    for(i=0;i<3;i++)                     //遍历所有的元素,求出最小值
      for(j=0;j<4;j++)
         if(a[i][j]<min)
         {   min=a[i][j];                //存储最小值
             row=i;                      //存储最小值所属元素的行下标
             colum=j;                    //存储最小值所属元素的列下标
         }
    printf("最小值=a[%d][%d]=%d\n",row,colum,min);
}
```

运行结果如下：

```
最小值=a[1][0]=-119
```

从这个例子可以看出，对于二维数组，使用一重循环已不能满足要求，必须用二重循环才能遍历数组的每个元素。

(4)对部分元素赋初值，未赋初值的元素将自动设为0。例如：

```
int a[3][4]={{11},{21},{31}};
```

它的作用是只对各行第1列的元素赋初值，其余元素值自动设为0。赋初值后数组如图6-10所示。

11	0	0	0
21	0	0	0
31	0	0	0

图6-10 赋初值后数组

模仿练习

1. 定义并初始化一个3行4列的二维数组，然后求其最大值并输出。

2. 输出7行杨辉三角形，如图6-11所示。具有如下特性：

(1)每行的数左右对称，由1开始逐渐增大，然后变小，回到1。

(2)第n行数字个数为n个。

(3)每个数字等于上一行的左右两个数字之和。

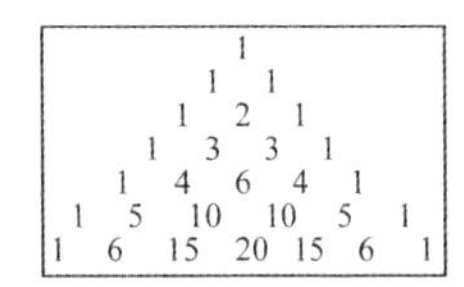

图6-11 杨辉三角形

6.3 字符数组与字符串

字符数组就是数据元素为字符类型的数组，用法和普通数组相同，也可以是多维的。

6.3.1 字符数组的定义

一维字符数组的定义格式为：

```
char 数组名[常量表达式];
```

字符数组

例如：

```
char   chA1[5];
```

定义了5个元素的字符数组，可以存放5个字符类型的数据。

二维字符数组的定义格式为：

char 数组名[常量表达式1][常量表达式2];

例如：

```
char   chA2[3][4];
```

定义一个3行4列的字符数组，可以存放12个字符类型的数据。

6.3.2 字符数组的引用

字符数组的引用和数值型数组一样，也是使用下标的形式。例如，引用上面定义的字符数组chA1中的元素，代码如下：

```
chA1[0]='H';
chA1[1]='e';
chA1[2]='l';
chA1[3]='l';
chA1[4]='o';
```

上面的代码依次引用数组中元素，为其进行赋值。

【例6.7】 从键盘输入10个字符存储在数组中，然后再将字符逐个输出。

```
#include <stdio.h>
void main()
{
    char ch[10],i;
    for(i=0;i<10;i++)
        scanf("%c",&ch[i]);          //"%c"是字符输入格式控制符
    for(i=0;i<10;i++)
        printf("%c",ch[i]);          //"%c"是字符输出格式控制符
}
```

6.3.3 字符数组的初始化

一维字符数组的初始化，有如下几种方法：

(1)逐个字符赋给数组中各个元素。

这是最容易理解的初始化字符数组的方式，例如：

```
char ch[7]={'s','t','u','d','e','n','t'};
```

等价于：

```
ch[0]='s'; ch[1]='t'; ch[2]='u'; ch[3]='d'; ch[4]='e'; ch[5]='n'; ch[6]='t';
```

(2)在定义字符数组时进行初始化，可以省略数组长度。

字符数组的长度也可用初值来确定，例如：

```
char str[ ]={'a','b','c'};
```

等价于：

```
char str[3]={ 'a','b','c'};
```

(3)利用字符串给字符数组赋初值。

通常用一个字符数组来存放一个字符串。例如,用字符串的方式对字符数组做初始化赋值,代码如下:

```
char chArray [ ]={"How are you!"};
```

或将“{}”去掉,写成:

```
char chArray [ ]="How are you!";
```

注意

(1)如果花括号内的字符个数大于数组长度,则按语法错误处理。

(2)如果花括号内的字符个数小于数组长度,则只将这些字符赋给数组中的前面那些元素,其余的元素自动定为空字符(即'\0')。例如:

```
char ch[8]={'a','b','c','d','e','f'};
```

等价于:

```
char ch[8]={'a','b','c','d','e','f','\0','\0'};
```

(3)以字符串方式赋初值时,字符数组后面自动添加串结束符'\0'。

【例 6.8】 字符数组的初始化。

```
#include <stdio.h>
void main()
{
    char ch[6]={'a','b','c','d','e','f'},i;
    for( i=0;i<6;i++)
        printf("%c",ch[i]);
}
```

注意

字符数组初始化时,每个元素要用单引号表示,循环语句中用 printf()函数输出字符时,其输出格式为“%c”,其中 ch[i]是对第 i+1 个元素的引用。

6.3.4 字符串

字符串

1. 字符串结束符'\0'

字符串是用双引号括起来的若干有效字符序列,以'\0'(ASCII 码值为 0)结尾,也可以看成以'\0'结尾的字符数组。例如:

```
"I am a student"        //正确,合法的字符串
"x+y=%d\n"              //正确,合法的字符串
"a"                     //正确,合法的字符串
'a'                     //错误,是单字符,非字符串
morning                 //错误,没用双引号括起来
```

在 C 语言中,字符串是用一维字符数组存放的。在进行字符数组处理时,必须先知道字符数组中的字符个数,这在程序设计过程中是一件很麻烦的事。

为了有效而方便地处理字符数组,C 语言提供了不需要了解数组中有效字符长度的方法。其基本思想是:在每个字符数组的有效字符后面(或字符串末尾)加上一个特殊字符'\0'(其 ASCII 码值为 0),在处理字符数组的过程中,一旦遇到结束符'\0',就表示已达到字符串末尾。

2. 字符串的存储

字符串是用字符数组来存储的，例如，对于字符数组 char s[15]，若将它用来存放字符串"I am a student"，则在内存中，该字符串的存放形式如图 6-12 所示。

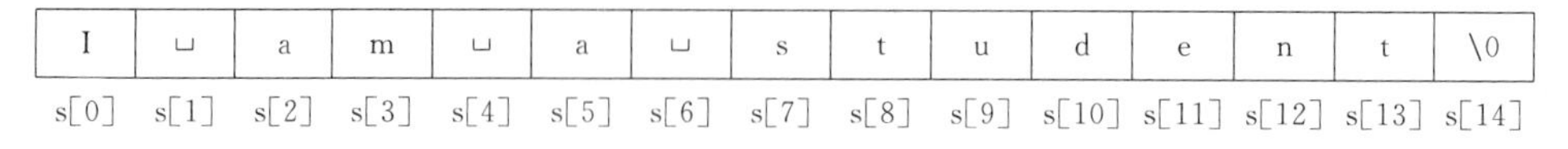

I	␣	a	m	␣	a	␣	s	t	u	d	e	n	t	\0
s[0]	s[1]	s[2]	s[3]	s[4]	s[5]	s[6]	s[7]	s[8]	s[9]	s[10]	s[11]	s[12]	s[13]	s[14]

图 6-12　字符串的存放形式

注意

（1）字符串是用一维字符数组存放的，由于字符串有一个串结束符'\0'，所以，存放有 N 个字符的字符串时，字符数组的元素个数至少应说明为 N+1。

（2）字符串 s 的结束符'\0'是字符串的唯一标识，如果没有这个串结束符，则 s 就是一般的字符数组，不能使用有关字符串的标准库函数进行操作。

3. 字符串的输入与输出

C 语言库函数提供以下两类字符串的输入/输出函数。

（1）格式化的字符串输入/输出函数：scanf()/printf()

【例 6.9】 字符串的格式化输入与输出。

```
#include <stdio.h>
void main()
{
    char chA[80];
    printf("请输入一个字符串：\n");
    scanf("%s",chA);                    //"%s"是字符串的格式化输入控制符
    printf("你输入的字符串是%s\n",chA);   //"%s"是字符串的格式化输出控制符
}
```

运行结果如下：

```
请输入一个字符串：computer programming↙（回车）    //输入两个单词
你输入的字符串是：computer                         //只接收第一个单词
```

（2）非格式化的字符串输入/输出函数：gets()/puts()

①格式：

gets(字符数组名)

功能：读入键盘输入的字符串，并存储在字符数组中。

②格式：

puts(字符数组名)

功能：将字符数组中的字符串输出到屏幕上。

【例 6.10】 字符串的非格式化输入与输出。

```
#include <stdio.h>
void main()
{
    char  chA[80];
    puts("请输入一个字符串：");
    gets(chA);
    puts("你输入的字符串是：");
```

```
    puts(chA);
}
```

运行结果如下：

```
请输入一个字符串：
computer programming↙(回车)              //输入两个单词
你输入的字符串是：
computer programming                     //输入的两个单词全接收
```

注意

(1)输入函数 scanf()是以空格或回车作为输入结束标志，所以，无法输入两个英文单词；而输入函数 gets()是以回车作为输入结束标志，空格看作普通字符，所以可输入多个英文单词。

(2)输出函数 puts()输出字符串后自动换行。

【例 6.11】 输入一字符串，求出其长度。

```
#include <stdio.h>
void main()
{
    int i;
    char chStr[80];
    printf("请输入一个字符串：");
    gets(chStr);
    for(i=0;chStr[i]!='\0';i++)          //用串结束标识'\0'控制循环终止
    {
        ;                                //循环体是空语句
    }
    printf("字符串的长度=%d\n",i);
}
```

运行结果如下：

```
请输入一个字符串：computer programming↙(回车)
字符串的长度=20
```

模仿练习

(1)输入一个字符串，分别统计其中英文字母、数字、空格以及其他字符的个数。

(2)输入一个字符串，然后统计该字符串是由多少个单词组成的。要求每个单词之间用空格分隔开，最后的字符不能为空格。

6.3.5 字符串处理函数

C 语言提供了一些字符串处理函数，这些函数的原型在头文件 string.h 中声明。

1. 求字符串长度函数——strlen( )

格式：

strlen(字符数组名);

功能：计算字符串的实际长度(不包括结束符'\0')。函数的返回值为字符串的实际长度。

例如：

```
char str[80]="I am a student";          //字符数组的长度为80
printf("\n长度=%d",strlen(str));        //输出结果:长度=14
```

2. 字符串复制函数——strcpy( )

格式:

strcpy(目的字符数组名,源字符数组名);

功能:把源字符数组中的字符串复制到目的字符数组中,串结束符'\0'也一同复制。

注意

(1)目的字符数组应有足够的长度,否则不能全部装入所复制的字符串。

(2)"目的字符数组"必须写成数组名形式,而"源字符数组"可以是字符数组名,也可以是字符串常量(这时,相当于把一个字符串赋给一个字符数组)。

【例 6.12】 字符串复制。

运行程序,按提示输入一个字符串,调用strcpy()函数,把chA字符数组中的内容复制到chB字符数组中,最后输出两个字符数组。字符串复制效果如图6-13所示。

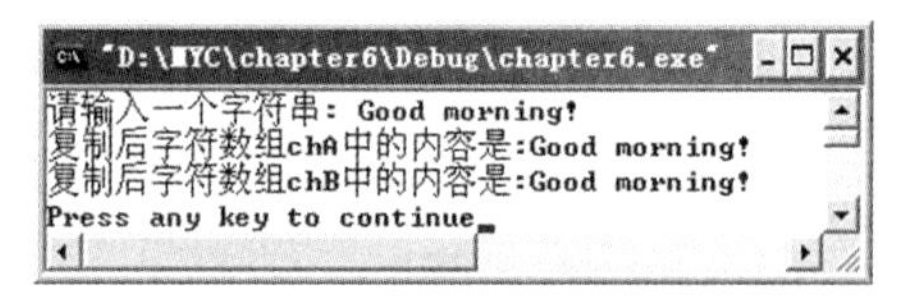

图6-13 字符串复制效果

【实现代码】

```
#include <stdio.h>
#include <string.h>                 //字符串处理函数的原型在头文件string.h中
void main()
{
    char chA[80],chB[80];
    printf("请输入一个字符串:");
    gets(chA);                      //输入一个字符串存储到字符数组chA中
    strcpy(chB,chA);                //将chA中的内容复制到chB中
    printf("复制后字符数组chA中的内容是:");
    puts(chA);
    printf("复制后字符数组chB中的内容是:");
    puts(chB);
}
```

注意

不能用赋值语句将一个字符串常量或字符数组直接赋给另一个字符数组。例如:

```
char a[80],b[80 ]="I am a student";
strcpy(a,b);            //正确
a=b;                    //错误
a="I am a student";     //错误
```

3. 字符串连接函数——strcat( )

格式:

strcat(目的字符数组名,源字符数组名);

功能:把源字符数组中的字符串连接到目的字符数组中的字符串的后面,并删除目的字符

数组中的字符串结束符'\0'。

注意：目的字符数组应有足够的长度，否则不能装下连接后的字符串。

【例 6.13】 字符串连接。

运行程序，按提示输入两个字符串，调用 strcat()函数，把 chB 中的字符串连接到 chA 字符数组中，最后输出 chA 字符数组。字符串连接效果如图 6-14 所示。

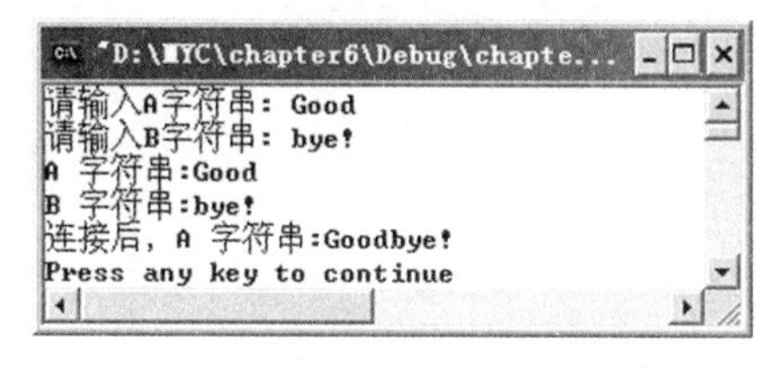

图 6-14 字符串连接效果

【实现代码】

```
#include <stdio.h>
#include <string.h>
void main()
{
    char chA[80],chB[80];
    printf("请输入 A 字符串:");
    gets(chA);
    printf("请输入 B 字符串:");
    gets(chB);
    printf("A 字符串:");
    puts(chA);
    printf("B 字符串:");
    puts(chB);
    strcat(chA,chB);                //将 chB 中的字符串连接到 chA 的后面
    printf("连接后,A 字符串:");
    puts(chA);
}
```

4. 两字符串比较函数——strcmp( )、strncmp( )

函数 strcmp()用于两字符串的比较，而函数 strncmp()用于两字符串的前 n 个字符构成的子串的比较。两个字符串比较大小效果与英文单词字典排列先后确定大小一致。

格式：

```
int r;
r=strcmp(字符数组名 1,字符数组名 2);
或
r=strncmp(字符数组名 1,字符数组名 2);
```

功能：按照 ASCII 码顺序比较两个字符数组中的字符串，并返回比较结果。

返回值如下：

r<0 字符串 1<字符串 2

r=0 字符串 1=字符串 2

r>0 字符串 1>字符串 2

说明

两个字符串大小比较，是将两个字符串的对应字符逐个进行比较，直到出现不同字符或遇到'\0'字符为止。当两个字符串中的对应字符全部相等且同时遇到'\0'字符时，才认为两字符串相等；否则，以第一个不相等的字符的比较结果作为整个字符串的比较结果。

【例 6.14】 从键盘输入两个字符串，输出较大者。

```
#include <stdio.h>
#include <string.h>
void main()
{
    char str1[81],str2[81],str[81]="较大的字符串是:";
    printf("请输入两个字符串:\n");;
    gets(str1);
    gets(str2);
    if(strcmp(str1,str2)<0)strcat(str,str2);
    else   strcat(str,str1);
    printf("%s\n",str);
}
```

运行结果如下：

```
请输入两个字符串:
student ↙(回车)
teacher ↙(回车)
较大的字符串是:teacher
```

模仿练习

1. 不使用 strcpy()函数，实现字符串的复制功能。
2. 不使用 strcat()函数，实现连接两个字符串的功能。
3. 不使用 strlen()函数，求字符串的长度。

6.4 情景应用——案例拓展

案例 6-1 冒泡排序

问题描述

输入某班 N 名学生的成绩，再由低到高排序输出。排序是程序设计中经常遇到的问题，其中冒泡排序是一种行之有效的方法。程序的运行如图 6-15 所示。

算法设计

冒泡排序算法是：从最后一个元素开始，两相邻元素进行比较和交换，使较小的元素逐渐从底部移向顶部，较大的元素逐渐从顶部移向底部，直到把最小元素交换到最顶部，就像水底的气泡一样逐渐往上冒。再对剩下的元素重复上面的过程，直至将所有元素排好序为止。

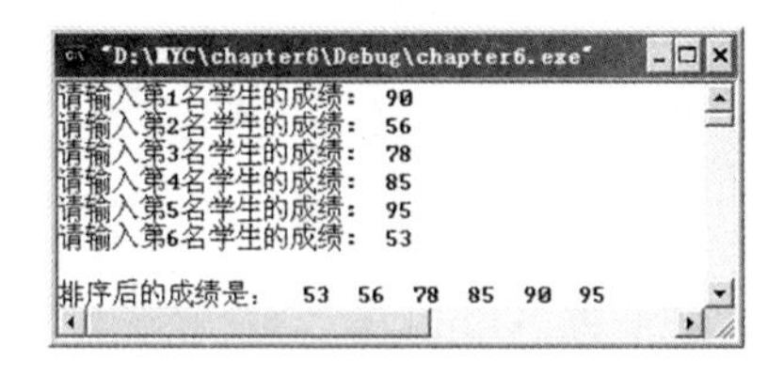

图 6-15 冒泡排序程序的运行

由 a[0]～a[5]组成的 6 个数据，进行冒泡排序的过程可描述为：

(1)首先将相邻的元素 a[5]与 a[4] 进行比较，如果 a[5]的值小于 a[4]的值，则交换，使较小的上浮，较大的下沉；接着比较 a[4]与 a[3]，同样使较小的上浮，较大的下沉。依此类推，直到比较完 a[1]和 a[0]，a[0]为具有最小排序码的元素。第一趟排序结束。如图 6-16 所示，由下列循环语句实现。

原始状态	第 1 次	第 2 次	第 3 次	第 4 次	第 5 次	结果
7	7	7	7	7	7	1
1	1	1	1	1	1	7
2	2	2	2	2	2	2
5	5	5	3	3	3	3
9	9	3	5	5	5	5
3	3	9	9	9	9	9

图 6-16 第一趟冒泡过程

```
for(i=5;i>=1;i--)
    if(a[i]<a[i-1]){t=a[i];a[i]=a[i-1];a[i-1]=t;}
```

(2)然后在 a[5]～a[1]区间内进行第二趟排序，使剩余元素中排序码最小的元素上浮到 a[1]。重复进行 5 趟后，整个排序过程结束。

(3)一般地，第 k 趟排序就是，将 a[5]～a[k-1]中最小的元素冒泡上浮到 a[k-1](k=1,2,3,4,5)，由下列循环语句实现。

```
for(i=5;i>=k;i--)
    if(a[i]<a[i-1]){t=a[i];a[i]=a[i-1];a[i-1]=t;}
```

因此，经过第 k 趟排序后，a[0]，a[1]，……，a[k-1]已排好序。并且，每完成一趟排序，已排好序的元素数就增加一个，要排序的元素数就减少一个，从而使下次冒泡过程的比较运算减少一次，如图 6-17 所示。所以，由 a[0]～a[5]组成的 6 个数据，冒泡升序排序的算法为：

原始状态	第 1 趟	第 2 趟	第 3 趟	第 4 趟	第 5 趟
7	1	1	1	1	1
1	7	2	2	2	2
2	2	7	3	3	3
5	3	3	7	5	5
9	5	5	5	7	7
3	9	9	9	9	9

图 6-17 冒泡法排序过程

for(k=1;k<=5;k++)
{第 k 趟排序:把 a[5] ~a[k-1]中最小的元素冒泡上浮到 a[k-1]}

参考代码如下:

```
#include <stdio.h>
#define  N  6
void main()
{
    int a[N],i,k,t;
    for(i=0;i<N;i++)
    {
        printf("请输入第%d 名学生的成绩:",i+1);
        scanf("%d",&a[i]);
    }
    for(k=1;k<=N-1;k++)                       //对数组进行冒泡排序
    {   for(i=N-1;i>=k;i--)                   //第 k 趟排序
            if(a[i]<a[i-1])
            {t=a[i];a[i]=a[i-1];a[i-1]=t;}    //反序则交换
    }
    printf(" \n 排序后的成绩是:");
    for(i=0;i<N;i++)
        printf("%4d",a[i]);                   //输出排序好的数组
}
```

拓展训练

由键盘输入 N 名学生的姓名,再按字典排列输出 N 名学生的姓名。

案例 6-2　数制的转换

问题描述

在 C 程序中,主要使用十进制数,有时为了提高效率或其他一些原因,需要使用二进制数。编写程序模拟纸上运算过程,完成数制的转换,运行效果如图 6-18 所示。

图 6-18　十进制数与二进制数的转换

算法设计

(1)用数组来存储每次对 2 取余的结果,所以,数组必须初始化为 0。

(2)用递推方法求二进制各位数字,因为:

$n=a_n\times 2^n+a_{n-1}\times 2^{n-1}+\cdots\cdots+a_2\times 2^2+a_1\times 2^1+a_0$

$a_0=n\%2$

$n=n/2=a_n\times 2^{n-1}+a_{n-1}\times 2^{n-2}+\cdots\cdots+a_2\times 2^1+a_1$

$a_1=n\%2$

所以,可用循环求出二进制各位数字,并存储在数组中,代码如下:

```
for(m=0;m<15;m++)
{    i=n%2;
     j=n/2;
     n=j;
     a[m]=i;
}
```

(3)从高位至低位反向输出转换成的二进制数。

参考代码如下:

```
#include <stdio.h>
void main()
{
     int i,j,n,m,a[16]={0};
     printf("输入一个十进制整数(0-32767):");
     scanf("%d",&n);
     for(m=0;m<15;m++)
     {
          i=n%2;
          j=n/2;
          n=j;
          a[m]=i;
     }
     printf("对应的二进制数是:");
     for(m=15;m>=0;m--)              //输出转换好的二进制数
     {
          printf("%d",a[m]);
          if(m%4==0) printf(" ");
     }
     printf("\n");
}
```

拓展训练

设计一个十进制数转换为十六进制数的程序。

案例 6-3　五砝码问题*

问题描述

用天平称重时,我们希望用尽可能少的砝码组合称出尽可能多的重量。如果只有 5 个砝码,重量分别是 1,3,9,27,81。则它们可以组合称出 1 到 121 之间任意整数重量(砝码允许放在左右两个盘中)。

要求编程实现:对用户给定的重量,给出砝码组合方案。例如:

用户输入:5

程序输出:9-3-1

用户输入:19

程序输出:27-9+1

要求程序输出的组合总是大数在前,小数在后。可以假设输入的数字范围是1～121。

算法设计

(1)同一砝码既可以放在天平的左侧,也可以放在天平的右侧。若规定重物只能放在天平右侧,则当天平平衡时有:

重物重量+右侧砝码重量总和＝左侧砝码重量总和

由此可得:

重物重量＝左侧砝码重量总和-右侧砝码重量总和

砝码是在天平的左侧,还是右侧,或是根本没有使用,可分别用1、-1和0表示。于是,砝码的一种组合可抽象为:在表达式81a+27b+9c+3d+1e中,系数a、b、c、d、e的一种取值,且可能的取值是-1、0、1。显然81法码不能放在右边,所以a的取值为0,1。

(2)从a到e顺序枚举所有的组合系数,筛选出满足条件的表达式即为所求。且其输出结果满足:组合总是大数在前,小数在后。

参考代码如下:

```
#include <stdio.h>
void main( )
{
    int a,b,c,d,e,x;
      int k[5]={81,27,9,3,1};
      char sig[3]={ '-',0,'+' };
      printf("请输入一个整数(1～121):\n");
      scanf("%d",&x);
      for(a=0;a<=1;a++)
          for(b=-1;b<=1;b++)
              for(c=-1;c<=1;c++)
                  for(d=-1;d<=1;d++)
                      for(e=-1;e<=1;e++)
                          if((a*81+b*27+c*9+d*3+e)==x)
                          {
                              if(a!=0) printf("%d",k[0]);
                              if(b!=0) printf("%c%d",sig[b+1],k[1]);
                              if(c!=0) printf("%c%d",sig[c+1],k[2]);
                              if(d!=0) printf("%c%d",sig[d+1],k[3]);
                              if(e!=0) printf("%c%d",sig[e+1],k[4]);
                          }
}
```

拓展训练

把一元人民币换成5分、2分、1分的硬币,有多少种换法?

自我测试练习

一、单选题

1. 对于一维数组 a[10],下列对数组元素的引用正确的是(　　)。

A. a[2+3]　　B. a[3/2.0]　　C. a[5+8]　　D. a[3.4]

2. 对于二维数组 a[5][10],下列对数组元素的引用正确的是(　　)。

A. a[5][0]　　B. a[0.5][4]　　C. a[4][4+5]　　D. a[1][4+9]

3. 以下正确定义一维数组的是(　　)。

A. int a[5]={0,1,2,3,4,5};　　B. char a[]={0,1,2,3,4,5};

C. char a={'A','B','C'};　　D. int a[5]="0123";

4. 以下定义语句错误的是(　　)。

A. int x[ ][3]={{0},{1},{1,2,3}};

B. int x[4][3]={1,2,3,1,2,3,1,2,3,1,2,3};

C. int x[ ][3]={1,2,3};

D. int x[4][3]={{1,2,3},{1,2,3},{1,2,3},{1,2,3}};

5. 以下程序运行结果是(　　)。

```
#include <stdio.h>
void main()
{
    char chA[10]="abcdef",chB[10]="AB\0c";
    strcpy(chA,chB);
    printf("%c",chA[3]);
}
```

A. d　　B. c　　C. \0　　D. 0

二、填空题

1. 设有定义语句"int a[][3]={{0},{1},{3}};",则数组元素 a[1][2]的值为________。

2. 同一数组中的元素应具有相同的名称和________。

3. 下面程序段是使用"冒泡法"对 float 型数组 fArr 的 11 个已知数据按从大到小进行排序,请补充完整。

```
for(i=1;i<11;i++)
for(j=10;________;j--)
    if ________{ t=fArr[j];________ ;fArr[j-1]=t;}
```

三、编程题

1. 用冒泡排序法对输入的 20 个数进行降序排序并存入数组中,然后再输入一个数插入该数组中,要求保持原序不变并输出该数组的 21 个数。

2. 若有三个字符串 s1,s2,s3,其中:s1="abcdef",s2="123456"。要求用字符数组实现将 s1 的内容复制到 s3 中,并将 s2 的内容添加在 s3 后面的功能中,最后输出字符串 s3。

3. 一个数如果恰好等于它的因子之和,这个数就称为"完全数"。例如,6=1+2+3,找出 100 以内的所有完全数。

第7章

函　数

学习目标

- 掌握函数的定义和调用方法
- 掌握函数的参数传递方式
- 掌握编译预处理三种基本命令的使用方法
- 理解变量的作用域和生命期，较熟练使用函数进行模块化程序设计

案例7　设计学生成绩管理系统

问题描述

学生成绩管理是学校教学管理中的一个非常重要而又十分烦琐的工作。传统的手工管理已不能满足现代化教育和管理的要求，取而代之的是运用高效能的计算机来对学生的成绩进行管理。

从本章开始，着手对学生成绩管理系统进行设计与开发。依据第一章开篇例程中的描述，将系统分为4个阶段完成：

(1)依据模块化程序设计方法，完成系统结构和人机交互界面的设计。

(2)设计系统的数据结构及主要功能函数的实现。

(3)利用指针优化各功能模块。

(4)利用文件，完善系统的数据存取。

本案例的任务是：按照模块化程序设计方法，完成系统结构设计和人机交互界面的设计。运行效果如图7-1所示。

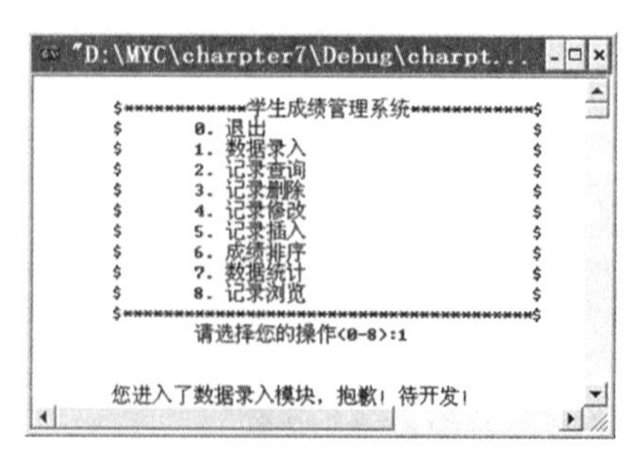

图7-1　系统的用户界面

问题分析

学生成绩管理系统主要的功能包括：学生成绩的录入、查询、删除、修改、插入、排序、统计及浏览，其中学生成绩信息的查询、删除、修改、插入等都要依据输入的学号来实现。

系统的功能模块结构如图 7-2 所示。

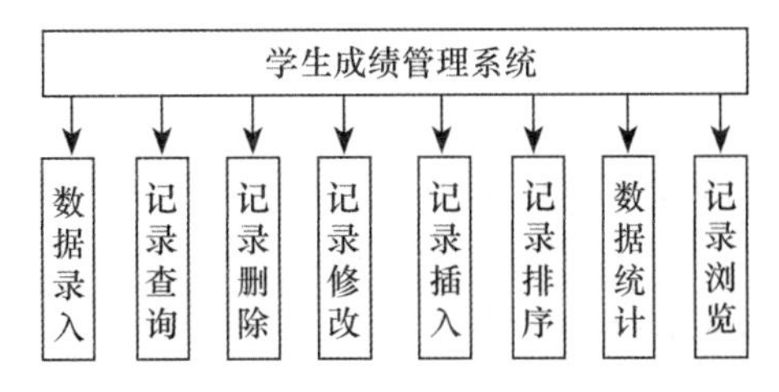

图 7-2 系统的功能模块结构

本案例的任务是:按照模块化程序设计方法,完成系统结构设计和人机交互界面的设计。采用菜单驱动方式来实现用户所选功能。

知识准备

解决大型复杂问题的一个有效方法是“分而治之”,因而模块化成为程序设计技术中的一项重要方法。在 C 语言的结构化程序设计中,函数是模块化程序设计的主要手段。一个较大的程序通常应分为若干个程序模块,每一个模块用来实现一个特定的功能。

要完成上面的任务,必须理解模块化设计思想,掌握函数的定义、声明和调用等相关知识点。

7.1 函数的定义与声明

函数是具有独立功能的一块程序,它可以反复使用,可以作为一条语句在程序的任何地方使用。函数有两种:一种是由用户根据具体的需要定义的,称为自定义函数;另一种是系统定义好的,可供用户调用的标准函数,称为库函数。

7.1.1 函数的定义

函数的定义与调用

函数的定义分为两个部分:函数头和函数体。函数定义的语法形式:

```
返回类型  函数名([ 形式参数列表])——函数头
{
    声明部分 }
    语句部分 } 函数体
}
```

例如,求两实数和的函数,代码如下:

```
float fnSum(float a,float b)
{
    float fSum;
    fSum=a+b;
    return fSum;
}
```

说明

(1)函数名

函数名是一个用户定义的标识符,它的命名规则同变量完全一样,为了增加程序的可读性，一般取有助于记忆并与其功能相关的名字作为函数名，但在同一程序中，不能有同名的函数。

(2)函数体

用左、右花括号括起来的部分称为函数体，它由声明部分和语句部分组成。声明部分，主要用于对函数内所使用的变量以及对所调用的函数的类型进行说明；语句部分则是实现函数功能的核心部分，它由C语言的基本语句组成。

(3)形式参数列表

形式参数列表，也就是函数的自变量列表，或称函数的入口变量列表。所以，函数体内的代码是对形式参数列表进行操作的。

(4)返回类型

返回类型就是函数返回值的类型。

对有返回值函数，一般通过函数调用得到一确定值，这个值就是函数返回值(简称函数值)。如 float fnSum(float a,float b)将返回一个 float 类型的值。此时，在函数体部分有一返回语句“return fSum;”。

对无返回值函数，函数名前应加上 void 类型，在函数定义的<语句部分>中，可以有一返回语句“return;”，也可以不带返回语句，该函数执行到最后一个花括号时，自动返回。

【例 7.1】 编写函数，输出 x 的 n 次方的值，其中 n 是整数。

【解题分析】 由于 x 和 n 都是可变的，所以应该把 x 和 n 都作为函数的形式参数。由于不需要返回值，因此，函数类型说明为 void 型，若取名为 fnPower，则求 x 的 n 次方函数可定义为：

```
void fnPower(float x,int n)          /* 函数定义 */
{
    int i;
    float p=1.0F;
    for(i=1,p=1;i<=n;i++)
        p *=x;
    printf("%f 的%d 次方=%f\n",x,n,p);
}
```

注意

(1)C 语言不允许在一个函数体中再定义另一个函数，即函数不能嵌套定义。

(2)函数体可以是空的，这样的函数称为空函数。调用空函数时，不做任何操作。但是可以表明这里要调用一个函数，等以后扩充函数功能时再补充上。

7.1.2 函数的声明

函数的声明，又称函数的原型。在程序中编写函数时，一般要先对函数进行声明，然后再对函数进行定义。函数声明是让编译器知道函数的类型、函数的参数个数、形式参数类型及参数顺序等信息。函数的定义是让编译器知道函数的功能。

函数声明的一般形式是：

返回类型　函数名([形式参数列表]);

说明

(1)函数声明就是函数头部分,并在最后加一个分号";"。

(2)函数声明中的形式参数列表,可省去参数名,但参数类型必须保留。例如,如下两种形式的函数声明等价。

```
void fnPower(float x,int n);
void fnPower(float,int);
```

【例 7.2】 求两个整数的最大值函数。

```
int fnMax(int a,int b);                /* 函数的声明 */
int fnMax(int a,int b)                 /* 函数的定义 */
{
    int iMax;
    if(a>b) iMax=a;
    else    iMax=b;
    return  iMax;
}
```

注意

(1)自定义函数声明,同理于调用库函数时,必须在文件开头用 #include 预处理命令将相关库函数的函数原型信息"包含"到本文件中来。例如,使用系统定义的标准输入输出函数用 #include <stdio.h>,数学库函数用 #include <math.h>。

(2)当函数定义位于函数调用语句之前时,可以省去函数声明。但为了规范起见,建议读者不要省略函数声明。

7.1.3 学生成绩管理系统菜单显示

利用系统提供的 printf()函数在屏幕上输出系统各个功能项,称为菜单,为使菜单显示整齐、美观,通过输出一些"*""$""\t"和"\n"等来美化菜单显示。参考代码如下:

```
void fnMenuShow()             //自定义函数实现菜单功能
{
    system("cls");            //清屏函数
    printf("\n");
    printf("\t$*************学生成绩管理系统************$\n");
    printf("\t$      0.退出                            $\n");
    printf("\t$      1.数据录入                        $\n");
    printf("\t$      2.记录查询                        $\n");
    printf("\t$      3.记录删除                        $\n");
    printf("\t$      4.记录修改                        $\n");
    printf("\t$      5.记录插入                        $\n");
    printf("\t$      6.成绩排序                        $\n");
    printf("\t$      7.数据统计                        $\n");
    printf("\t$      8.记录浏览                        $\n");
    printf("\t$****************************************$\n");
```

```
    printf("\t\t 请选择您的操作(0-8):");
}
```

模仿练习

编一函数,求

$$f(x)=\begin{cases} x^2+3 & (x<4) \\ 2x-5 & (x\geq 4) \end{cases}$$

的值,要求函数原型为“double fun(double x);”。

7.2 函数的参数和函数的值

7.2.1 函数的形式参数和实际参数

当被调函数是有参函数时,主调函数和被调函数之间有数据传递关系。

(1)定义函数时的参数称为形式参数,简称形参。形参在该函数未被调用时没有确定的值,只是形式上的参数;调用函数时的参数称为实参,实参可以是变量、常量或表达式,有确定的值,是实实在在的参数。函数定义时的形参不占内存,只有发生调用时,形参才被分配内存单元,接受实参传来的值。

(2)定义函数时必须定义形参的类型。函数的形参与实参要求个数相等,对应类型一致。形参和实参可以同名,形参是该函数的局部变量,即使形参和实参同名,形参和实参也是两个不同的变量,占用不同的内存单元。

(3)形式参数用于调用函数和被调函数之间进行数据传递,在函数体内可对其操作。因此,它也需要类型说明,这由形式参数说明部分完成。函数可不带参数,也可带多个参数,当有多个参数时,每个参数之间用逗号隔开。如例 7.2 中的函数头。

```
int fnMax(int a,int b)        /* 正确的函数头 */
int fnMax(int a,b)            /* 错误的函数头 */
```

7.2.2 函数的返回值

函数是完成特定功能的程序段,犹如一个加工厂,主调函数通过函数调用完成一定的功能,有时调用函数的目的是得到一个计算结果,这就是函数的返回值。返回值可以由常量、变量、表达式或函数调用构成。

1.有返回值函数

【例 7.3】 编写函数,求 1+2+3+……+n 的值。

【解题分析】 由于该表达式的值与 n 有关,并且 n 是可变的,所以应该把 n 作为函数的形式参数。显然,所求表达式的值应为 int 型,即返回类型为 int,所以计算 1+2+3+……+n 的函数声明语句(函数原型)为:

```
int fnMySum(int n);
```

函数定义为:

```
int fnMySum(int n)
```

```
{
    int i;
    int s=0;
    if(n<=0)
    {
        printf("参数 %d 是无效的\n",n);
        return 0;
    }
    for(i=1;i<=n;i++)
        s+=i ;
    return s;                /* 函数返回值 s */
}
```

说明

(1)函数的返回值是通过被调函数中的 return 语句得到的,其格式为:

return (<表达式>);

return 语句的执行过程是先计算表达式的值,再将计算的结果返回给主调函数。

(2)函数的返回值的类型应为定义函数时的函数值类型。若函数值的类型与 return 语句中表达式值的类型不一致,则以函数值类型为准。

(3)return 语句的另一项功能是结束被调函数的运行,返回到主调函数中继续执行后面的语句。

2. 无返回值函数

对无返回值函数,函数类型为 void。在函数定义的<语句部分>中,可以有返回语句"return;",也可以省略返回语句,当该函数执行到最后一个花括号时,自动返回。

【例 7.4】 编写函数,计算并输出 1+2+3+……+n(n>0)的值。

【解题分析】 本例要求编一函数,完成计算并输出功能,不需返回值,所以,是无返回值函数,函数类型为 void,计算 1+2+3+……+n 的函数声明语句(函数原型)为:

```
void fnMySumPrint(int n);
```

函数定义为:

```
void fnMySumPrint(int n)
{
    int i;
    int s=0;
    if(n<=0)
    {
        printf("参数 %d 是无效的\n",n);
        return;
    }
    for(i=1;i<=n;i++)
        s+=i ;
    printf("%d\n",s);                /* 输出计算结果 */
    return;                          /* 函数返回语句,本条语句可省 */
}
```

模仿练习

1. 设计一个计算 n(n<6)阶乘的函数。
2. 设计一个函数，用于判断一个数是否为素数，如果是素数返回1，否则返回0。

7.3 函数的调用

7.3.1 有返回值函数调用

把函数返回值赋给调用函数中的某个变量，一般形式为：

<变量>=<函数名>([<实参列表>]);

说明

(1)在实参列表中，实参的个数与顺序必须和形参的个数与顺序相同，实参的数据类型必须和对应的形参数据类型相同。

(2)若为无参函数调用，则没有实参列表，但括号不能省略。

【例 7.5】 由键盘输入两个整数，求其中较大数，然后输出。

```
#include <stdio.h>
int fnMax(int x,int y) ;              //函数声明
int fnMax(int x,int y)                //函数定义
{
    int max;
    if(x>=y) max = x;
    else max = y;
    return max;
}
void main()
{
    int x,y,z;
    printf("请输入2个整数:");
    scanf("%d%d",&x,&y);
    z = fnMax(x,y);                   //函数调用
    printf("较大数是%d\n",z);
}
```

7.3.2 无返回值函数调用

只要把函数作为一条语句处理，无返回值函数的调用格式为：

<函数名>([<实参列表>]);

这时不需要函数返回值，只要求函数完成一定的功能。函数在被调用前，一定要先定义。

【例 7.6】 编写程序输出 x 的 n 次幂，其中 x,n 由键盘输入。

【解题分析】 在例 7.1 中，定义了求 x 的 n 次方的函数 fnPower()，所以只要在主函数中，输入 x 和 n 的值，并作为 fnPower()的参数，加上调用 fnPower(x,n)的语句即可。

```
#include <stdio.h>
void fnPower(float x,int n);                    /*函数声明*/
void main( )
{
    float x;
    int n;
    printf("请输入 x=? n=?:");
    scanf("%f%d",&x,&n);
    fnPower(x,n);                               /*函数调用*/
}
void fnPower(float x,int n)                     /*函数定义*/
{
    int i;
    float p=1.0F;
    for(i=1,p=1;i<=n;i++)
        p*=x;
    printf("%f 的%d 次方=%f\n",x,n,p);
}
```

注意

函数间可以互相调用,但不能调用 main()函数。

模仿练习

1. 调用素数的判断函数,输出 100 以内的所有素数。
2. 调用计算 n 阶乘的函数,计算并输出 1!+2!+3!+……+5!的值。

7.3.3 学生成绩管理系统的结构设计

按照模块化程序设计方法,将功能模块用一个函数来实现。且暂由空函数表示,其功能实现留待第二阶段完成。采用菜单驱动方式进行人机交互,设计用户界面。

1. 菜单显示模块

利用系统提供的 printf()函数在屏幕上输出系统的各个功能项,称为菜单,为使菜单显示整齐、美观,通过输出一些"*""$""\t"和"\n"等来美化菜单显示。

菜单显示函数 fnMenuShow()参考 7.1.2 节。

代码如下:

```
void fnMenuShow()//自定义函数实现菜单功能
{
    system("cls");
    printf("\n");
    printf("\t$************学生成绩管理系统************$\n");
    printf("\t$         0. 退出                         $\n");
    printf("\t$         1. 数据录入                     $\n");
    printf("\t$         2. 记录查询                     $\n");
    printf("\t$         3. 记录删除                     $\n");
```

```
    printf("\t $          4. 记录修改                        $ \n");
    printf("\t $          5. 记录插入                        $ \n");
    printf("\t $          6. 成绩排序                        $ \n");
    printf("\t $          7. 数据统计                        $ \n");
    printf("\t $          8. 记录浏览                        $ \n");
    printf("\t $ ****************************************** $ \n");
    printf("\t\t 请选择您的操作(0-8):");
}
```

2. 系统的功能模块

系统设计 8 个主要功能模块,定义 8 个空函数:数据录入函数 fnDataInput()、记录查询函数 fnSearch()、记录删除函数 fnDel()、记录修改函数 fnModify()、记录插入函数 fnInsert()、成绩排序函数 fnSort()、数据统计函数 fnTotal()和记录浏览函数 fnScoreShow()。

参考代码如下:

```
void fnDataInput()              /* 自定义数据录入函数 */
{
    printf("\n\n\t 您进入了数据录入模块,抱歉! 待开发!");
}
void fnScoreShow()              /* 自定义浏览函数 */
{
    printf("\n\n\t 您进入了记录浏览模块,抱歉! 待开发!");
}
void fnSort()                   /* 自定义排序函数 */
{
    printf("\n\n\t 您进入了排序模块,抱歉! 待开发!");
}
void fnDel()                    /* 自定义删除函数 */
{
    printf("\n\n\t 您进入了记录删除模块,抱歉! 待开发!");
}
void fnSearch()                 /* 自定义查找函数 */
{
    printf("\n\n\t 您进入了记录查找模块,抱歉! 待开发!");
}
void fnModify()                 /* 自定义修改函数 */
{
    printf("\n\n\t 您进入了记录修改模块,抱歉! 待开发!");
}
void fnInsert()                 /* 自定义插入函数 */
{
    printf("\n\n\t 您进入了记录插入模块,抱歉! 待开发!");
}
void fnTotal()                  /* 自定义统计函数 */
{
```

```
    printf("\n\n\t 您进入了数据统计模块,抱歉! 待开发!");
}
```

3. 主函数 main()

主函数是程序的入口,程序从主函数开始执行,通过调用菜单显示函数,将菜单显示在屏幕上,当用户选择特定功能时,通过调用相应的函数实现用户所选择的功能。

参考代码如下:

```
/* 头文件 */
#include <stdio.h>
#include <stdlib.h>
#include <conio.h>
#include <string.h>
/* 函数原型声明 */
void fnMenuShow();                //主菜单显示
void fnInsert();                  //插入学生信息
void fnTotal();                   //计算总人数
void fnSearch();                  //查找学生信息
void fnDataInput();               //录入学生成绩信息
void fnScoreShow();               //显示学生信息
void fnSort();                    //按总分排序
void fnDel();                     //删除学生成绩信息
void fnModify();                  //修改学生成绩信息
void main()                       //主函数
{
    int n=1;
    do
    {
        fnMenuShow();             //显示菜单界面
        scanf("%d",&n);           //输入选择功能的编号
        switch(n)
        {
            case 1:fnDataInput(); break;
            case 2:fnSearch(); break;
            case 3:fnDel(); break;
            case 4:fnModify(); break;
            case 5:fnInsert(); break;
            case 6:fnSort(); break;
            case 7:fnTotal(); break;
            case 8:fnScoreShow(); break;
            default:break;
        }
        getch();
    }while(n);
    printf("\n\n\t\t 谢谢您的使用! \n\t\t");
}
```

7.4 函数的参数传递方式

数组做函数参数

7.4.1 参数的值传递方式

函数的参数主要用于在调用函数和被调用函数之间进行数据传递。简单变量或数组下标变量作为函数参数都是按“值传递”方式处理，即只能把实参的值传递给形参，而不能将形参的值传递给实参，所以，形参值的改变不影响实参。

【例 7.7】 调用交换两数的函数 fnSwap()，观察程序运行结果。

```
#include <stdio.h>
void fnSwap(int a,int b);                    /*函数声明*/
void main()
{
    int a,b;
    a=1;
    b=2;
    printf("函数调用前:a=%d,b=%d\n",a,b);
    fnSwap(a,b);                             /*函数调用*/
    printf("函数调用后:a=%d,b=%d\n",a,b);
}
void fnSwap(int a,int b)                     /*函数定义*/
{
    int t;
    t=a;a=b;b=t;
    printf("函数调用中:a=%d,b=%d\n",a,b);
}
```

运行结果如下：

```
函数调用前:a=1,b=2
函数调用中:a=2,b=1
函数调用后:a=1,b=2
```

运行结果表明，尽管形参 a、b 在 fnSwap()函数中交换了，但主函数 main()在调用 fnSwap()的前后，实参 a、b 的值都没有改变。

说明

(1)在被调用函数中改变形参的值不会改变实参的值。值传递是把实际参数的值拷贝到相应的形参中去，这样被调用函数得到的是实际参数的拷贝，而不是实际参数本身。例如，上例中调用函数 fnSwap()时，函数参数传递过程如图 7-3 所示。

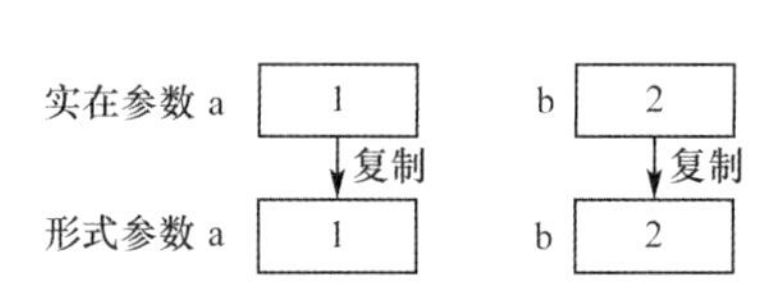

图 7-3　函数的参数传递

(2)方框表示一个特定的存储单元，箭头表示将一个存储单元内的值复制到另一个存储单元中。

7.4.2 参数的地址传递方式

数组名作为函数参数，在函数间传递数据。当数组名作为函数实参时，传给形参的是实参数组的首地址。换句话说，采用的不是“值传送”方式，而是“地址传送”，即把实参的地址传送给形参。此时，形参值改变，实参值也随之改变。

【例 7.8】 数组名作为函数参数。

```
#include <stdio.h>
double fnAvg(double a[3]);          /* 函数声明 */
void main()
{
    double x[3]={10.5,20.5,59};
    double fAve;
    fAve=fnAvg(x);                  /* 函数调用 */
    printf("%f,%f,%f,%f\n",x[0],x[1],x[2],fAve);
}
double fnAvg(double a[3])           /* 函数定义 */
{
    double sum,ave;
    sum=a[0]+a[1]+a[2];
    ave=sum/3.0;
    a[0]=200;a[1]=1.5;a[2]=2.3;
    return ave;
}
```

运行结果如下：

```
200.000000,1.500000,2.300000,30.000000
```

说明

(1)在被调函数中，引用形参数组的元素就等价于引用相应实参数组的元素，因而能修改实参数组的值。例如，在上例的被调函数 fnAvg()中，语句序列：

a[0]=200;a[1]=1.5;a[2]=2.3;

修改形参数组的值，等价于修改了引用的实参数组的元素：

x[0]=200;x[1]=1.5;x[2]=2.3;

(2)数组名作为参数传递时，实参数组的长度必须是确定的，而形参数组的长度可以不确定(但其[ ]不能省)，但在引用时，形参数组的长度不能超过实参数组的长度。如例7.8的函数定义可以改写为：

```
double fnAvg(double a[ ])          /* 可省略数组元素的个数 */
{
    ……                             /* 函数中的C语句 */
}
```

【例 7.9】 把 0～255 的整数转换为二进制数。

【解题分析】 把 0～255 的整数转换为二进制数，最多有 8 位。所以，先用数组存储转换后的二进制各位数字，即除 2 的余数，返回到主函数后再反向输出。

```
#include <stdio.h>
void fnDtob(int x[],int n);
void fnDtob(int x[],int n)
{
    int i;
    i=0;
    do
    {
        x[i]=n%2;                   /* 存储二进制数的第i位数字 */
        n=n/2;
        i++;
    }while(n>0);
}
void main()
{
    int i,n,a[8]={0};
    printf("请输入待转换成二进制数的整数(0~255):");
    scanf("%d",&n);
    fnDtob(a,n);                    /* 数组名作为函数的实参,调用函数 */
    printf("%d 的二进制数是:",n);
    for(i=7;i>=0;i--)               /* 反向输出二进制数的各位数字 */
        printf("%d",a[i]);
    printf("\n");
}
```

模仿练习

1. 设计一个计算平均成绩的函数。输入 N 个学生的成绩,调用函数计算平均成绩。
2. 使用字符数组名作为函数的形参,编写字符串复制函数。
3. 设计一个函数,计算 N 个学生成绩中的最高分。

7.5　函数的嵌套与递归

7.5.1　函数的嵌套调用

函数的嵌套调用

C语言定义的函数都是互相独立的,函数间不能嵌套定义,即在一个函数体内不能再定义另一个函数,但可以嵌套调用,也就是说在调用一个函数的过程中,被调用函数又调用另一个函数。

【例7.10】 计算 s=1!+2!+3!+……+10!。

```
#include <stdio.h>
long fnFact(int n);             /* 函数fnFact()声明 */
void fnSum(int n);              /* 函数fnSum()声明 */
```

```
void main()
{
    int num;
    printf("请输入一个正整数(<12):");
    scanf("%d",&num);
    fnSum(num);                  /* 调用 fnSum()函数 */
}
void fnSum(int n)                /* 函数 fnSum()定义 */
{
    int i;
    long s=0L;
    for(i=1;i<=n;i++)
        s+=fnFact(i);            /* 嵌套调用 fnFact()函数,计算 i! */
    printf("1!+2!+……+%d!=%ld\n",n,s);
}
long fnFact(int n)               /* 函数 fnFact()定义,求 n! 函数 */
{
    int i;
    long f=1L;
    for(i=1; i<=n;i++)f=f*i;
    return f;
}
```

运行结果如下：

```
请输入一个正整数(<12):10
1!+2!+3!+……+10!=4037913
```

说明

在 main()函数中，调用阶乘求和函数 fnSum()。而在 fnSum()函数中调用 fnFact()函数计算阶乘。main()、fnSum()和 fnFact()函数之间的调用关系如图 7-4 所示。

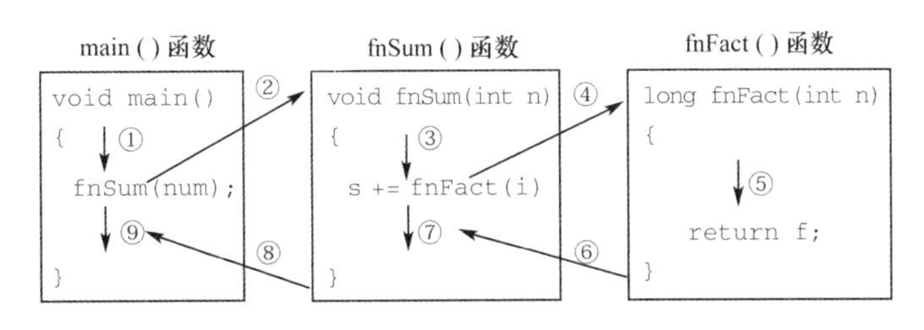

图 7-4 函数的嵌套调用

7.5.2 递归调用和递归函数

在调用一个函数的过程中又直接或间接地调用该函数本身，称为函数的递归调用。显然，递归调用是嵌套调用的特例。

C 语言提供两种形式的递归调用：

(1)直接递归调用：指函数直接调用函数本身的形式，其执行过程如图 7-5 所示。

(2)间接递归调用:指函数调用其他函数,其他函数又调用原函数的形式,其执行过程如图 7-6 所示。

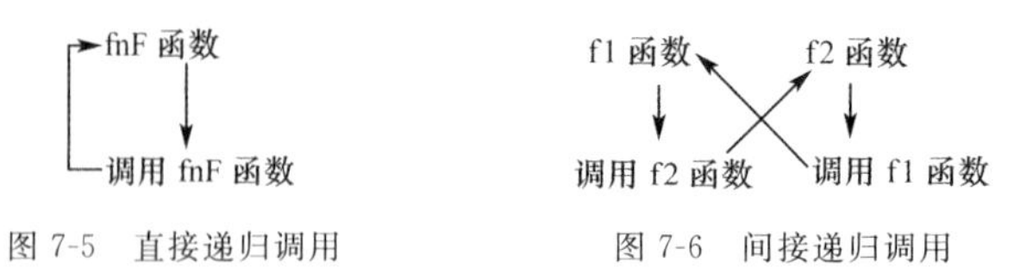

图 7-5　直接递归调用　　图 7-6　间接递归调用

1. 函数递归调用的条件

可采用递归算法解决的问题有这样的特点:原始的问题可转化为解决方法相同的新问题,而新问题的规模要比原始问题小,新问题又可转化为规模更小的问题,直至最终归结到最基本的情况——递归的终结条件。

利用函数递归调用解决问题,必须具备如下两个条件:

(1)原问题求解,能转化为一个与原问题相似的较小的问题求解。

(2)必须有一个明确的递归结束条件,称为递归出口。

【例 7.11】 用递归调用的方法,编写求 n! 的程序。

【解题分析】 根据阶乘的定义有如下递推关系:

n!=1*2*3* …… *(n-2)*(n-1)*n

=[1*2*3* …… *(n-2)*(n-1)]*n

=(n-1)!*n

即计算 n 的阶乘问题,被归结为计算 n-1 的阶乘问题,同理,计算 n-1 的阶乘问题被归结为计算 n-2 的阶乘问题……最终必将被归结到计算 1 的阶乘。

求 n! 的递归公式为:

$$n!=\begin{cases}1 & n=1\\ n*(n-1)! & n>1\end{cases}$$

将上式用函数表示为:

$$fact(n)=\begin{cases}1 & 当\ n=1\\ n*fact(n-1) & 当\ n>1\end{cases}$$

【实现代码】

```
#include <stdio.h>
long fact(int n);                    /*函数 fact()声明*/
long fact(int n)                     /*递归函数*/
{
    long lResult;
    if(n<=1) lResult=1;              /*终止条件*/
    else lResult=(fact(n-1)*n);      /*递归调用*/
    return lResult;
}
void main()
{
    int num;
    long m;
```

```
    printf("请输入一个正整数(小于 12):");
    scanf("%d",&num);
    m=fact(num);
    printf("%d!=%ld\n",num,m);
}
```

运行结果如下:

```
请输入一个正整数(小于 12):4
4!=24
```

说明

在 main()函数中,第一次调用递归函数 fact(num)时,num=4,即计算 4! 的值,调用后,进入 fact 函数的函数体中,这时通过形实结合使 n=4。由于 n 不等于终止条件,于是第二次调用递归函数,执行 fact(n-1),即 fact(3);而计算 fact(3)又需先计算 fact(2),即第三次调用递归函数……这样一直递归调用下去,直到 fact(1),此时 n=1,终止条件成立,函数返回上一层,并带回函数值 1。返回上一层后,计算 fact(1) * 2=1 * 2=2,即fact(2)的值,再返回上一层,计算 fact(2) * 3=2 * 3=6,即 fact(3)的值,最后计算出fact(4)的值 24。四次调用和返回的情况如图 7-7 所示。

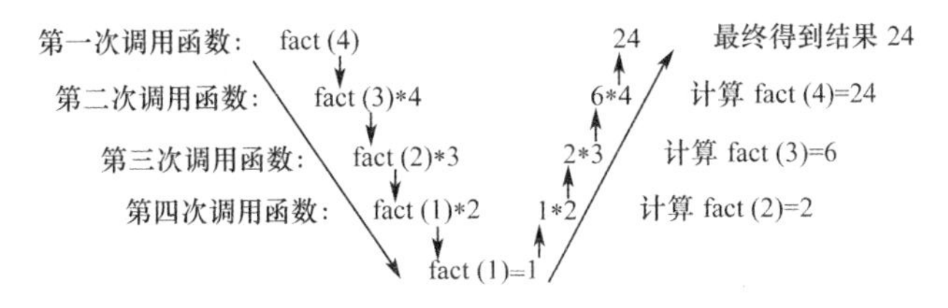

图 7-7 递归函数 fact(n)的执行过程

2. 函数递归调用的执行过程

函数递归调用执行过程由递推和回归两个过程组成。

(1)递推阶段:将原问题不断地分解为新的子问题,逐步从未知的方向向已知方向推测,最终达到已知的结束条件,即递归结束条件,这时递推阶段结束,如图 7-7 所示左边部分。

(2)回归阶段:从已知的条件出发,按照“递推”的逆过程,逐一求值返回,直到返回到递推的开始处,结束回归阶段,完成递归调用,如图 7-7 所示右边部分。

注意

递归编程要点:

(1)找到相似性:把原始的问题转化为相似的小问题,递归调用。

(2)设计出口:递归的终结条件。

【例 7.12】 用递归函数求 m 和 n 的最大公约数。

【解题分析】 求 m 和 n 的最大公约数,通常采用辗转相除的方法,不妨假设 n≤m,fnGcd(m,n)是 m 和 n 的最大公约数,则有递推关系 fnGcd(m,n)=fnGcd(n,m%n),用函数表示为:

$$fnGcd(m,n)=\begin{cases} m & \text{当 } n=0 \\ fnGcd(n,m\%n) & \text{当 } m\geq n>0 \end{cases}$$

显然,满足函数递归的两个条件。

【实现代码】

```
#include <stdio.h>
int fnGcd(int m,int n);
void main()
{
    int m,n,k;
    printf("请输入两个整数 m,n(m>=n):");
    scanf("%d%d",&m,&n);
    k=fnGcd(m,n);
    printf("gcd(%d,%d)=%d\n",m,n,k);
}
int fnGcd(int m,int n)
{
    int k;
    if(n==0)k=m;
    else        k=fnGcd(n,m%n);
    return k;
}
```

运行结果如下：

```
请输入两个整数 m,n(m>=n):27␣18↙(回车)
gcd(27,18)=9
```

模仿练习

用递归函数把十进制数转换成二进制数。

提示：参考案例 2-3，采用"除 2 取余法"：除 2 取余的余数为二进制数的最低位，再求商的余数为次低位……直到商为 0 结束。所以，先求出的余数是最低位，最后求出的余数是最高位。定义转换函数fnDtob(n)，则有如下关系：

$$fnDtob(n)=\begin{cases} return\ n=0 & \text{结束转换} \\ n\%2 & \text{当前位的二进制数} \\ fnDtob(n/2) & \text{递归求高一位的二进制数} \end{cases}$$

7.6 变量的作用域与存储类型

通常，一个较大的应用程序一般都是由多人分工合作开发的。那么他们之间又是如何协调、通信的呢？

例如，假设某三人合作开发一个简单的数据库系统，项目负责人编写主函数 main()，并负责统一连接调试，另两人各自完成记录添加和查询模块，三人所编的程序文件分别取名 prog. c、prog1. c 和 prog2. c。并做如下约定：

(1)约定表示记录总数用 ip 变量，存储数据记录用二维数组 char score[40][6]。

(2)规定记录添加和查询的函数取名为 add()和 inquiry()，其中参数为一维数组，因此，添加和查询操作均对形参数组进行。

源程序代码如图 7-8 所示，定制多文件的工程文件，但不能完成编译、连接。报警提示变量重复定义或未定义、函数找不到等错误信息。

```
/* prog.c */
#include <stdio.h>
int ip;
void main()
{ char score[40][6];
  ……
  add(score);inquiry(score);
}
```

```
/* prog1.c */
int ip;
void add(char s[][6])
{
  ……
}
```

```
/* prog2.c */
void inquriy(char s[][6])
{
  ……
}
```

图 7-8 三个源程序的第一版

问题出自变量 ip、函数 add()和 inquiry()，归结为：

(1)对于变量，如何实现不同模块间的共享和隐藏。用 C 语言表述为变量的存储属性和生命期。

(2)如何实现在不同程序文件中函数的调用，即内部函数和外部函数的关系。

下面将介绍变量的作用域和生命期问题，先解决第一个问题，而有关函数的第二个问题将在 7.7 节介绍。

7.6.1 变量的作用域

变量的作用域

所谓变量的作用域，就是指变量能被有效引用的范围。从"变量的作用域"角度来分，C 语言将变量分为局部变量和全局变量。

1. 局部变量

一般来说，在一个函数内部声明的变量是局部变量，其作用域只在本函数范围内。即局部变量只能在定义它的函数体内部使用，而不能在其他函数中使用。例如：

```
int function(int x,int y)
{
    int i,j;          //i、j 均在函数内定义，属于局部变量，在 main()函数中不能访问
    ……
}
void main()
{
    int a,b;          //a、b 是主函数的局部变量，在 function()函数中不能访问
    ……
}
```

说明

(1)main()函数本身也是一个函数，因此在其内部声明的变量仍为局部变量，只在 main()函数中有效，而不能在其他函数中使用。

(2)在不同的函数中可以声明具有相同变量名的局部变量，系统会自动识别。

(3)形参也是局部变量，其作用域在定义它的函数内。所以，形参和该函数体内的变量不能同名。

2. 全局变量

在函数之外定义的变量称为全局变量。全局变量的作用域是从它定义的位置开始到本源程序文件的结束，即位于全局变量的定义后面的所有函数都可以使用此变量。例如：

```
int x,y;                        ┐
void main()                     │
{                               │
   ……                           │
}                               │
int z;          ┐               ├全局变量 x、y 的作用范围
void func()     │               │
{               ├全局变量 z 的作用范围
   ……           │               │
}               ┘               ┘
```

说明

(1)变量 x、y、z 都是全局变量，其中 x、y 的作用域是 main()函数和 func()函数，而变量 z 的作用域只是 func()函数。

(2)全局变量如果没有显式赋初值，其默认初值为 0。

注意

(1)全局变量的作用域为函数间传递数据提供了一种新的方法。如果在一个程序中，每个函数都需要对同一个变量进行处理，就可以将这个变量定义为全局变量。

(2)在一个函数内部，如果一个局部变量和一个全局变量重名，则在局部变量的作用域内全局变量不起作用。

【例 7.13】 重名局部变量和全局变量的作用域。

```
#include <stdio.h>
int a=3,b=5;           //a、b 是全局变量;
void main()
{
    int a=8;           //a 局部变量,且与全局变量同名
    int c;
    b++;               //全局变量 b
    c=a>b?a:b;         //这里使用的是局部变量 a
    printf("a=%d,b=%d,c=%d\n",a,b,c);
}
```

运行结果如下：

```
a=8,b=6,c=8
```

全局变量 a、b 可以在 main()函数中起作用，但由于 main()函数内部有重名的局部变量 a，因而全局变量 a 不起作用。

7.6.2 变量的存储类型

在 C 语言中，每一个变量或函数都有两个属性：数据类型和存储类型。数据类型(如 int、float 等)指的是数据的取值范围；存储类型指数据在内存的存储方式。存储方式分为两类：静

态存储和动态存储。

静态存储:程序运行期间,变量在静态存储区分配固定的存储空间。

动态存储:程序运行期间,变量在动态存储区根据需要动态分配存储空间。

不同的存储方式决定了变量的生存期。从变量的作用范围,又可把变量分为四种:自动(auto)、寄存器(register)、静态(static)、外部(extern)。

变量的存储方式分类如图 7-9 所示。

```
          ┌ 动态存储方式 ┌ auto 自动          (局部变量)
          │              └ register 寄存器    (局部变量)
存储方式 ─┤              ┌ static 静态局部    (局部变量)
          └ 静态存储方式 ┤ static 静态外部    (全局变量)
                         └ extern 外部        (全局变量)
```

图 7-9 变量的存储方式分类

1. auto 型变量

在函数内定义的变量,如果不指定存储类型,那么它就是 auto 型变量,系统动态地为相应的 auto 型变量分配存储空间。函数形参也属于 auto 型变量。当函数执行结束时,释放空间。它的作用域局限于该函数内。

准确地讲,应在变量前加上 auto 关键字,如"auto int a;"。

由于 C 编译器规定,函数内定义的变量缺省存储类型就是 auto,所以,关键字 auto 可以省略。前面章节中出现的变量都是 auto 型变量。

【例 7.14】 观察下面程序中 auto 型变量值的变化。

```
#include <stdio.h>
void test()
{
    int iValue=0;
    printf("iValue=%d\n",iValue);
    iValue++;
}
void main()
{
    int i;
    for(i=0;i<3;i++)
        test();
}
```

运行结果如下:

```
iValue=0
iValue=0
iValue=0
```

说明

(1)由于 iValue 是 auto 型变量,所以每调用 test()函数,iValue 都被赋一次初值 0。

(2)auto 型变量只有在说明该变量的函数内或复合语句中出现才算有效。离开了上述区域,对该变量的引用是无效的。在初始化方面,每调用一次函数都要赋一次初值,且缺省初值不确定。

2. register 变量

register 变量又称为寄存器变量。在程序运行中，若某个变量使用频繁，例如，循环的次数为上万次，存取变量的值就要花费较多时间。为提高效率，C语言允许将局部动态变化的值放在CPU的寄存器(register)中，直接参加运算，不再和内存打交道。因为寄存器的存取速度远高于内存。register 变量的一般定义格式如下：

register 类型标识符 变量名；

【例 7.15】 寄存器变量实例。

```
#include <stdio.h>
long fnFactor(int n)
{
    register int i;             /* 定义寄存器(register)变量 i */
    long r;
    for(i=1,r=1;i<=n;i++)
        r *=i;
    return r;
}
void main()
{
    int k;
    for(k=1;k<=5;k++)
        printf("%d\n",fnFactor(k));
}
```

注意

(1)register 变量是局部变量，所以只能在相应的函数内部定义。

(2)定义寄存器变量的个数受机器硬件特性的限制，当超过寄存器变量的数目时，则自动将其转换为 auto 型。

(3)能够说明为寄存器变量的类型只有 char、short int、unsigned、int 和指针类型。

3. static 型变量

static 型变量(静态变量)与 auto、register 型变量不同，该变量在静态存储区存放，所分配的存储空间在程序运行中始终占用。静态变量分为静态局部变量和静态外部变量两种。

(1)静态局部变量

静态局部变量同 auto 型变量一样，是在函数内定义，它局限于定义它的函数。一般定义格式如下：

static 类型标识符 变量名[=初始化值]；

例如：

```
static int a;          /* 定义 a 为静态变量 */
```

静态局部变量在编译过程中赋初值，且只赋一次初值(其默认初值为 0)。以后调用函数时不再在过程中赋初值。

函数调用结束后，值并不消失，保留上一次函数调用时的结果。所以，它具有全局变量的特性。

【例 7.16】 修改例 7.14 程序，将函数 test()中的自动变量 iValue 修改为静态局部变量，其余不变，再观察运行结果。

```
#include <stdio.h>
void test()
{
    static int iValue=0;          /*iValue修改为静态局部变量*/
    printf("iValue=%d\n",iValue);
    iValue++;
}
void main()
{
    int i;
    for(i=0;i<3;i++)
        test();
}
```

运行结果如下：

```
iValue=0
iValue=1
iValue=2
```

说明

在test()函数中，变量iValue是静态局部变量，所以，它仅在程序编译时赋一次初值，在函数调用结束后仍然保持函数调用后的值。

(2)静态外部变量

如果希望在一个文件中定义的全局变量的作用域仅局限于此文件中，而不被其他文件所访问，则应在全局变量名前使用static关键字，即定义为静态外部变量。例如：

```
static int a;
```

静态外部变量的使用主要用于在多人合作完成一个较大程序时，为避免同名的全局变量造成程序混乱，最好在全局变量前冠上static关键字。

注意

(1)全局变量都是静态存储的，并非在变量名前使用static关键字才是静态存储的。静态外部变量与外部变量的区别仅仅是作用域的不同。

(2)引入外部变量的目的，主要是在函数与函数之间，文件与文件之间(如前面图7-8中变量ip)进行通信，即外部变量起"全局变量"的作用。

4. extern型变量

extern型变量是在函数外定义的变量，缺省时系统默认为extern型变量(外部变量)。外部变量的定义位置是在所有函数体之外。当一个变量定义为"extern"型或默认存储类型时，一个文件的多个函数都可以使用该外部变量，其他文件也可以使用该变量。

如图7-10所示，文件prog1.c、prog2.c都可以引用文件prog.c中定义的外部变量ip，只要在prog1.c或prog2.c文件中用extern关键字把此变量说明为外部的变量extern int ip。这种说明，一般应在文件的开头且位于所有函数外面。

```
/* prog.c */
#include <stdio.h>
int ip;
main()
{    char score[40][6];
     ……
     add(score);
     inquiry(score);
}
```

```
/* prog1.c */
extern int ip;
void add(int se[][6])
{
     ……
}
```

```
/* prog2.c */
extern int ip;
void inquiry(char s[][6])
{
     ……
}
```

图 7-10 修改后的三个源程序

为了处理方便，一般把外部变量的定义位于所有使用它的函数前面。

7.7 内部函数和外部函数

一个 C 语言程序可以由多个函数组成，通常它们分散在多个程序文件中。根据一个函数能否被其他源程序文件调用，可将函数分为内部函数和外部函数。

7.7.1 内部函数

内部函数又称为静态函数，它只能被本文件中的函数调用，而不能被其他源程序文件中的函数调用。在定义内部函数时，在函数类型前面加上 static 关键字即可。其定义格式如下：

```
static <返回类型> <函数名>(<[形式参数列表]>)
{
    声明部分;
    执行部分;
}
```

使用内部函数，可以使函数只局限于所在文件，如果在不同的文件中有同名的内部函数，将互不干扰。这样不同的人可以编写自己的函数，而不必担心与其他文件中的函数同名。通常把只能由同一个文件使用的函数和全局变量放在一个文件中，在它们前面都加上 static，使之局部化，则其他文件将不能引用。

7.7.2 外部函数

除内部函数外，其余的函数都可以被其他源程序文件中的函数所调用，称为外部函数。同时在调用函数的文件中应加上 extern 关键字说明。定义格式如下：

```
extern <返回类型> <函数名>(<[形式参数列表]>)
{
    声明部分;
    执行部分;
}
```

C 语言规定，如果在定义函数时省略 extern，则隐含为外部函数。本教材前面章节定义的函数都是外部函数。

通常，当函数调用语句与被调用函数不在同一文件时，应当在调用语句所在的函数说明部分(或所在的文件)用 extern 说明所调用的函数是外部函数。

例如，在源程序 prog. c 中调用的函数 add()、inquiry()是在 prog1. c 和 prog2. c 文件中定义的，就必须在源程序 prog. c 中说明为外部函数 extern void add()和 extern void inquiry()。为此，修改 prog. c 程序。修改后的源程序如图 7-11 所示。

```
/* prog.c */
#include <stdio.h>
int ip;
extern void add(char s[][6]);
extern void inquiry(char s[][6]);
main()
{    int score[40][6];
     ……
     add(score);
     inquiry(score);
}
```

```
/* prog1.c */
extern int ip;
void add(char s[][6])
{
     ……
}
```

```
/* prog2.c */
extern int ip;
void inquiry(char s[][6])
{
     ……
}
```

图 7-11 再次修改后的三个源程序

7.7.3 多文件组织的编译和连接

当一个完整的程序由多个源程序文件组成时，如何将这些文件进行编译并连接成一个可执行程序文件呢？不同的计算机系统的处理方法可能是不同的。通常有以下几种处理方法：

1. 用包含文件的方式

在定义 main()函数的文件中，将组成同一程序的其他文件包含进来(参见 7.8.1 节)，由编译程序对这些源程序文件一起编译，并连接成一个可执行文件。这种方法适用于编写较小的程序。

2. 使用工程文件的方法

将组成一个程序的所有文件都加到工程文件中，由编译器自动完成多文件组织的编译和连接。例如，在 Visual C++ 6.0 中，可以有多种方法建立工程文件。一种方法是先为包含 main()函数的文件建立一个工程文件，然后选择菜单栏中的“工程”菜单中的子菜单“增加到工程”的下一级子菜单“文件”，将其他程序文件加入工程文件中。这时对多个文件的编译和连接方法，与一个文件组成的一个程序的方法完全相同。

7.8 编译预处理

C 语言中的编译预处理扩充了语言的功能，它包括文件包含、宏替换和条件编译等，使用预处理功能便于程序的修改、阅读、移植和调试，也便于实现模块化程序设计。

7.8.1 include 命令

在一个源程序文件中使用#include 命令可以将另一个源程序文件的全部内容包括进来，这种情况实际上已在前面章节多次出现，如#include <stdio.h>。

文件包含的一般形式如下：

＃include "文件名"

或写成

＃include ＜文件名＞

其功能是用相应文件中的全部内容替换该预处理语句。

该控制行一般放在源程序文件的起始部分，如图 7-12 所示，(a)图表示预处理前两文件的情况：在文件 file1.c 中，有一条＃include "file1.h"命令及其他内容 A，另一文件 file1.h，文件内容为 B。在编译预处理时，对＃include 命令进行"文件包含"处理：以 file1.h 的全部内容置换文件 file1.c 中的＃include "file1.h"命令，即 file1.h 被包含到 file1.c 中，如(b)图所示，然后由编译程序对"包含"以后的 file1.c 作为一个源程序文件单位进行编译。

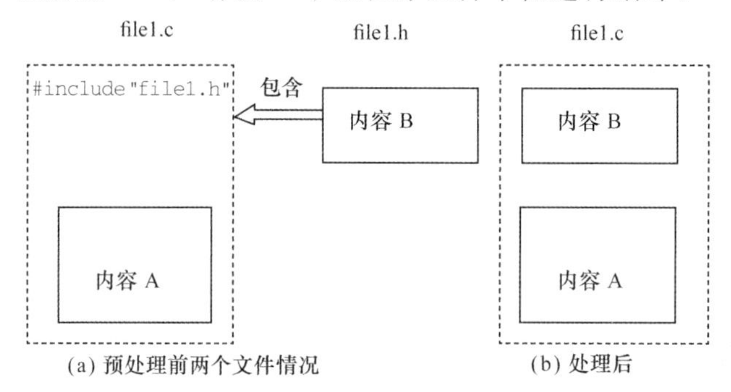

图 7-12　＃include 命令

例如：

```
#include <stdio.h>
#include "math.h"
void main( )
{
    float x;
    scanf("%f",&x);
    printf("|x|=%0.2f\n",fabs(x));
}
```

说明

(1)因为求绝对值函数 fabs(x)原型是在文件 math.h 中声明的，所以必须用文件包含命令把 math.h 包含进来。库文件的函数声明一般放在系统盘的 include 子目录中。凡是源程序中用到这里的函数时，都要编写相应的文件包含命令。

(2)一个＃include 命令只能指定一个被包含的文件。每行只写一条，结尾不加分号";"。

(3)文件包含可以嵌套，但要注意避免重复包含和重复定义问题，采用条件编译的方法可防止这类问题的发生。

注意

在 include 命令中，文件名可以用尖括号或双引号括起来，二者都是合法的，其区别是用尖括号时，系统到存放 C 库函数头文件所在的目录中去寻找，这种查找方式称为标准方式。用双引号时，系统先在用户当前目录中寻找，若找不到，再按标准方式查找。

7.8.2 define 命令

宏定义是为了允许编程人员以指定的标识符代替一个较为复杂的字符串。C 语言中宏定义包括不带参数的宏定义和带参数的宏定义两种。

1. 不带参数的宏定义

宏定义＃define 命令用来定义一个标识符(宏名)和一个字符串(宏体),以这个标识符来代表这个字符串,在每次遇到该标识符时就用所定义字符串替换它,它的作用相当于给指定的字符串起一个别名。其一般格式为:

＃define ＜标识符＞ ＜字符串＞

(1)"＃"表示这是一条预处理命令。

(2)字符串可以是常量、表达式或格式字符串等。

(3)标识符习惯上用大写字母表示。

【例 7.17】 不带参数的宏定义的应用。

```
#include <stdio.h>
#define  PI  3.1415926              /*宏定义*/
void main( )
{
    float r,circle,area;
    printf("请输入圆的半径:");
    scanf("%f",&r);
    circle=2*PI*r;                  /*预处理后为:circle=2*3.1415926*r;*/
    area=PI*r*r;                    /*预处理后为:area=3.1415926*r*r;*/
    printf("circle=%f area=%f\n",circle,area);
}
```

运行结果如下:

```
请输入圆的半径:10↙(回车)
circle=62.831852  area=314.159260
```

说明

(1)在进行宏定义时,可以引用已定义的宏名。例如:

```
#define  R  10
#define  PI  3.1415926
#define  LP  2*PI*R
```

(2)当宏定义在一行中写不下时,可在行尾用反斜杠"\"进行续行。例如:

```
#define  LEAP_YEAR  year%4==0\
&&year%100!=0||year%400==0
```

(3)宏定义通常放在源程序文件的开头,其作用域(作用范围)是整个源程序。也可以在函数内部做宏定义,这时宏名字的作用域只在本函数。可用＃undef 终止宏定义的作用域。

(4)宏定义时可以不包含宏体,即写成:

＃define 宏名

此时仅说明宏名已被定义,在后面的条件编译中经常会遇到。

注意

(1)当宏体是表达式时,为稳妥起见常将它用圆括号括起来。例如,有定义:

```
#define  R  10
#define  DR  R-1
```

则语句“d=3*DR;”经宏替换后为:d=3*10-1,这显然不符合原意,解决办法是将第2条宏定义写成:

```
#define  DR  (R-1)
```

(2)宏定义不是C语句,不需要在行末加分号“;”。

2. 带参数的宏定义

带参数的宏定义不是一种简单的字符串替换,还要进行参数替换。其一般形式为:

#define 宏名(参数表) 宏体

【例7.18】 带参数的宏定义的应用。

```
#include <stdio.h>
#define  RECT(A,B)  A*B           /*带参数的宏定义*/
void main()
{
    int a=5,b=7,s;
    s=RECT(a,b);                  /*预处理后为:s=a*b; */
    printf("s=%d\n",s);
}
```

运行结果如下:

```
s=35
```

说明

(1)定义带参数的宏时,宏名与圆括号之间不应留有空格。例如,若上述定义写成:

```
#define  RECT␣(A,B)␣␣A*B      /*其中␣表示空格符*/
```

则语句

```
s=RECT(a,b);
```

将被替换为:

```
s=(A,B)␣␣A*B(a,b);             /*其中␣表示空格符*/
```

这显然是错误的。

(2)一般来讲,宏定义字符串中的参数均要用圆括号括起。整个字符串部分也应该用圆括号括起,把宏定义作为一个整体看待,否则,可能出现错误。例如:

```
#define  SQR(R)  R*R
```

如果在程序中有下面赋值语句

```
z=SQR(x+10)*5;
```

则经过预处理程序的宏展开后,将变为如下的形式:

```
z=x+10*x+10*5;
```

显然,与所期望的不相符。应将SQR宏定义改为如下形式:

```
#define  SQR(R)  ((R)*(R))
```

(3)带参数的宏定义与函数很相似,但两者有本质的区别。

【例 7.19】 从键盘输入两个整数,求其中较大数并显示,要求用宏定义编程。

```
#include <stdio.h>
#define  MAX(a,b)  ((a)>(b)?(a):(b))  /* 用带参数的宏定义求 a、b 之较大数 */
void main()
{
    int x,y,z;
    printf("请输入两个整数:");
    scanf("%d%d",&x,&y);
    z=MAX(x,y);
    printf("Max=%d\n",z);
}
```

运行结果如下:

```
请输入两个整数:6␣9↙(回车)
Max=9
```

3. 终止宏定义

宏命令 #undef 用于终止宏定义的作用域。一般形式为:

#undef　宏名

例如:

```
#define  MULT(x,y)  ((x)*(y))
void main()
{
    ……
}
#undef  MULT(x,y)
int function()
{
    ……
}
```

由于在函数 function()之前,使用 #undef 终止宏名 MULT(x,y),所以,在函数 function()中 MULT(x,y)不再起作用。

#undef 也可用于函数内部。

7.8.3 条件编译

为了便于程序的调试和移植,C 语言提供了"条件编译"预处理命令,这些命令可以控制编译程序,当条件满足时对某一段程序代码进行编译,当条件不满足时不进行编译,或对另一段程序代码进行编译等。

条件编译有以下几种命令形式:

1. 条件编译形式一

```
#if  表达式
    程序段 1
#else
```

```
    程序段 2
#endif
```

功能：当表达式为“真”(非 0)时，编译程序段 1，否则编译程序段 2。

说明

(1)其中的表达式必须是整型常量表达式(不包括 sizeof 运算符、强制类型转换和枚举常量)。

(2)该命令形式的简化形式是没有#else 部分，这时，若表达式为“假”，则此命令中没有程序段被编译。

2. 条件编译形式二

```
#if  表达式 1
    程序段 1
#elif 表达式 2
    程序段 2
#elif 表达式 3
    程序段 3
……
#else
    程序段 n
#endif
```

功能：如果常量表达式 1 的值为“真”，则编译程序段 1，如果常量表达式 2 的值为“真”，编译程序段 2……如果所有常量表达式的值都为“假”，则编译程序段 n。

说明

#elif 其含义类似于“else if”。也可以没有#else 部分，这时，若所有表达式的值都为“假”，则此命令中没有程序段被编译。

3. 条件编译形式三

```
#ifdef  宏名
    程序段 1
#else
    程序段 2
#endif
```

功能：用来测定一个宏名(标识符)是否被定义，如果宏名已被定义，则编译程序段 1，否则编译程序段 2。该命令形式的简化形式是没有#else 部分，这时，若宏名未定义，则此命令中没有程序段被编译。

4. 条件编译形式四

```
#ifndef  宏名
    程序段 1
#else
    程序段 2
#endif
```

功能：用来测定一个宏名是否未被定义，如果宏名未被定义，则编译程序段 1，否则编译程

序段 2。该命令形式的简化形式是没有 # else 部分，这时，若宏名已定义，则此命令中没有程序段被编译。

【例 7.20】 输入一个口令，根据需要设置条件编译，使之在调试程序时，按原码输出，在使用时输出“ * ”号。

```
#include <stdio.h>
#include <conio.h>
#define DEBUG
void main(void)
{
    char pass[80];int i=-1;
    printf("请输入密码:");
    do {
          i++;
          pass[i]=getch();
#ifdef   DEBUG
          putchar(pass[i]);
#else
          putchar('*');
#endif
    }while(pass[i]!='\r');
    ……                                    /*省略其他功能语句*/
}
```

7.9　情景应用——案例拓展

案例 7-1　哥德巴赫猜想

问题描述

100(>2)以内的正偶数都能分解为两个素数之和，验证其正确性，请输出所有的分解形式。运行结果如图 7-13 所示。

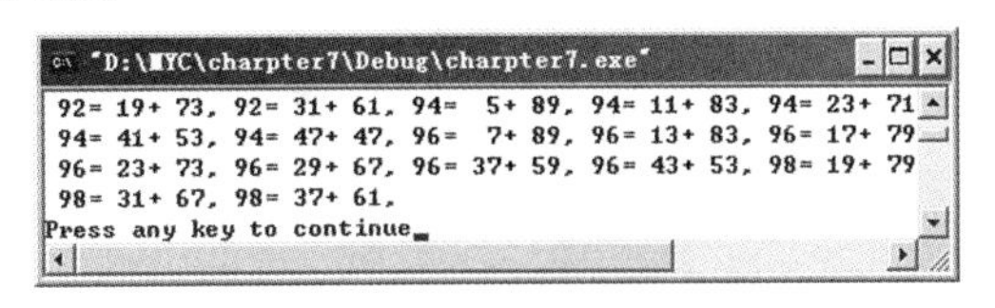

图 7-13　哥德巴赫猜想

算法设计

(1)编写一个素数判断函数。

(2)由于分解的不唯一性，用枚举方法找出所有的分解形式。

假设正偶数 K 可分解为两素数 K1、K2 之和(K=K1+K2)，不妨设 K1≤K2，那么 K1≤K/2。我们对小于等于 K/2 以内的数进行枚举，找出所有的素数，例如，X 是枚举出来的一个素数，如果 K−X 也是素数，则 K＝X+(K−X)就是满足要求的一种分解。算法描述如下：

for I=2 to K/2

if I 是素数，且 K−I 也是素数，则 K＝I+(K−I)是一种分解并输出

(3)枚举 100(>2)以内的正偶数，用(2)中的算法输出所有的分解形式。

for K=2 to 100

{输出 K 的所有的分解形式}

参考代码如下：

```
#include <stdio.h>
#include <math.h>
int IsPrime(int num)                  /*素数判断函数*/
{
    int flag=1,i;
    for(i=2;i<=sqrt(num);i++)
        if(num%i==0){ flag=0;break;}
    return flag;
}
void main()
{
    int i,j,k,flag1,flag2,n=0;
    for(i=4;i<100;i+=2)               /*对100以内(且大于2)的偶数进行枚举*/
        for(k=2;k<=i/2;k++)           /*在小于等于i/2以内,枚举求出较小的一个素数*/
        {
            j=i-k;
            flag1=IsPrime(k);
            if(flag1)
            {
                flag2=IsPrime(j); /*判断其差是否是素数*/
                if(flag2){
                    printf("%3d=%3d+%3d,",i,k,j);
                    n++;
                    if(n%5==0) printf("\n");
                }
            }
        }
    printf("\n");
}
```

拓展训练

班里来了一名新同学，很喜欢学数学，同学问他年龄时，他和大家说：“我的年龄的平方是个 3 位数，立方是个 4 位数，4 次方是个 6 位数。3 次方和 4 次方正好用遍 0、1、2、3、4、5、6、7、8、9 这 10 个数字，请大家猜猜我今年多大？”

案例 7-2　递归解决年龄问题

问题描述

有 5 个人坐在一起,问第 5 个人的年龄,他说比第 4 个人大两岁。问第 4 个人的年龄,他说比第 3 个人大两岁。问第 3 个人的年龄,他说比第 2 个人大两岁。问第 2 个人的年龄,他说比第 1 个人大两岁。最后问第 1 个人的年龄,他说是 10 岁。编写程序当输入第几个人时求出其对应年龄,运行结果如图 7-14 所示。

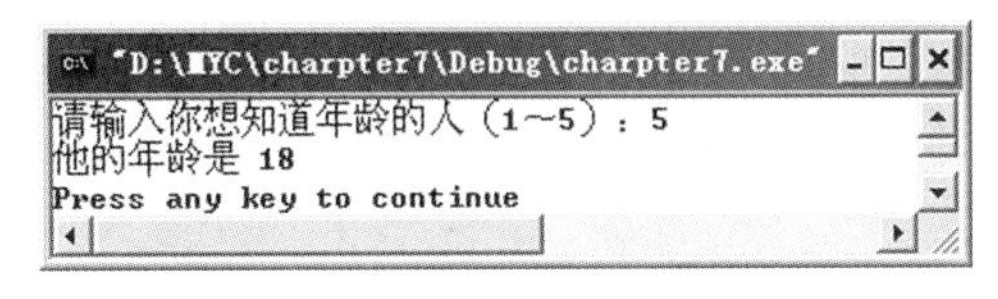

图 7-14　递归解决年龄问题

算法设计

递归的过程分为两个阶段:

第一阶段是递推,由题可知,要想求第 5 个人的年龄必须知道第 4 个人的年龄,要想求第 4 个人的年龄必须知道第 3 个人的年龄……一直到第 1 个人的年龄,这时 age(1)的年龄是已知的,不用再推。

第二阶段是回溯,从第 1 个人推出第 2 个人的年龄……一直到第 5 个人的年龄为止。

这里要注意必须要有一个结束递归过程的条件,本实例中就是当 n=1 时,f=10,也就是 age(1)=10,否则递归过程会无限制地进行下去。

参考代码如下:

(1)定义递归函数

```
int age(int n)                    /*定义递归函数*/
{
    int f;
    if(n==1)f=10;
    else     f=age(n-1)+2;
    return f;
}
```

(2)在 main()函数中,输入想要求的人的年龄,调用 age()函数,求出相应的年龄并将其输出。代码如下:

```
void main()
{
    int iMen,iAge;
    printf("请输入你想知道年龄的人(1~5):");
    scanf("%d",&iMen);
    iAge=age(iMen);
    printf("他的年龄是 %d\n",iAge);
}
```

拓展训练

1. 使用递归方法，求 Fibonacci 数列的第 N 项。

2. 一数列：1、12、123、1234、12345、123456……使用递归算法求第 n 个数(n<=9)。

案例 7-3　百钱百鸡问题

问题描述

中国古代数学家张丘建在他的《算经》中提出了著名的“百钱百鸡”问题：鸡公一，值钱五，鸡母一，值钱三，小鸡，三只值钱一，百钱买百鸡，问公、母、小鸡各几只？

算法设计

根据题意设公鸡、母鸡和小鸡分别为 cock、hen 和 chick，那么：

(1)如果 100 元全买公鸡，那么最多能买 20 只，所以 cock 的范围是 0～20。

(2)如果 100 元全买母鸡，那么最多能买 33 只，所以 hen 的范围是 0～33。

(3)如果 100 元全买小鸡且不能超过百只，那么最多能买 99 只，且小鸡的数量必须是 3 的倍数。

确定了各种鸡的范围后进行穷举并判断，判断条件有以下 3 个：

(1)所买的 3 种鸡的钱数总和为 100。

(2)所买的 3 种鸡的数量之和为 100。

(3)所买的小鸡数量必须是 3 的倍数。

实现过程如下：

(1)自定义函数 computer()实现百钱百鸡算法，使用 for 语句对 3 种鸡的数量在事先确定好的范围内进行穷举并判断。代码如下：

```
void computer()
{
    int cock,hen,chick;
    for(cock=0;cock<=20;cock++)
        for(hen=0; hen<=33;hen++)
            for(chick=3;chick<=99;chick++)
                if(5 * cock+3 * hen+chick/3==100)
                    if(cock+hen+chick==100)
                        if(chick%3==0)
                            printf("cock:%d hen:%d chick:%d\n",cock,hen,chick);
}
```

(2)主函数程序代码如下：

```
void main()
{
    printf("有如下几种买鸡方式:\n");
    computer();
}
```

拓展训练

彩球问题。在一个袋子里装有3色球，其中红色球有3个，白色球有3个，黑色球有6个，问当从袋子中取出8个球时共有多少种可能的方案？编程实现将所有可能的方案编号输出在屏幕上。

案例7-4 使用宏定义实现两数组的交换

问题描述

试定义一个带参数的宏 swap(a,b)，以实现两个整数的交换，并利用它将两个等长度的一维数组进行交换。

算法设计

(1)a、b 两数交换可用如下程序段实现。

```
int t;
t=a;
a=b;
b=t;
```

利用带参宏命令实现：

```
#define swap(a,b) {int t;t=(a);(a)=(b);(b)=t;}
```

(2)两个一维数组的交换，就是对应元素的交换。

参考代码如下：

```
#include <stdio.h>
#define swap(a,b) {int t;t=(a);(a)=(b);(b)=t;}
void main()
{
    int a[6]={1,2,3,4,5,6},b[6]={-1,-2,-3,-4,-5,-6},i;
    for(i=0;i<6;i++)
        swap(a[i],b[i]);
    printf("交换后 a 数组:\n");
    for(i=0;i<6;i++)
        printf("%3d",a[i]);
    printf("\n 交换后 b 数组:\n");
    for(i=0;i<6;i++)
        printf("%3d",b[i]);
    printf("\n");
}
```

拓展训练

使用宏定义：

```
#define  EVEN(x)  (((x)%2==0)? 1:0)
```

求1～100的偶数之和。

自我测试练习

一、单选题

1. 在C语言的函数中,下列说法正确的是(　　)。

A. 必须有形参　　B. 形参必须是变量名

C. 可以有也可以没有形参　　D. 数组名不能做形参

2. 若函数中有定义语句“int a;”,则(　　)。

A. 系统将自动给a赋初值0　　B. 这时a的值不确定

C. 系统将自动给a赋初值-1　　D. 这时a可以是任何值

3. 下面的函数调用语句中,fnNunc()函数的实参个数是(　　)。

```
fnNunc(f2(v1,v2),(v3,v4,v5),(v6,max(v7,v8)));
```

A. 3　　B. 4　　C. 5　　D. 8

4. 数组名作为实参传递给函数时,传递的是(　　)。

A. 该数组长度　　B. 该数组的元素个数

C. 该数组首地址　　D. 该数组中各元素的值

5. 下列叙述中不正确的是(　　)。

A. 在不同的函数中可以使用相同名字的变量

B. 函数中的形参是局部变量

C. 在一个函数内定义的变量只能在本函数范围内有效

D. 在一个函数内的复合语句中定义的变量在本函数范围内有效

6. 以下关于宏的叙述中正确的是(　　)。

A. 宏名必须用大写字母表示　　B. 宏定义必须位于源程序中所有语句之前

C. 宏替换没有数据类型限制　　D. 宏调用比函数调用耗费时间

7. 以下程序运行结果是(　　)。

```
#include <stdio.h>
#define  f(x)  x*x*x
void main()
{
    int a=3,s,t;
    s=f(a+1);
    t=f((a+1));
    printf("%d,%d\n",s,t);
}
```

A. 10,64　　B. 10,10　　C. 64,10　　D. 64,64

8. 有一个名为init.txt的文件,内容如下:

```
#include <stdio.h>
#define  HDY(A,B)  A/B
#define  PRIN(Y)  printf("y=%d\n",Y)
```

有以下程序:

```
#include "init.txt"
void main()
{
    int a=1,b=2,c=3,d=4,k;
    k=HDY(a+c,b+d);
    PRIN(k);
}
```

下面针对该程序叙述正确的是(　　)。

A. 编译有错　　B. 运行出错

C. 运行结果 y=0　　D. 运行结果 y=6

二、填空题

1. 下列程序的输出结果是________。

```
#include <stdio.h>
int fun(int x)
{
    static int t=0;
    return (t+=x);
}
void main( )
{
    int s,i;
    for(i=1;i<=5;i++)
        s=fun(i);
    printf("%d\n",s);
}
```

2. 下列程序的输出结果是________。

```
#include <stdio.h>
void fun1( )
{
    int  x=5;
    printf("x=%d\n",x);
}
void fun2(int x)
{
    printf("x=%d\n",++x);
}
void main( )
{
    int x=2;
    fun1( );
    fun2(x);
    printf("x=%d\n",x);
}
```

3.下列程序的输出结果是________。

```
#include <stdio.h>
int a=5;
void fun(int b)
{
    int a=10;
    a+=b;
    printf("%d\n",a);
}
void main( )
{
    int c=20;
    fun(c);
    a+=c;
    printf("%d\n",a);
}
```

4.下列程序的输出结果是________。

```
#include <stdio.h>
int fun(int n)
{
    if(n==1)return 1;
    else  return fun(n-1)+1;
}
void main( )
{
    int i,j=0;
    for(i=1;i<4;i++)
        j+=fun(i);
    printf("%d\n",j);
}
```

5.计算3个A,2个B可以组成多少种排列的问题(如AAABB,AABBA)是组合数学的研究领域。但有些情况下,也可以利用计算机计算速度快的特点通过巧妙的推理来解决问题。下列程序计算了m个A,n个B可以组合成多少个不同排列的问题。请完善程序。

```
int fn(int m,int n)
{
    if(m==0 || n==0)return 1;
    return ____________________;
}
```

6.分析以下一组宏所定义的输出格式:

```
#define  NL  putchar('\n')
#define  PR(value)  printf("value=%d\t",(value))
#define  PRINT1(x1)  PR(x1);NL
#define  PRINT2(x1,x2)  PR(x1);PRINT1(x2)
```

如果在程序中有以下的宏引用:

```
PR(x);
```

```
PRINT1(x);
PRINT2(x1,x2);
```

假设 x=5,x1=3,x2=8,分析宏展开后的情况,应输出的结果是________。

7.设有以下宏定义:

```
#define  N  3
#define  Y(n)  N*n
```

则执行语句"z=2*Y(5+1);"后,z 的值为________。

8.下面程序执行后的输出结果是________。

```
#include <stdio.h>
#define  MA(x)  x*(x+1)
void main()
{
    int a=1,b=2;
    printf("%d\n",MA(1+a+b));
}
```

三、编程题

1.编一函数,求

$$f(x)=\begin{cases} x^2+1 & (x>1) \\ x^2 & (-1<=x<=1) \\ x^2-1 & (x<-1) \end{cases}$$

的值,要求函数原型为"double fun(double x);"。

2.用函数求 1+1/2+1/3+……+1/n 之和,要求函数原型为"double fnsum(int n);"。

3.用函数调用的方法,求 $f(k,n)=1^k+2^k+\cdots\cdots+n^k$,其中 k、n 用键盘输入。

4.编写程序,求组合数 C(n,k)=n!/(k!*(n-k)!)。

5.汉诺塔问题:汉诺塔(又称河内塔)问题是源于印度一个古老传说的益智玩具。大梵天创造世界的时候做了 3 根金刚石柱子,在一根柱子上从下往上按照大小顺序摞着 64 片黄金圆盘。大梵天命令婆罗门把圆盘从下面开始按大小顺序重新摆放在另一根柱子上。并且规定,在小圆盘上不能放大圆盘,在 3 根柱子之间一次只能移动一个圆盘。用 C 语言编写程序,实现输出 3 个圆盘的汉诺塔移动步骤。

6.幻方填空:幻方是把一些数字填写在方阵中,使得行、列、两条对角线的数字之和都相等。欧洲最著名的幻方是德国数学家、画家迪勒创作的版画《忧郁》中给出的一个 4 阶幻方。他把 1,2,3,……,16 这 16 个数字填写在 4×4 的方格中。即:

```
16  ?   ?   13
?   ?   11  ?
9   ?   ?   *
?   15  ?   1
```

表中有些数字已经显露出来,还有些用"?"和"*"代替。编写程序,计算出"?"和"*"所代表的数字。

7.利用带参数的宏定义,定义两个宏分别用于计算两个整数的余数和求三个数中的较大数。

8.利用条件编译实现:如果输入的是两个实数,则交换后输出;如果输入的是三个实数,则只输出其中最大的数。

结构体、共用体和枚举类型

学习目标

- 掌握结构体类型和变量的定义及应用
- 掌握共用体类型的定义及应用
- 掌握枚举类型的定义及应用
- 熟悉类型定义 typedef 的使用

案例 8　学生成绩管理系统的实现

问题描述

在案例 7 中,已完成了学生成绩管理系统的结构设计。本章任务是进行数据结构设计,即解决学生成绩信息的存储结构,编写代码实现系统的各功能模块。

问题分析

要实现系统的各功能模块,必须确定信息的存储结构。学生的基本信息包括:学号、姓名、3 门课程成绩、总成绩等,所以,存储结构的核心是定义学生基本信息的类型。

显然,本案例的任务是:(1)定义学生基本信息的结构体类型;(2)确定学生成绩信息的存储变量;(3)编写代码实现各模块功能。

知识准备

前面介绍的基本数据类型,只能表示单一的数据,表示的数据之间是独立、无从属关系的。而数组中的所有元素必须是同一类型。

本案例中所涉及的学生基本信息,是不同数据类型但相关的集合体,无法用数组来定义。也不能把它们拆成多个单独的数据项,所以,必须将不同类型但相关的数据组合成一个整体,构造一种新的数据类型。

要完成上面的任务,必须熟练掌握结构体类型的定义方法、结构体变量、数组的定义、初始化和成员的引用方法等知识点。

8.1　结构体

结构体

结构体是一种构造类型,它是由若干"成员"组成的,其中的每一个成员可以是一个基本数据类型或一个构造类型。与数组不同的是,数组中的元素都是同一类型,而结构体类型中的成员可以是不同的类型。

8.1.1 结构体类型的定义

结构体是若干个类型相同或不同数据项的集合。例如，学生的基本信息包含以下数据项：学号(no)、姓名(name)、数学(math)、语文(yw)、英语(eng)和总分(sum)。那么这个类型就应该如图8-1所示。

学生					
学号(no)	姓名(name)	数学(math)	语文(yw)	英语(eng)	总分(sum)
2013001	ZhanSan	90	86	78	254

图8-1 “学生”类型

显然，“学生”这种类型并不能使用之前学习过的任何一种类型表示，这时就要自己定义一种新的类型，称之为结构体类型。

定义结构体类型的一般形式为：

```
struct 结构体类型名
{
    类型名 成员名1;
    类型名 成员名2;
    ……
    类型名 成员名n;
};
```

例如，定义如图8-1所示的学生结构体类型代码如下：

```
struct student            /* 定义学生结构体 */
{
    long no;              /* 学号     */
    char name[16];        /* 姓名     */
    float math;           /* 数学成绩 */
    float yw;             /* 语文成绩 */
    float eng;            /* 英语成绩 */
    float sum;            /* 总分     */
};
```

说明

(1)struct是关键字，“结构体类型名”是用户定义的标识符，其命名规则与变量相同。

(2)花括号“{}”中是组成该结构体类型的数据项，或称为结构体类型的成员，成员的命名规则与变量相同。例如，本例中，学号(no)、姓名(name)、数学(math)、语文(yw)、英语(eng)和总分(sum)是结构体类型student的成员。

(3)每个类型名后面可以定义多个成员。类型相同的数据项，既可以逐个、逐行分别定义，也可以合并成一行定义。

(4)结构体成员的类型可以是简单类型，也可以是数组、指针或已定义过的结构体类型等。

注意

(1)结构体类型的定义一般放在函数外，整个定义以分号“;”结束。

(2)定义结构体类型时，系统并不为其分配存储空间，所以，结构体类型不能存储数据。

8.1.2 结构体变量的定义

结构体类型定义后，就可以用它来定义相应的结构体变量。定义结构体类型变量有以下两种方法：

1. 间接定义法——先定义结构体类型，再定义结构体变量

结构体变量定义的一般形式为：

struct 结构体类型名 变量名;

例如，使用8.1.1节定义的结构体类型student来定义学生结构体变量的语句如下：

```
struct student stu1;
struct student stu2;
```

或者

```
struct student  stu1,  stu2;
      ↓           ↓      ↓
  结构体类型      结构体变量
```

定义stu1和stu2为student类型的变量。即它们都具有struct student类型的结构，如图8-2所示。

	no	name	math	yw	eng	sum
stu1:	2013001	ZhanSan	90	86	78	254
stu2:	2013002	Lisi	80	85	75	240

图8-2 结构体变量stu1、stu2的存放形式

注意

理论上：结构变量所占用的存储空间是各个成员变量所占的存储空间之和。但是由于性能等原因分配内存是按照补齐算法进行分配的。补齐算法（对齐算法）：结构变量所占用的存储空间必须是所有成员占用存储空间最大的成员的倍数，如图8-2所示。例如，stu1和stu2在内存中各占36个字节(4+16+4＊4)。

2. 直接定义法——在定义结构体类型的同时定义变量

定义的一般形式为：

```
struct [结构体类型名]          /* 结构体类型名可缺省 */
{
    类型名 成员名1;
    类型名 成员名2;
    ……
    类型名 成员名n;
}变量名表;
```

例如：

```
struct student                    /* 定义学生结构体 */
{
    long no;                      /* 学号 */
    char name[16];                /* 姓名 */
    float math;                   /* 数学成绩 */
    float yw;                     /* 语文成绩 */
```

```
    float eng;                /* 英语成绩 */
    float sum;                /* 总分 */
}stu1,stu2;
```

定义结构体类型的同时定义了两个变量 stu1 和 stu2。

说明

(1)结构体类型的定义只说明了结构体的组织形式，本身并不占用存储空间，只有当定义了结构体变量时，才分配存储空间，才可以进行存取等操作。

(2)在不同结构体类型里，成员名可以相同，与程序中的变量也可以相同。因为它们各自代表不同的对象，互不相干。

(3)结构体的成员也可以是结构体类型的变量，例如：

```
struct date                   /* 时间结构 */
{
    int year;                 /* 年 */
    int month;                /* 月 */
    int day;                  /* 日 */
};
```

可以将 date 类型的结构体变量作为下面定义 StudentInf 结构体的成员。

```
struct StudentInf             /* 学生信息结构 */
{
    long no;                  /* 学号 */
    char name[16];            /* 姓名 */
    float math;               /* 数学成绩 */
    float yw;                 /* 语文成绩 */
    float eng;                /* 英语成绩 */
    float sum;                /* 总分 */
    struct date birthday;     /* 出生日期 */
}student1,student2;
```

定义一个学生信息结构体类型，并同时定义两个结构体变量 student1 和 student2。在 struct StudentInf 结构体类型中，其中一个成员是表示学生出生日期，使用 struct date 结构体类型。struct StudentInf 的结构如图 8-3 所示。

<table>
<tr><th colspan="9">StudentInf</th></tr>
<tr><td rowspan="2">no</td><td rowspan="2">name</td><td rowspan="2">math</td><td rowspan="2">yw</td><td rowspan="2">eng</td><td rowspan="2">sum</td><td colspan="3">birthday</td></tr>
<tr><td>year</td><td>month</td><td>day</td></tr>
</table>

图 8-3　struct StudentInf 的结构

注意

若“结构体类型名”缺省，该类型的结构体变量只能使用一次，建议避免这种定义方式。

8.1.3　结构体变量的引用

1. 简单结构体变量的引用

结构体变量的引用是通过对其每个成员的引用来实现的，一般形式如下：

结构体变量名.成员名

其中，“.”是结构体的成员运算符，它在所有运算符中优先级最高，因此，上述引用结构体成员的写法可以作为一个整体看待。结构体变量中的每个成员都可以像同类型的普通变量一样进行各种运算。

例如，在 8.1.2 节中定义的结构体变量 stu1，以下就是对其中 5 个成员的引用。

```
stu1.no=20130001;              /* 学号赋值 */
scanf("%s",stu1.name);         /* 输入学生姓名 */
scanf("%f",&stu1.math);        /* 输入数学成绩 */
scanf("%f",&stu1.yw);          /* 输入语文成绩 */
scanf("%f",&stu1.eng);         /* 输入英语成绩 */
```

如果成员本身又属于另一个结构体类型，这时就要使用成员运算符“.”，一级一级地找到最低级成员。只能对最低级的成员进行赋值、存取或运算操作。例如，对 8.1.2 节中定义的 student1 变量的出生日期(2013 年 10 月 16 日)进行赋值，代码如下：

```
student1.birthday.year=2013;
student1.birthday.month=10;
student1.birthday.day=16;
```

【例 8.1】 结构体变量的引用。

假设学生的基本信息包括：学号、姓名、3 门课程成绩和总成绩。先定义学生的结构体类型，再定义两个结构体变量，并从键盘输入变量的相关信息，最后将存储在结构体变量的信息输出。运行效果如图 8-4 所示。

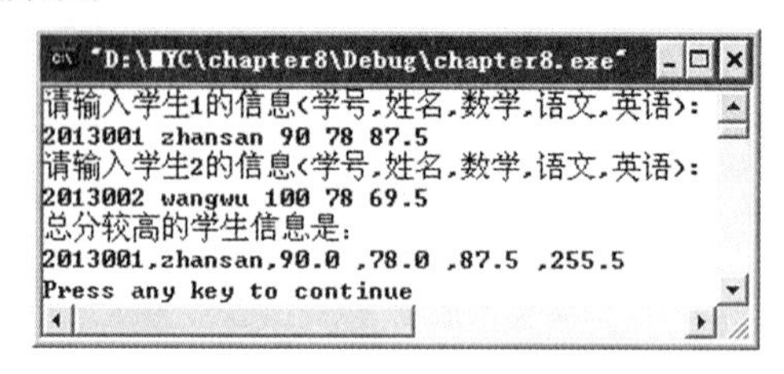

图 8-4　结构体变量的引用

实现代码如下：

```
#include <stdio.h>
struct student                 /* 定义学生结构体 */
{
    long no;                   /* 学号     */
    char name[16];             /* 姓名     */
    float math;                /* 数学成绩 */
    float yw;                  /* 语文成绩 */
    float eng;                 /* 英语成绩 */
    float sum;                 /* 总分     */
};
void main()
{
    struct student stu1,stu2;         /* 定义两个结构体变量 stu1,stu2 */
    printf("请输入学生 1 的信息(学号,姓名,数学,语文,英语):\n");
    scanf("%ld%s%f%f%f",&stu1.no,stu1.name,&stu1.math,&stu1.yw,&stu1.eng);
    stu1.sum=stu1.math+stu1.yw+stu1.eng;
```

```
    printf("请输入学生 2 的信息(学号,姓名,数学,语文,英语):\n");
    scanf("%ld%s%f%f%f",&stu2.no,stu2.name,&stu2.math,&stu2.yw,&stu2.eng);
    stu2.sum=stu2.math+stu2.yw+stu2.eng;
    printf("总分较高的学生信息是:\n");
    if(stu1.sum>stu2.sum)
        printf("%-6ld,%s,%-5.1f,%-5.1f,%-5.1f,%-5.1f\n",
            stu1.no,stu1.name,stu1.math,stu1.yw,stu1.eng,stu1.sum);
    else
        printf("%-6ld,%s,%-5.1f,%-5.1f,%-5.1f,%-5.1f\n",
            stu2.no,stu2.name,stu2.math,stu2.yw,stu2.eng,stu2.sum);
}
```

2. 同类型结构体变量间的引用

ANSI C 新标准允许将一个结构体类型的变量,作为一个整体赋给另一个具有相同结构体类型的变量。如有定义:

```
struct student stud1,stud2;
```

若要把已赋值好的 stud1 的各成员值复制给 stud2 对应的各成员,则可用赋值语句实现:

```
stud2=stud1;   /* 将变量 stud1 的各成员值赋给变量 stud2 对应的成员 */
```

注意

结构体变量不能作为一个整体进行输入和输出。

8.1.4　结构体变量的初始化

在定义结构体变量的同时,允许对结构体变量初始化,但要注意结构体成员的数据类型与初值一致。例如:

```
struct CStudent
{
    long no;                        /* 学号 */
    char name[16];                  /* 姓名 */
    int age;                        /* 年龄 */
    int score;                      /* 成绩 */
}stu={2013001,"ZhanSan",17,80};
```

这样就定义结构体变量 stu 的同时并赋了初值,具体地说,结构体变量 stu 的各成员值如下:

学号:2013001,姓名:ZhanSan,年龄:17,成绩:80

【例 8.2】 结构体变量的初始化。

假设学生含有:学号、姓名、年龄和成绩。定义学生的结构体类型同时定义变量 stu1 并初始化;对结构体变量 stu2,采用先定义结构体类型,后定义变量并初始化的方法。最后将存储在两个结构体变量的信息输出。运行效果如图 8-5 所示。

图 8-5　结构体变量的初始化

实现代码如下：

```
#include <stdio.h>
struct CStudent
{
    long  no;           /*学号*/
    char  name[16];     /*性别*/
    int   age;          /*年龄*/
    int   score;        /*成绩*/
}stu1={2012001,"ZhanSan",17,85};        /*定义变量stu1并初始化*/
void main()
{
    struct CStudent stu2 ={2012002,"WangWu",16,95};     /*定义变量stu2并初始化*/
    printf("学生1的信息:");
    printf("%ld,%s,%d,%d\n",stu1.no,stu1.name,stu1.age,stu1.score);
    printf("学生2的信息:");
    printf("%ld,%s,%d,%d\n",stu2.no,stu2.name,stu2.age,stu2.score);
}
```

对结构体变量的初始化，类似于数组初始化，可以对部分成员初始化。所以，

```
struct CStudent stu={2012002,"WangWu",16};
```

等价于

```
struct CStudent stu={2012002,"WangWu",16,0};
```

即只对前三个成员显式赋值，最后一个成员自动设为0。但要特别注意初始化数据的顺序、类型要与结构体类型定义时相匹配。

模仿练习

设计一个教师信息的结构体类型，其中教师信息包含：工号、姓名、年龄、职称和工资等。由键盘输入两名教师的信息，并输出工资较高的教师的信息。

8.2 结构体数组

一个结构体变量，只能存储一个学生的相关信息。如果需要存储N名学生的信息，很自然会想到数组，这就是结构体数组。

结构体数组的每一个元素，都是结构体类型数据，均含结构体类型的所有成员。

8.2.1 结构体数组的定义

结构体数组的定义与结构体变量类似，只是将结构体变量替换成数组。定义结构体数组的一般形式如下：

```
struct 结构体类型名
{
    成员列表;
}数组名[元素个数];
```

或：

struct 结构体类型名　数组名[元素个数]；

例如，定义学生信息的结构体数组，其中包含 40 名学生的信息，代码如下：

```
struct CStudent
{
    long  no;              /* 学号 */
    char  name[16];        /* 性别 */
    int   age;             /* 年龄 */
    int   score;           /* 成绩 */
};
struct CStudent stu[40];   /* 定义结构体数组 */
```

或者直接定义一个结构体数组：

```
struct CStudent
{
    long  no;        /* 学号 */
    char  name[16];  /* 性别 */
    int   age;       /* 年龄 */
    int   score;     /* 成绩 */
}stu[40];
```

上面代码就定义了一个结构体数组 stu，其中数组的元素均为 struct CStudent 类型数据，数组有 40 个元素。从而就可以存储 40 名学生的信息，如图 8-6 所示。

stu	no	name	age	score
stu[0]	2012201	Name One	18	89
stu[1]	2012202	Name Two	17	70
…	……	……	……	……
stu[39]	2012240	Name Forty	19	60

图 8-6　结构体数组

8.2.2　结构体数组的引用

结构体数组元素也是通过数组名和下标来引用的，但其元素是结构体类型的数据，因此，对结构体数组元素的引用与对结构体变量的引用一样，也是逐级引用，只能对最低级的成员进行存取和运算。

结构体数组的引用的一般形式为：

数组名[下标].成员名

例如，对上面定义的数组 stu 而言，下面的引用是合法的：

```
stu[i].no          //表示第 i 个学生的学号(i=0,1,2,……,39)
stu[i].name        //表示第 i 个学生的姓名(i=0,1,2,……,39)
stu[i].age         //表示第 i 个学生的年龄(i=0,1,2,……,39)
```

【例 8.3】　结构体数组的引用。

有 N 名学生，学生的信息包含：学号、姓名、年龄和成绩，要求从键盘输入 N 名学生的信息，最后再将 N 名学生的信息输出。运行效果如图 8-7 所示。

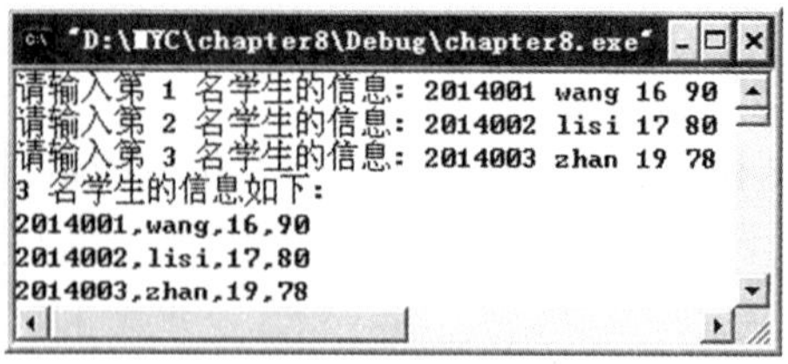

```
"D:\■YC\chapter8\Debug\chapter8.exe"
请输入第 1 名学生的信息: 2014001 wang 16 90
请输入第 2 名学生的信息: 2014002 lisi 17 80
请输入第 3 名学生的信息: 2014003 zhan 19 78
3 名学生的信息如下:
2014001,wang,16,90
2014002,lisi,17,80
2014003,zhan,19,78
```

图 8-7 结构体数组的引用

【解题分析】

(1)以学生的信息数据项为成员,定义结构体类型和相应的结构体数组。

(2)输入每个学生的信息,存储在结构体数组中。

(3)输出结构体数组中每个元素的信息。

实现代码如下:

```
#include <stdio.h>
#define N  3
struct CStudent
{
    long  no;          /*学号*/
    char  name[16];    /*姓名*/
    int   age;         /*年龄*/
    int   score;       /*成绩*/
};
void main()
{
    int i;
    /*①定义结构体类型数组*/
    struct CStudent stu[N];
    /*②输入学生的信息,存储在结构体数组中*/
    for(i=0; i<N; i++)
    {
        printf("请输入第 %d 名学生的信息:",i+1);
        scanf("%ld%s%d%d",&stu[i].no,stu[i].name,&stu[i].age,&stu[i].score);
    }
    /*③输出学生信息*/
    printf("%d 名学生的信息如下:\n",i);
    for(i=0; i<N; i++)
        printf("%ld,%s,%d,%d\n",stu[i].no,stu[i].name,stu[i].age,stu[i].score);
}
```

注意

一般情况下,把结构体类型的定义放在 main()函数前面。而对规模较大的程序,常常将结构体类型的定义放在一个头文件中,这样在其他源程序文件中如果需要使用该结构体类型,则可以用#include 命令将该头文件包含到源程序文件中。

8.2.3 结构体数组的初始化

结构体数组也可以在定义时进行初始化,其方法是在定义结构体数组之后紧跟等号和初始化数据。其一般形式是：

struct 结构体类型 结构体数组名[n]={{初值表 1},{初值表 2},……,{初值表 n}};

例如,对学生信息结构体数组进行初始化操作,代码如下：

```
struct CStudent
{
    long no;              /* 学号 */
    char name[16];        /* 性别 */
    int age;              /* 年龄 */
    int score;            /* 成绩 */
}stu[3] ={{2013001,"ZhanSan",17,80},     /* 定义数组并设置初始值 */
        {2013002,"WangWu",19,85},
        {2013003,"LiShin",16,75}
        };
```

类似结构体变量初始化,先定义结构体类型,然后再定义结构体数组并初始化,例如：

```
struct CStudent stu[3]={ {2013001,"ZhanSan",17,80},
                         {2013002,"WangWu",19,85},
                         {2013003,"LiShin",16,75}
                       };
```

说明

根据缺省原则,当结构体数组初始化时,方括号中表示的元素个数可以省略,元素个数由初始值决定。所以下面两种初始化语句等价。

```
struct CStudent stu[2]={{2013001,"ZhanSan",17,80},
                        {2013002,"WangWu",19,85}};
```

或

```
struct CStudent stu[]={{2013001,"ZhanSan",17,80},
                       {2013002,"WangWu",19,85}};
```

【例 8.4】 初始化结构体数组,并输出学生信息。

```
#include <stdio.h>
struct CStudent
{
    long  no;            /* 学号 */
    char  name[16];      /* 性别 */
    int   age;           /* 年龄 */
    int   score;         /* 成绩 */
};
void main()
{   int i;
    struct CStudent stu[] ={{2013001,"ZhanSan",17,80},
                            {2013002,"WangWu",19,85},
                            {2013003,"LiShin",16,75},
                            {2013004,"LaoQin",20,60}};
    for(i=0;i<4; i++)
```

```
    {
        printf("第%d名学生信息:",i+1);
        printf("%ld,%s,%d,%d\n",stu[i].no,stu[i].name,stu[i].age,stu[i].score);
    }
}
```

运行结果如图 8-8 所示。

```
"D:\■YC\chapter8\Debug\chapt...
第1名学生信息: 2013001,ZhanSa,17,80
第2名学生信息: 2013002,WangWu,19,85
第3名学生信息: 2013003,LiShin,16,75
第4名学生信息: 2013004,LaoQin,20,60
Press any key to continue
```

图 8-8　初始化结构体数组

模仿练习

1. 设计一个保存学生信息的结构体类型，并定义该结构体数组，初始化结构体数组并输出成绩最高的学生信息。

2. 修改题 1 的程序，实现学生信息由键盘输入。

8.3　结构体和函数

结构体变量作为一个整体可以被复制、赋值、传递给函数以及由函数返回。

8.3.1　结构体变量作为函数参数

结构体变量作为函数参数，与简单变量作为函数参数的处理方式完全相同。采取的是"值传递"方式，形参结构体变量中成员值的改变，对实参结构体变量不产生任何影响。

【例 8.5】　使用结构体变量作为函数参数。

```
#include <stdio.h>
#include <string.h>
struct Student
{
    long   no;              /* 学号 */
    char   name[16];        /* 性别 */
    int    age;             /* 年龄 */
    int    score;           /* 成绩 */
};
void fnPrint(struct Student s)
{
    printf("修改前,在 fnPrint()函数中:");
    printf("%ld,%s,%d,%d\n",s.no,s.name,s.age,s.score);
    s.no=2014008;                /* 修改形参 no 成员值 */
    strcpy(s.name,"wangmi");  /* 修改形参 name 成员值 */
```

```
    s.age=25;                  /* 修改形参 age 成员值 */
    s.score=100;               /* 修改形参 score 成员值 */
    printf("修改后,在 fnPrint()函数中:");
    printf("%ld,%s,%d,%d\n",s.no,s.name,s.age,s.score);
}
void main()
{
    struct Student stu={2013001,"zhansan",21,78};
    fnPrint(stu);
    printf("修改后,程序 main()函数中:");
    printf("%ld,%s,%d,%d\n",stu.no,stu.name,stu.age,stu.score);
}
```

运行结果如图 8-9 所示。

图 8-9　结构体变量作为函数参数

说明

在 fnPrint()函数中,结构体变量 s 作为函数的形参,使用参数 s 引用结构体中的成员,输出学生的信息,并修改了成员数据。而在主函数 main()中,尽管在 fnPrint()函数中对形参结构体变量中的成员进行了改变,但对实参结构体变量没产生任何影响。

8.3.2　结构体数组作为函数参数

结构体数组作为函数参数,与数组作为函数参数的处理方式完全相同。即采用"地址传递"方式,形参结构体变量中各成员值的改变,对相应实参结构体变量产生影响。

【例 8.6】　使用结构体数组作为函数参数。

修改例 8.3 程序,设计一个数据输入函数 fnDatainput(),将结构体数组作为函数的形参,在函数中对形参输入赋值。

在 main()函数中定义结构体数组 stu,把结构体数组 stu 作为实参,调用fnDatainput()函数,最后输出结构体数组 stu 中的数据。运行程序,显示效果如图 8-10 所示。

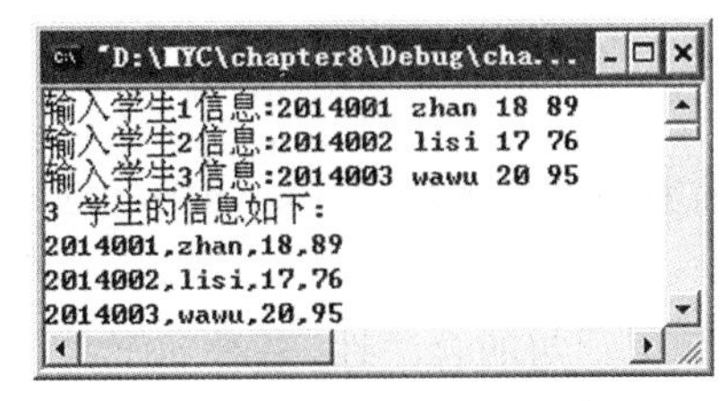

图 8-10　结构体数组作为函数参数

实现代码如下:

```
#include <stdio.h>
#define N 3
```

```
struct Student
{
    long  no;
    char  name[16];
    int   age;
    int   score;
};
void fnDatainput(struct Student s[ ])
{
    int i;
    for(i=0;i<N;i++)
    {
        printf("输入学生%d 信息:",i+1);
        scanf("%ld%s%d%d",&s[i].no,s[i].name,&s[i].age,&s[i].score);
    }
}
void main()
{
    int i,max=0;
    struct Student stu[N];          /*①定义结构体数组*/
    fnDatainput(stu);               /*②调用函数,输入学生的信息*/
    printf("%d 学生的信息如下:\n",N);
    for(i=0;i<N;i++)                /*③输出结构体数组中存储的信息*/
        printf("%ld,%s,%d,%d\n",stu[i].no,stu[i].name,stu[i].age,stu[i].score);
}
```

8.3.3 函数的返回值是结构体类型变量

结构体变量也可以作为函数的返回值,这时在函数定义时,需要说明返回值的类型为相应的结构体类型。例如:

```
struct Student fnFuction()
{
    struct Student p;          /*定义结构体变量 p
    ……                         /*省略其他操作语句*/
    return (p);                /*返回结构体变量 p*/
}
```

其中,函数名"fnFuction"前面的类型说明符"struct Student"是用于对函数返回值 p 的类型进行说明。

利用同类型结构体变量的赋值语句的合法性,来看下面实例:

【例 8.7】 修改例 8.6,编写函数将 fnDatainput()函数中的输入语句用于结构体变量的输入,将其结构体变量返回给主调函数中的结构体变量。

提示:我们只需要把 fnDatainput()函数替换为以下两个函数,其余不变,请读者完成。

```
struct Student element_input()
```

```
{       struct Student s;
        scanf("%ld%s%d%d",&s.no,s.name,&s.age,&s.score);
        return s;
}
void fnDatainput(struct Student s[ ])
{       int i;
        for(i=0;i<N;i++)
        {       printf("输入学生%d 信息:",i+1);
                s[i]=element_input();
        }
}
```

8.4　学生成绩管理系统的实现

8.4.1　存储结构设计

1. 确定学生基本信息的类型

对学生的基本信息进行处理，首先需要把学生的基本信息，包括学号、姓名、3 门课程成绩、总成绩等相关信息录入计算机，保存到相应的变量中，否则计算机无法对这些数据进行处理。

在 8.1.1 节中，定义了学生基本信息类型：

```
struct student          //定义学生基本信息结构体
{
    long no;            //学号
    char name[16];      //姓名
    float math;         //数学成绩
    float yw;           //语文成绩
    float eng;          //英语成绩
    float sum;          //总分
};
```

N 名学生的数据可以用其结构体数组来存储，即：

```
struct student s[N];            //定义结构体数组
```

2. 主程序框架

在系统的各功能模块中，要操作处理的对象就是结构体数组。所以，不失一般性，应该把结构体数组作为函数的形参，在主函数中，结构体数组名作为实参调用函数，实现系统的功能。修改案例 7 中的主程序框架。

```
void fnMenuShow();                          //自定义函数实现菜单功能
void fnInsert(struct student s[]);          //插入学生信息
void fnTotal(struct student s[]);           //计算总人数
void fnSearch(struct student s[]);          //查找学生信息
```

```
void fnDataInput(struct student s[]);            //录入学生成绩信息
void fnScoreShow(struct student s[]);            //显示学生成绩信息
void fnSort(struct student s[]);                 //按总分排序
void fnDel(struct student s[]);                  //删除学生成绩信息
void fnModify(struct student stu[]);             //修改学生成绩信息
int m;                                           //m是数据记录总数
void main()
{
    int n=1;
    struct student s[50];                        //定义结构体数组
    do
    {
        fnMenuShow();                            //显示菜单界面
        scanf("%d",&n);                          //输入选择功能的编号
        system("cls");
        switch(n)
        {
            case 1:fnDataInput(s); break;
            case 2:fnSearch(s); break;
            case 3:fnDel(s); break;
            case 4:fnModify(s); break;
            case 5:fnInsert(s); break;
            case 6:fnSort(s); break;
            case 7:fnTotal(s); break;
            case 8:fnScoreShow(s); break;
            default:break;
        }
        getch();
    }while(n);
    printf("\n\n\t\t 谢谢您的使用！ \n\t\t");
}
```

8.4.2 数据录入与浏览

1.数据录入模块

设计思路：将结构体数组作为函数的形参，把已录入的记录总数m定义为全局变量。利用循环结构，交互式提示用户录入记录。同时，定义学号为关键字，程序需对录入的学号进行合法性检查，不能有重复的学号。

参考代码如下：

```
void fnDataInput(struct student stu[])                       //录入学生信息
{
    int i;
    char ch[2];
```

```
    do {
        printf("\n\t请输入学生信息:\n\t\t学号:");
        scanf("%ld",&stu[m].no);                          //输入学生学号
        for(i=0;i<m;i++)                                  //学号的合法性检查
          if(stu[i].no==stu[m].no)
          {
              printf("\n\t该学号已存在,请按任意键继续!");
              getch();
              return;
          }
        printf("\t\t姓名:");
        scanf("%s",stu[m].name);                          //输入学生姓名
        printf("\t\t数学:");
        scanf("%f",&stu[m].math);                         //输入数学成绩
        printf("\t\t语文:");
        scanf("%f",&stu[m].yw);                           //输入语文成绩
        printf("\t\t英语:");
        scanf("%f",&stu[m].eng);                          //输入英语成绩
        stu[m].sum=stu[m].math+stu[m].yw+stu[m].eng;      //计算出总成绩
        m++;
        printf("\t\t是否继续?(y/n):");                    //询问是否继续
        scanf("%s",ch);
    }while(strcmp(ch,"Y")==0||strcmp(ch,"y")==0);
}
```

2. 记录浏览模块

对函数的形参进行操作,注意到记录的总数由全局变量 m 保存,按“%-8.1f”的格式输出记录。

参考代码如下:

```
void fnScoreShow(struct student stu[])
{
    int i;
    printf("\t学号\t姓名\t数学\t语文\t英语\t总分\n");
    if(m==0) printf("\n\n\t\t没有记录");
    for(i=0;i<m;i++)                //将信息按指定格式输出
      printf("\t%-8ld%-8s%-8.1f%-8.1f%-8.1f%-8.1f\n",
            stu[i].no,stu[i].name,stu[i].math,stu[i].yw,stu[i].eng,stu[i].sum);
}
```

3. 运行测试

编译、连接、运行程序。按数字键 1 选择“数据录入”菜单,按照系统提示录入若干条记录,如图 8-11 所示。再按数字键 8 选择“记录浏览”菜单,系统将显示所有学生信息。如图 8-12 所示。

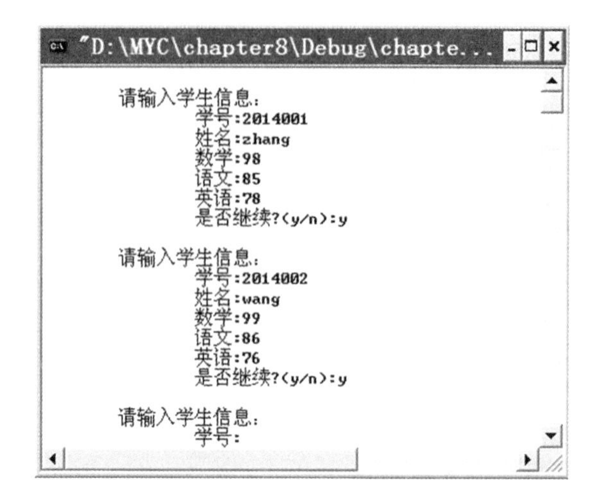

图 8-11　数据录入

"D:\MYC\chapter8\Debug\chapt...

学号	姓名	数学	语文	英语	总分
2014001	zhang	98.0	85.0	78.0	261.0
2014002	wang	99.0	86.0	76.0	261.0
2014003	wawu	67.0	87.0	76.0	230.0
2014004	hua	56.0	67.0	87.0	210.0
2014005	lisi	88.0	100.0	79.0	267.0

图 8-12　记录浏览

8.4.3　记录查询与修改

1. 记录查询

设计思路：输入要查找的学生的学号，以学号为关键字，在结构体数组中查找匹配，如果匹配成功，显示该学生的记录；否则提示未找到等提示信息。运行效果如图 8-13 所示。

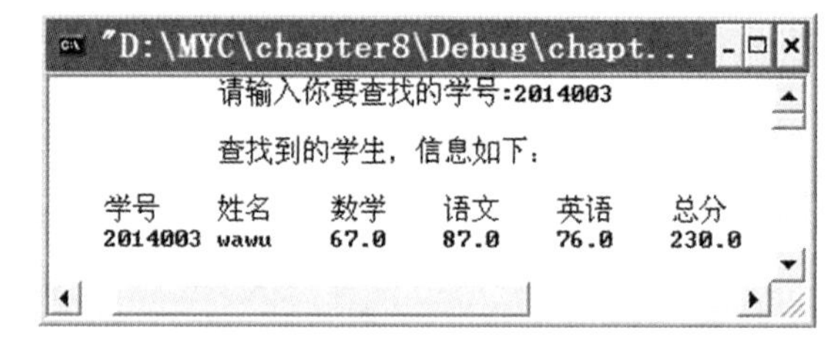

图 8-13　记录查询

参考代码如下：

```
void fnSearch(struct student stu[])                //自定义查找函数
{
    int i;
    long snum;
    if(m==0)
    {
        printf("没有记录！\n");
        return;
    }
```

```
    printf("\t\t 请输入你要查找的学号:");
    scanf("%ld",&snum);
    for(i=0;i<m;i++)                    /* 查找匹配 */
        if(snum==stu[i].no)             /* 找到,输出记录 */
        {
            printf("\n\t\t 查找到的学生信息如下:\n\n");
            printf("\t 学号\t 姓名\t 数学\t 语文\t 英语\t 总分\n");
            printf("\t%-8ld%-8s%-8.1f%-8.1f%-8.1f%-8.1f\n",
              stu[i].no,stu[i].name,stu[i].math,stu[i].yw,stu[i].eng,stu[i].sum);
            return;
        }
    if(i==m) printf("\t\t 未找到要查找的学生信息! \n");
}
```

2. 记录修改

记录修改就是对指定学号的学生,修改其他字段的数据。

设计思路:输入要修改的学生学号,以学号为关键字,首先查询确认该学生记录的存在性。如果该学号不存在,则输出相应提示信息;否则输入该学生的其他字段数据。运行界面如图 8-14 所示。

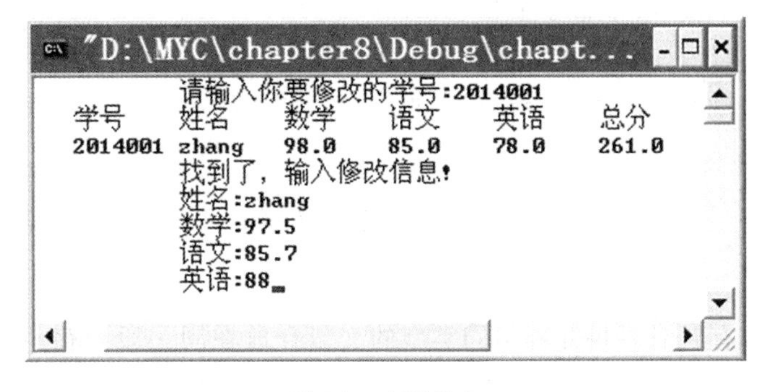

图 8-14　记录修改

参考代码如下:

```
void fnModify(struct student stu[])              //自定义修改函数
{
    int i;
    long snum;
    if(m==0)
    {   printf("没有记录! \n");
        return;
    }
    printf("\t\t 请输入你要修改的学号:");
    scanf("%ld",&snum);                          //输入待修改的学号
    for(i=0;i<m;i++)                             //检索记录中是否有该学号记录信息
        if(snum==stu[i].no) break;
    if(i<m)
    {
        printf("\t 学号\t 姓名\t 数学\t 语文\t 英语\t 总分\n");
```

```
        //将查找到的结果按指定格式输出
        printf("\t%-8ld%-8s%-8.1f%-8.1f%-8.1f%-8.1f\n",stu[i].no,stu[i].name,
            stu[i].math,stu[i].yw,stu[i].eng,stu[i].sum);
        printf("\t\t找到了,输入修改信息! \n");
        printf("\t\t姓名:");
        scanf("%s",stu[i].name);              //输入名字
        printf("\t\t数学:");
        scanf("%f",&stu[i].math);             //输入数学成绩
        printf("\t\t语文:");
        scanf("%f",&stu[i].yw);               //输入语文成绩
        printf("\t\t英语:");
        scanf("%f",&stu[i].eng);              //输入英语成绩
        stu[i].sum=stu[i].math+stu[i].yw+stu[i].eng;
    }
    else { printf("\n\t\t没有找到!"); getch();return; }
}
```

模仿练习

1. 利用函数的返回值是结构体类型变量,修改“学生成绩管理系统”中的“学生信息录入”模块中的记录录入程序段,修改为函数调用。

2. 完成“学生成绩管理系统”中的“记录删除”和“记录插入”模块。

8.5 共用体

在进行编程时,有时需要将几种不同类型的变量存放在同一段内存单元中。这就要应用C语言中的共用体(union)。下面主要介绍共用体变量的定义、引用方法。

8.5.1 共用体变量的定义

有时为了节省存储空间或为了用多种类型访问一个数据等原因,需要使几种不同类型的变量存放到同一段内存单元中。例如,把一个短整型变量i、一个字符变量ch和一个单精度实型变量f放在地址为0x1000的起始内存单元,如图8-15所示。i、ch、f分别占据2个、1个和4个字节,这种使用不同变量共占同一段内存的结构称为共用体类型结构。

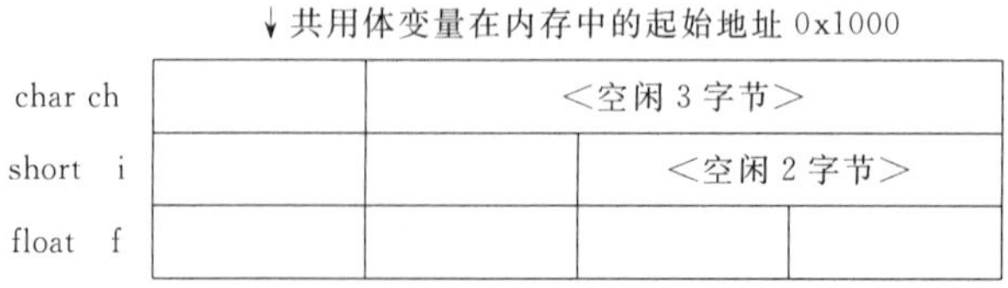

↓共用体变量在内存中的起始地址0x1000

char ch		<空闲3字节>		
short i			<空闲2字节>	
float f				

图8-15 共用体

共用体也称为联合,它使几种不同类型的变量存放到共用体同一段内存单元中,所以共用体在同一时刻只能有一个值,它属于某一个数据成员。由于所有成员处于同一块内存,因此共用体的大小就等于最大成员的大小。

定义共用体类型变量的一般形式为：

```
union [共用体名]
{
    类型标识符 1   成员 1;
    类型标识符 2   成员 2;
    ……
    类型标识符 n   成员 n;
} 变量列表;
```

例如，定义如图 8-15 所示的共用体类型变量，代码如下：

```
union data
{
    short i;
    char ch;
    float f;
}variable;
```

说明

(1)形式上共用体与结构体类似，只是把结构体的关键词 struct 换成了共用体的关键词 union。

(2)variable 为定义的共用体变量，而 union data 是共用体类型。也可以像结构体一样将类型的定义和变量定义分开：union data variable。

注意

结构体变量中，所有成员各自有自己的内存单元，所以，结构体变量所占存储空间的大小是所有数据成员大小的总和。但共用体变量的大小是所包括的数据成员中最大内存长度大小。例如，variable 的大小就与 float 类型大小相等。

8.5.2　共用体变量的引用

共用体变量的引用方式与结构体变量的引用方式也非常相似。例如，前面定义了共用体变量 variable 后，则对其成员变量的引用分别为：

```
variable.i;
variable.ch;
variable.f;
```

C 语言最初引入共用体的目的之一是节省存储空间，另外一个目的是可以将一种类型的数据不通过显式类型转换而作为另一种类型数据使用。

【例 8.8】　使用共用体提取高字节和低字节。

```
#include <stdio.h>
union getcode
{
    short key;
    char value[2];
}code;
```

```
void main()
{
    char highbyte,lowbyte;
    code.key=0x1234;
    lowbyte=code.value[0];          /* 取出低字节 */
    highbyte=code.value[1];         /* 取出高字节 */
    printf("高字节=0x%2x 低字节=0x%2x",highbyte,lowbyte);
}
```

这就避免了用位运算符屏蔽高位或低位的做法。

说明

(1)共用体采用覆盖技术,实现不同类型的变量存放到同一内存单元,所以在每一时刻,存放的和起作用的是最后一次存入的成员值。在引用共用体成员变量时,必须是引用最后存入的共用体成员变量。例如:

执行语句"x.ch='a'; x.i=10; x.f=12.6;"后,引用变量x的成员,只有x.f才是有效的。

(2)共用体变量不能用作函数的参数,也不能用函数返回共用体变量,同样,不能对共用体变量赋值,也不能企图引用变量名来得到一个值。

(3)共用体变量可出现在结构体类型中,结构体变量也可以出现在共用体类型中。

例如:

```
struct system
{   int i;
    char name;
    union {
        float f;
        char p;
    }u;
}st;
```

访问成员f、p,可以用st.u.f及st.u.p。

【例8.9】 假设一个学生的信息表中包括学号、姓名、年龄和一门课程成绩。成绩通常可采用两种表示方法:五分制和百分制,其中百分制采用浮点数形式。现要求编写程序,输入一个学生信息并显示出来。

【解题分析】 因为一门课程的成绩要不就是五分制,要不就是百分制,两者不可能同时存在,因此定义为共用体可以节省内存空间,即结构体成员含有共用体变量。

程序代码如下:

```
#include <stdio.h>
union mixed
{
    int iScore;
    float fScore;
};
```

```
struct CStudent
{
    long   no;              /* 学号 */
    char   name[16];        /* 姓名 */
    int    age;             /* 年龄 */
    int    type;            /* 0:五分制    1:百分制 */
    union mixed score;      /* 成绩 */
};
void main()
{
    struct CStudent st;
    printf("请输入学生信息(学号、姓名、年龄、成绩制和成绩:\n");
    scanf("%ld%s%d%d",&st.no,st.name,&st.age,&st.type);
    if(st.type==0)          /* 采用五分制 */
        scanf("%d",&st.score.iScore);
    else
        scanf("%f",&st.score.fScore);
    printf("该学生的信息是:\n");
    printf("%ld,%s,%d,",st.no,st.name,st.age);
    if(st.type==0)          /* 采用五分制 */
        printf("%d\n",st.score.iScore);
    else
        printf("%f\n",st.score.fScore);
}
```

模仿练习

设计一个共用体，实现提取出 int 型变量中的高字节的数值，并改变这个值，输出十六进制的数。

8.6　枚举类型

如果一个变量只有几种可能的值，则可以用枚举类型(enum)来刻画。换句话说，"枚举"是指将变量可能取的值一一列举出来。

8.6.1　枚举类型的定义

枚举类型的定义形式如下：

enum　枚举类型名　{ 取值表};

enum 是定义枚举类型的关键词。花括号中的取值表称为枚举表，每个枚举表项是常量整数，以逗号分隔，系统规定其值依次为 0,1,2,3,4,……，例如：

```
enum weekday {sun,mon,tue,wed,thu,fri,sat};
```

其中，sun,mon,tue,wed,thu,fri,sat 称为枚举常量，取值分别是 0,1,2,3,4,5,6。

说明

(1)在定义枚举类型时可对枚举常量初始化，以改变它们的值，例如：

```
enum keytype{LEFT=0X4b00,RIGHT=0x4d00,RTN=0x1cod};
```

(2)若在定义时，部分枚举元素初始化，对未显式赋初值的元素，以依次递增方式赋值。例如：

```
enum color {red=6,yellow=1,blue,green,white,black};
```

则，blue 的值为 2，以后顺序加 1，即 green 的值为 3，white 为 4，black 为 5。

8.6.2 枚举变量的定义

1. 先定义枚举类型，后定义枚举变量

例如：

```
enum color{red,yellow,blue,green,white,black};          /* 定义枚举类型 */
enum color c;                                            /* 定义枚举变量 */
```

即：c 定义为 enum color 型的枚举变量。

2. 在定义枚举类型的同时定义枚举变量

例如：

```
enum [color] {red,yellow,blue,green,white,black}c,b;
```

即：c、b 定义为 enum color 型的枚举变量。此时，枚举类型名 color 可缺省。

注意

(1)枚举元素都是常量，而不是变量，因此不能为枚举元素赋值，例如：

```
red=5; blue=2;                  /* 错误 */
```

(2)枚举变量的取值范围仅限于枚举常量表中的值。一个整数不能直接赋给枚举变量，应先强制转化才能赋值。例如：

```
c=red;                          /* 正确 */
c=(enum color)5;                /* 正确 */
c=5;                            /* 错误 */
```

【例 8.10】 从键盘输入一整数，显示与该整数对应的枚举常量的英文名称。

```
#include <stdio.h>
void main()
{
    enum week{sun,mon,tue,wed,thu,fri,sat};       /* 定义枚举类型 */
    enum week weekday;                             /* 定义枚举变量 */
    int i;
    printf("请输入一个数字(0-6):");
    scanf("%d",&i);
    printf("你输入的是:");
    weekday=(enum week)i;
    switch(weekday)
    {
        case sun:printf("Sunday\n");break;
```

```
        case mon:printf("Monday\n");break;
        case tue:printf("Tuesday\n");break;
        case wed:printf("Wednesday\n");break;
        case thu:printf("Thursday\n");break;
        case fri:printf("Friday\n");break;
        case sat:printf("Saturday\n");break;
        default:printf("\n Input error!");
    }
}
```

运行结果如下：

```
请输入一个数字(0-6):3↙(回车)
你输入的是:Wednesday
```

8.7　类型定义

C 语言提供了许多标准类型名，如：char，int，float 等，用户可以直接使用这些类型名定义所需要的变量。同时 C 语言还允许使用 typedef 语句定义新类型名，即声明已有的数据类型的别名。从而使类型名更贴切，便于阅读和理解；可以为复杂的类型（结构体型、共用型、数组等）取一个更简洁的名字，方便使用；也便于程序的移植。

8.7.1　定义基本类型的别名

定义基本类型别名的形式为：

typedef　基本类型名　别名标识符;

例如：

```
typedef int WORD;                /* 定义 WORD 为 int 的别名 */
typedef float REAL;              /* 定义 REAL 为 float 的别名 */
typedef unsigned char BYTE;      /* 定义 BYTE 为 unsigned char 的别名 */
```

指定用 WORD 代表 int 类型，REAL 代表 float 类型，BYTE 代表 unsigned char 类型。所以，以下两种形式对变量 a、b 和 c 的定义是等价的。

```
int a;float b;unsigned char c;
WORD a;REAL b;BYTE c;
```

8.7.2　定义自定义的数据类型的别名

声明自定义数据类型别名的形式为：

typedef 自定义类型说明信息 别名标识符;

例如：

```
typedef struct student
{
    long no;
```

```
    char name[16];
    int  age,score;
} STUDENT;
```

定义 struct student 类型变量 stu1、stu2,以下两种形式的定义语句是等价的。

```
struct student stu1,stu2;
STUDENT stu1,stu2;
```

8.7.3 类型定义的一般步骤

类型定义的一般步骤如下:

(1)按定义变量的方法,写出定义体。

(2)将变量名换成别名。

(3)在定义体最前面加上 typedef。

【例 8.11】 给 unsigned int 定义一个别名 DWORD。

(1)按定义变量的方法,写出定义体: unsigned int a;

(2)将变量名换成别名: unsigned int DWORD;

(3)在定义体最前面加上 typedef: typedef unsigned int DWORD;

【例 8.12】 定义 NUM 为有 5 个元素的整型数组的别名。

(1)按定义变量的方法,写出定义体: int a[5];

(2)将变量名换成别名: int NUM[5];

(3)在定义体最前面加上 typedef: typedef int NUM[5];

然后用 NUM 去定义数组变量,语句

```
NUM x,y;
```

把 x,y 都定义为含有 5 个元素的整型数组。即等价于:

```
int x[5],y[5];
```

说明

(1)用 typedef 只是对已有的类型增加一个别名,并没有创造新的类型。

(2)typedef 与 #define 有相似之处,但两者是不同的,例如:

```
typedef  int  WORD;
```

和

```
#define WORD int
```

的作用都是用 WORD 代表 int。前者是由编译器在编译时处理的;后者是由编译预处理器在编译预处理时处理的,而且只能做简单的字符串替换。

(3)使用 typedef 有利于程序的通用和移植。例如,把一个 C 程序从一个以 4 个字节存放整数的计算机系统移植到以 2 个字节存放整数的计算机系统,按一般方法需要将定义变量中的每个 int 改为 long int,但这样太麻烦。现可以用 WORD 定义为 int 的别名:

```
typedef int WORD;
```

程序中的所有整型变量都用 WORD 定义。在移植时只需要改动 typedef 定义体即可:

```
typedef long int WORD;
```

8.8 情景应用——案例拓展

案例 8-1 结构体的嵌套

问题描述

结构体成员既可以是基本的数据类型,也可以是数组,同时,还可以是结构体变量,换句话说,结构体可以嵌套定义。

建立N名学生的档案,每个学生的数据包括学号、姓名、入学时间及一门功课的成绩。要求从键盘输入数据,并显示最后的结果。

算法设计

(1)定义“入学时间”的结构体类型。

日期的信息,要求包括年、月、日。可以用一个结构体描述。

```
struct date
{
    int year,month,day;
};
```

(2)定义学生档案的结构体类型。

```
struct person
{
    long no;
    char name[16];
    struct date ent;    /* 入学时间 */
    int score;
};
```

(3)struct person 的结构如图 8-16 所示。包括了 struct date 型结构体变量。

no	name	ent			score
		year	month	day	

图 8-16 person 的结构体变量的存放形式

参考代码如下:

```
#include <stdio.h>
#define  N  3
struct date
{
    int year,month,day;
};
struct person
{
    long no;
    char name[16];
```

```
        struct date ent;            /* 入学时间 */
        int score;
    };
    void fnData_input(struct person s[])
    {
        int i;
        for(i=0;i<N;i++)
        {
            printf("请输入学生%d 的学号,姓名,入学时间(年,月,日)和成绩:",i+1);
            scanf("%ld%s%d%d%d%d",&s[i].no,s[i].name,
                &s[i].ent.year,&s[i].ent.month,&s[i].ent.day,&s[i].score);
        }
    }
    void fnData_output(struct person s[])
    {
        int i;
        for(i=0;i<N;i++)
        printf("%ld,%s,%d,%d,%d,%d\n",s[i].no,s[i].name,
            s[i].ent.year,s[i].ent.month,s[i].ent.day,s[i].score);
    }
    void main()
    {
        struct person s[N];
        fnData_input(s);
        fnData_output(s);
    }
```

说明

(1)当结构体嵌套定义时,需要用若干个结构体成员运算符,一层一层地找到最低一层的成员,程序中只能对最低一层的成员进行赋值及存取等操作。例如,在上述结构体定义的情况下,为了将 9 赋给 ent 结构体变量 month 中的成员,其操作应为:

```
ent.month=9;
```

(2)对于嵌套定义的结构体变量初始化,仍然是对各个基本类型的成员给予初始化。例如:

```
struct person stu={"20001203","Name Three",2000,9,1,85};
```

拓展训练

添加入学时间信息,修改学生的基本信息类型,完善"学生成绩信息管理系统"。

案例 8-2 统计候选人得票程序

问题描述

编写统计候选人得票程序:设有 4 名候选人,以输入得票的候选人的姓名方式模拟唱票,最后输出得票结果。

算法设计

(1)定义结构体数组,并初始化。

候选人相关的信息是:姓名和得票,其中姓名用字符数组存储,得票用整型变量存储,由于 4 名候选人是已知的,并且初始值得票为 0,所以,可以用初始化方法定义。

```
struct candidate
{
    char   name[16];
    int    count;
};
struct candidate leader[4]={{"LiSi",0},{"WangWu",0},
                            {"ZhanSan",0},{"ShenZuo",0}};
```

(2)输入一个得票的候选人的姓名,模拟唱票。

```
scanf("%s",name);              /* 唱票:输入候选人姓名 */
for(j=0;j<4;j++)               /* 每唱一票,相应候选人票数加 1 */
    if(!strcmp(name,leader[j].name))
        leader[j].count++;
```

(3)输出各候选人得票。

```
for(j=0;j<4;j++)              /* 输出投票结果 */
    printf("%s 得票数=%d 张\n",leader[j].name,leader[j].count);
```

参考代码如下:

```
#include <stdio.h>
#include <string.h>
struct candidate
{
    char name[16];              /* 存放候选人姓名 */
    int count;                  /* 存放候选人得票数 */
};
void main()
{
    int i,j;
    char name[16];
    struct candidate leader[4]={{"LiSi",0},{"WangWu",0},
                                {"ZhanSan",0},{"ShenZuo",0}};
    printf("开始唱票:\n");
    for(i=1;i<=10;i++)                  /* 假设共 10 张票 */
    {
        printf("第%d 张票是:",i);
        scanf("%s",name);               /* 唱票:输入候选人姓名 */
        for(j=0;j<4;j++)                /* 每唱一票,相应候选人票数加 1 */
            if(!strcmp(name,leader[j].name))
                leader[j].count++;
    }
    printf("投票结果如下:");
```

```
    for(j=0;j<4;j++)                    /* 输出投票结果 */
        printf("%s 得票数=%d 张\n",leader[j].name,leader[j].count);
}
```

拓展训练

修改上面的程序，要求4个候选人的姓名也要通过键盘输入，然后实现投票和统计操作。

案例 8-3　排序程序

问题描述

高三某班高考单科成绩见表8-1，请将成绩录入电脑并统计总分，然后按总分由高到低输出该班考生信息。

表 8-1　　高 1203 班考生成绩信息

考　号	姓　名	语　文	数　学	英　语	综　合	总　分
2012201	Name One	90	110	70	120	
2012242	Name Two	77	105	95	125	
……	……	……	……	……	……	
2012240	Name Forty	95	60	98	130	

算法设计

(1)以学生的信息数据项为成员，定义结构体类型。

```
struct student              /* 学生结构体类型 */
{   long no;                /* 考号 */
    char name[16];          /* 姓名 */
    int yw,sx,yy,zh;        /* 4 门课的成绩 */
    int total;              /* 总成绩 */
};
```

(2)设计学生的信息录入、统计总成绩、以总成绩为关键字排序、信息输出函数。

(3)在 main()函数中，首先定义结构体数组，然后调用 fnDatainput()、fnSort()和 fnDataput()函数。

参考代码如下：

```
#include <stdio.h>
#define N   3
struct student              /* 学生结构体类型 */
{
    long no;                /* 考号 */
    char name[16];          /* 姓名 */
    int yw,sx,yy,zh;        /* 4 门课的成绩 */
    int total;              /* 总成绩 */
};
/* 以总成绩为关键字，利用冒泡法排序 */
void fnSort(struct student s[])
```

```
{
    int i,k;
    struct student temp;
    for(k=1;k<N;k++)
    for(i=N-1;i>=k;i--)
        if(s[i].total>s[i-1].total)
        {
            temp=s[i];s[i]=s[i-1];s[i-1]=temp;
        }
}
/*输入学生信息,并统计总成绩*/
void fnDatainput(struct student stu[])
{
    int i;
    for(i=0;i<N;i++)
    {   printf("请输入学生%d的信息:\n",i+1);
        scanf("%ld%s%d%d%d%d",&stu[i].no,stu[i].name,
            &stu[i].yw,&stu[i].sx,&stu[i].yy,&stu[i].zh);
        stu[i].total=stu[i].yw+stu[i].sx+stu[i].yy+stu[i].zh;
    }
}
void fnDataput(struct student s[])
{
    int k;
    for(k=0;k<N;k++)
    printf("%8ld,%8s,%5d,%5d,%5d,%5d,%5d\n",
        s[k].no,s[k].name,s[k].yw,s[k].sx,s[k].yy,s[k].zh,s[k].total);
}
void main()
{
    struct student stu[N];        /*定义结构体数组*/
    fnDatainput(stu);             /*数据体输入*/
    fnSort(stu);                  /*排序*/
    fnDataput(stu);               /*输出*/
}
```

拓展训练

1. 修改上面的程序,以姓名为关键字,按英文字典排列顺序,输出所有学生的信息。

2. 完成“学生成绩管理系统”中的“排序”模块,要求排序关键字(如学号、姓名、成绩)由用户选择。

3. 完成“学生成绩管理系统”中的“数据统计”模块,可选择成绩段进行统计,例如,及格人数等。

自我测试练习

一、单选题

1. 设有如下结构体变量的直接定义：

```
struct student
{
    char chName[8];
    int iAge;
    char chSex;
}stStaff;
```

则下面叙述不正确的是(　　)。

A. struct 是定义结构体类型的关键字　　B. struct student 是用户定义的结构体类型

C. stStaff 是用户定义的结构体类型名　　D. chName、iAge 和 chSex 都是结构体成员

2. 在第 1 题中定义结构体变量 stStaff，假设开发环境是 Visual C++ 6.0，则系统为其分配的内存空间字节数是(　　)。

A. 16　　B. 12　　C. 11　　D. 3

3. 设有如下结构体数组定义：

```
struct student {
    char chName[8];
    int  iAge;
    char chSex;
}stStaff[3];
```

对结构体变量成员正确引用的是(　　)。

A. scanf("%d",&stStaff.iAge);　　B. scanf("%d",&stStaff[0].iAge);

C. scanf("%s",stStaff);　　D. scanf("%d",&iAge);

4. 若有如下定义，则“printf("%d\n",sizeof(them));”的输出结果是(　　)。

```
typedef union
{
    char x[5];
    int y[2];
}MYTYPE;
MYTYPE them;
```

A. 8　　B. 5　　C. 7　　D. 13

5. 以下对枚举类型名的定义正确的是(　　)。

A. enum a={ one,two,three};　　B. enum a{ a1,a2,a3};

C. enum a={'1','2','3'};　　D. enum a{"one","two","three"};

二、填空题

1. 结构体变量所占内存长度是________。

2. 访问结构体成员使用________运算符。

3. 结构体数组的数组元素类型为________。

4. 以下程序的运行结果是________。

```
void main()
{
    union {
        char a;
        char b[4];
    }c;
    c.b[0] = 0x39;
    c.b[1] = 0x36;
    printf("%c,%c,%c,%d\n",c.a,c.b[0],c.b[1],sizeof(c));
}
```

5. 以下程序的运行结果是________。

```
#include <stdio.h>
void main()
{
    enum team{ my,your=4,his,her=his+5};
    printf("%d,%d,%d,%d\n",my,your,his,her);
}
```

三、编程题

1. 试定义一结构体，用来描述书的信息，具体地说，该结构体共有 5 个成员变量，分别描述书名、单价、作者、出版社和出版时间等信息。

2. 输入 20 本书的信息，并按书名进行排序和输出。

3. 建立 40 名学生信息登记表，其中包括学号、姓名、性别、住址及 10 门功课的成绩。要求：

(1)输入 40 名学生的数据。

(2)显示每个学生 10 门功课中的最低和最高分。

(3)显示每门功课都不及格的学生人数。

(4)检索学号为某指定数的学生信息。

4. 已知枚举类型定义如下：

```
enum color{red,yellow,blue,green,white,black};
```

从键盘上输入一整数，显示与该整数对应的枚举常量的英文名称。

第 9 章

指　针

学习目标

- 理解指针的含义，掌握指针的定义、初始化和使用方法
- 掌握数组、结构体和函数的指针概念及其应用
- 掌握线性链表的基本操作
- 使用指向结构数组的指针来优化学生成绩管理系统

案例 9　学生成绩管理系统的优化

问题描述

改进学生成绩管理系统，用指针来优化学生成绩管理系统中的主要功能模块，提高程序执行效率。

问题分析

案例 8 中开发的学生成绩管理系统，对数据的操作是通过结构体成员访问实现的，显然执行效率低，对于处理批量数据会表现速度太慢。为此，我们将利用指针知识优化程序主要功能模块，用指针来访问结构体成员，处理批量数据，达到提高系统的访问效率的目的。

本案例的任务是：(1)使用指向结构体的指针作为函数的参数；(2)在函数体内直接用指针访问结构体成员。

知识准备

指针是 C 语言中一个重要的组成部分，是 C 语言的核心、精髓所在，用好了指针，可以在 C 语言编程中起到事半功倍的效果。指针的运用可提高程序的效率和执行速度。还可以通过指针实现动态分配内存，有效地表示复杂的数据结构，编制出简洁明快、功能强和质量高的程序。

要完成上面的任务，必须熟练掌握指针的基本概念，熟悉指针变量的类型说明，掌握用指针处理数组和结构体的方法，以及指针作为函数的参数等知识点。

9.1　指针相关概念

为了掌握指针的基本概念，巧妙而恰当地使用指针，必须了解计算机硬件系统的内存地址、指针和变量的间接访问之间的关系。

9.1.1 内存管理

1. 内存地址

计算机内存是以字节为单位进行管理的，目前流行的 PC 机上配置的内存大约1 GB，即 1024×1024×1024 个字节，因此没有办法也不可能为每一个字节单元起名字。采用编号方式标记和管理内存是最方便的。

每个字节的编号称为该字节的内存地址或地址编号。类似于教学楼中的每一个教室需要一个编号(按楼层、顺序编号)。通用的 32 位 CPU 的计算机可以存有 4 GB 个内存地址。但是，C 语言的编译软件大多数是早年在 16 位 CPU 上开发的，16 位 CPU 的一个字长可产生 2^{16} 即 64×1024(64 KB)个地址编号，用来管理 1 GB 的内存远远不够，因此通常采用分段方式管理。

C 语言中讨论的地址都是 16 位二进制地址，或 4 位十六进制地址，转化为十进制数为 0～65535，共 65536 个地址编号。

2. 变量的地址和变量的值

在程序中定义变量时，计算机就按变量的类型，为其分配一定长度的存储单元。例如：

```
short x,y;
float z;
```

计算机在内存中就为变量 x 和 y 各分配了 2 个字节，为变量 z 分配了 4 个字节的存储单元。不妨设它们所对应的内存首地址分别为 0x2000、0x2002 和 0x2004。执行赋值语句

```
x=10;
y=x+2;
z=5.6;
```

后，对应内存单元的状态如图 9-1 所示。

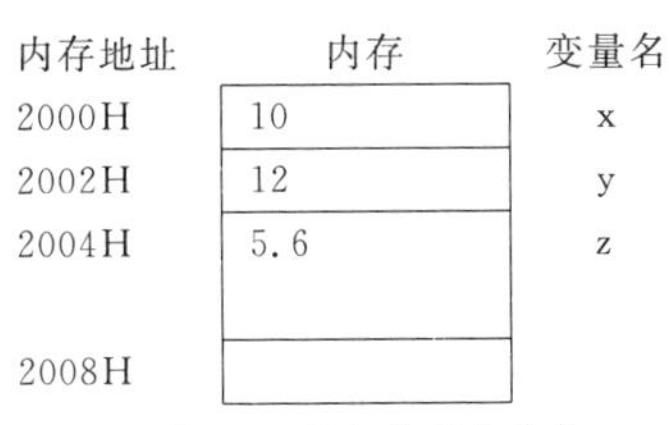

图 9-1　内存单元的状态

(1)变量 x，它的值等于 10，而它在内存中的首地址是 0x2000(占用地址是 0x2000 和 0x2001 的 2 个字节的存储单元)。

(2)变量 y，它的值等于 12，而它在内存中的首地址是 0x2002(占用地址是 0x2002 和 0x2003 的 2 个字节的存储单元)。

(3)变量 z，它的值等于 5.6，而它在内存中的首地址是 0x2004(占用地址是 0x2004～0x2007 的 4 个字节的存储单元)。

C 语言中的任一变量 x 有两个与数值关联的概念，一个是它内存单元的数值，另一个是内存单元的起始地址，如 0x2000，简称为变量 x 的地址。

【例 9.1】 变量的值和变量的起始地址。

```
#include <stdio.h>
void main()
{
    int x,y;
```

```
    float z;
    x=10;
    y=x+2;
    z=5.6F;
    printf("x=%d,y=%d,z=%f\n",x,y,z);
    printf("0X%x,0X%x,0X%x\n",&x,&y,&z);
}
```

运行结果如图 9-2 所示。

图 9-2 例 9.1 的运行结果

注意

如图 9-2 所示，变量的地址值是系统随机分配的，用户不必关心每个变量的具体地址值。而且在不同的计算机上给变量分配的地址编号也会有所不同。

9.1.2 变量的指针与指针变量

1. 变量的指针

一个变量的首地址称为该变量的指针，记作 &x。即在变量名前加取地址运算符“&”。例如，变量 x 的首地址是 0x2000，我们就说 x 的指针是 0x2000。

2. 指针变量

专门用来存放变量首地址的变量称为指针变量。当指针变量中存放着另一个变量的地址时，就称这个指针变量指向某变量。

例如，假设 px 是指针变量，并存放 x 的地址 0x2000，如图 9-3(a)所示，简称为 px 指向 x，用图 9-3(b)表示。

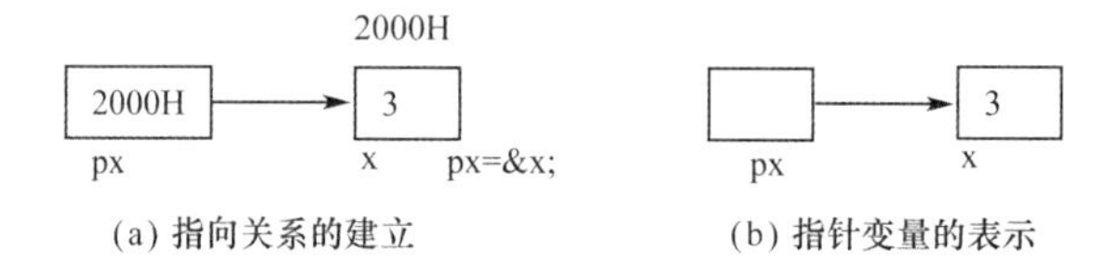

图 9-3 指向关系的建立与指针变量的表示

3. 指针变量与它所指向的变量的关系

指针变量和一般变量既有联系又有区别。指针变量也是变量，具有变量的特征，在内存中也占用一定的存储单元，也有“地址”和“值”的概念。但指针变量的“值”不同于一般变量的“值”，指针变量的“值”是另一实体(变量、数组或函数等)的地址。

指针变量 px 与它所指向的变量 x 的关系，用指针运算符“*”表示为 *px。即 *px 等价于变量 x，因此，下面两条语句的作用相同，都是将 100 赋给变量 x：

```
x=100;          /*将 100 直接赋给变量 x*/
*px=100;        /*将 100 间接赋给变量 x*/
```

注意

指针变量与它所指向的变量的关系可形象表述如下：

如果：

```
int x, * px;            //定义变量 x,指针变量 px
px = &x;                //使 px 指向 x
```

则

```
* px == x               //* px 与 x 等价
```

因此,下面两条语句的作用相同。

```
x = 200;                //将 200 赋给变量 x
* px = 200;             //将 200 赋给变量 x
```

9.1.3　指针自加、自减运算

指针的自加自减运算不同于普通变量的自加自减运算,也就是说不是简单地加 1 减 1。下面通过实例进行具体分析。

【例 9.2】　整型指针变量地址输出。

(1)短整型指针变量自加运算

```
#include <stdio.h>
void main()
{
    short x=8;
    short * px;
    px=&x;
    printf("px=%x\n",px);
    px++;
    printf("px=%x\n",px);
}
```

运行结果如图 9-4 所示。

(2)长整型指针变量自加运算

```
#include <stdio.h>
void main()
{
    long x=8L;
    long * px;
    px=&x;
    printf("px=%x\n",px);
    px++;
    printf("px=%x\n",px);
}
```

运行结果如图 9-5 所示。

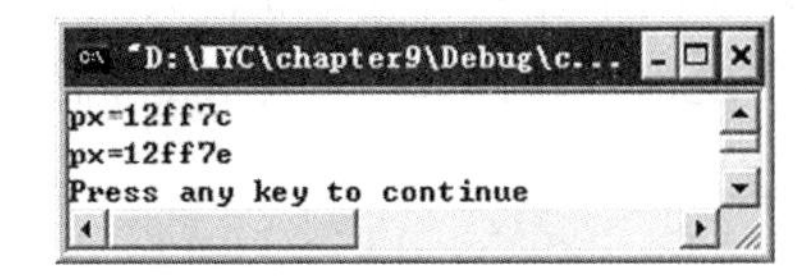

图 9-4　短整型指针变量地址输出

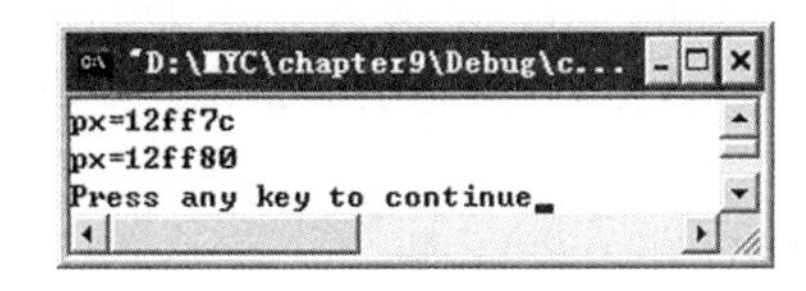

图 9-5　长整型指针变量地址输出

说明

短整型变量 x 在内存中占 2 个字节，指针 px 是指向 x 首地址的，这里的 px++不是简单地在地址上加 1，而是指向下一个存放短整型数的地址。如图 9-6 所示，px++后 px 的值增加 2(2 个字节)。如图 9-7 所示，x 被定义为长整型，所以 px++的值增加了 4(4 个字节)。

指针都是按照它所指向的数据类型的直接长度进行增或减。可以将例 9.2 用图 9-6、图 9-7 来形象地表示。

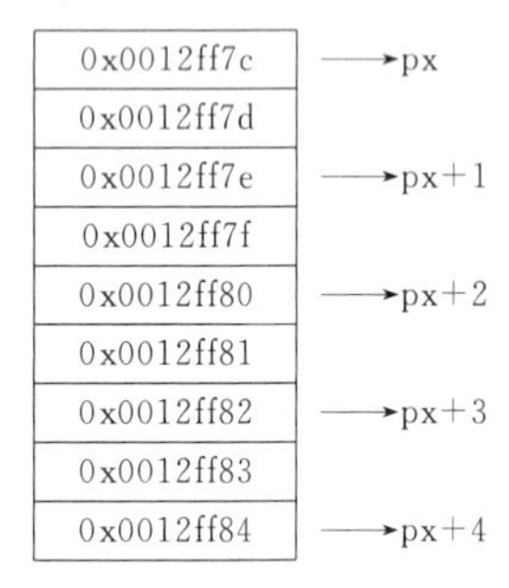

图 9-6　指向短整数变量的指针

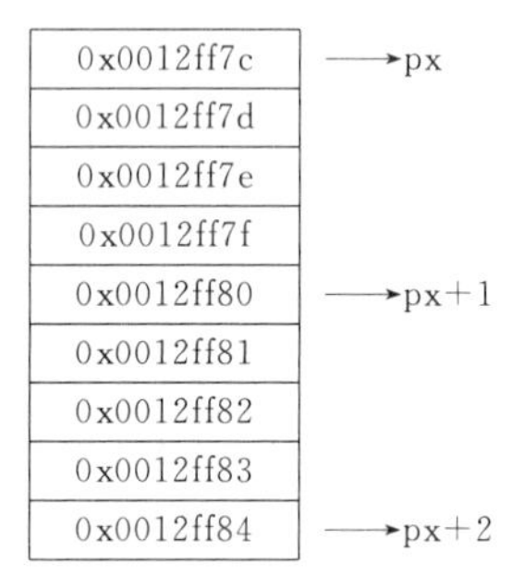

图 9-7　指向长整数变量的指针

9.2　指针变量

9.2.1　指针变量的定义

指针变量

指针变量定义的一般格式为：

类型标识符 *指针变量名；

例如，有声明语句

```
int   *p1;        /*定义指向 int 型变量的指针 p1 */
float *p2;        /*定义指向 float 型变量的指针 p2 */
char  *p3;        /*定义指向 char 型变量的指针 p3 */
```

说明

(1)"*"表示定义的是指针变量，与其他变量的定义相比，除变量名前面多了一个"*"号外，其余一样。

(2)"类型标识符"表示该指针所指向的变量的类型。星号"*"和前面的类型标识符之间，以及和后面的指针变量名之间可以有 0 个或多个空格字符。

9.2.2　指针变量的赋值

指针变量同普通变量一样，使用之前不仅要定义，而且必须赋予具体的值。未经赋值的指针变量不能使用。给指针变量赋值与给普通变量赋值不同，给指针变量赋值只能是地址，而不能是任何其他数据，否则将引起错误。C 语言提供了地址运算符"&"来表示变量的地址，其一般形式为：

& 变量名；

例如，"&x"表示变量 x 的地址，"&y"表示变量 y 的地址。

给指针变量赋值有以下两种方法：

(1)在定义指针变量的同时就进行赋值

```
int x;
int *px=&x;
```

(2)先定义指针变量，之后再赋值

```
int x;
int *px;
px=&x;
```

注意这两种赋值语句间的区别。如果在定义指针变量的同时就进行赋值，变量 x 的定义应位于变量 px 的定义之前，这种做法称为初始化。

一般地，指针的定义和初始化形式为：

类型标识符 *指针变量名=& 变量名;

【例 9.3】 从键盘输入两个数，利用指针方法将这两个数输出。

```
#include <stdio.h>
void main( )
{
    int x,y;
    int *px, *py;
    px=&x ;                //给指针变量 px 赋值
    py=&y;                 //给指针变量 py 赋值
    scanf("%d%d",&x,&y);
    printf("你输入的两个数是:%d,%d\n", *px, *py);
}
```

9.2.3 指针变量的引用

指针变量的引用包括给指针变量赋值，通过指针变量引用存储单元和移动指针。

指针变量有两种运算符："&""*"。

1. 取地址运算符"&"

赋值语句

px=&x;

就是通过取地址运算符"&"，把变量 x 的地址赋给指针变量 px 的，也就是使 px 指向 x。于是就可以通过 px 间接访问 x 了，如图 9-8 所示。

x 是一个短整型变量，假定它放在 0x2000 单元中，px 是一个短整型指针变量，假设它的首地址是 0x2018，由于 px 指向 x(图中用箭头表示)，所以 px 的内容是 0x2000。值得注意的是：指针变量的内容和指针变量本身的地址是不一样的，即 px≠&px。

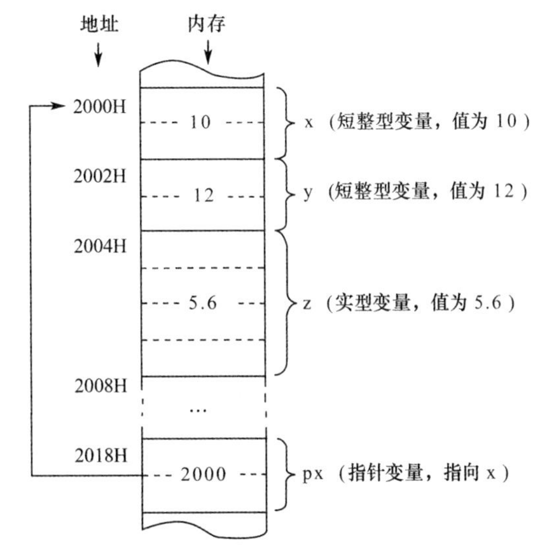

图 9-8 变量、存储单元和指针变量

2. 取内容运算符“ * ”

“ * ”取指针变量所指变量的值，又称为间接访问运算符。例如，px 指向 x 后，就可以通过 px 间接访问它所指向的变量 x 了。 * px 就等价于 x，所以，以下两条赋值语句

```
*px=10;
x=10;
```

是等价的，都是将 10 赋给 x。同样，下面两条语句

```
printf("x=%d \n",x);
printf("*px=%d \n",*px);
```

分别用直接和间接方式输出变量 x 的值，因此，输出结果都是 10。

3. 变量的存取方式

(1)直接访问

在计算机内，对变量的访问其实是通过存储单元的地址进行的，例如，当执行语句

```
printf("%d",x);
```

时，机器先找到变量 x 的地址(即 0x2000)，然后将 0x2000、0x2001 这两个地址所对应的存储单元中的数据 10(即变量 x 的值)取出，然后再输出。前面对变量的存取操作都是按这种访问方式进行的。

(2)间接访问

假设 px 是短整型指针变量，它被分配到 0x2018、0x2019 单元，通过赋值语句“px=&x;”，指针变量 px 的值就是变量 x 在内存中的起始地址 0x2000，如图 9-8 所示。

通过指针变量 px 存取变量 x 的值的过程如下：

首先找到指针变量 px 的地址(0x2018 和 0x2019)，取出其值 2000(正好是变量 x 的起始地址)；然后从 0x2000、0x2001 中取出变量 x 的值 10。

【例 9.4】 通过指针变量访问简单变量。

```
#include <stdio.h>
void main()
{
    int x;                          /*定义一个简单变量 x*/
    int *px;                        /*定义一个指针变量 px*/
    px=&x;                          /*使 px 指向变量 x*/
    x=10;                           /*直接方式给变量 x 赋值*/
    printf("x=%d\t",x );            /*直接方式输出变量 x*/
    printf("*px=%d\n",*px );        /*间接方式输出变量 x*/
    *px=100;                        /*间接方式给变量 x 赋值*/
    printf("x=%d\t",x);             /*直接方式输出变量 x*/
    printf("*px=%d\n",*px );        /*间接方式输出变量 x*/
}
```

运行结果如下：

```
x=10    *px=10
x=100  *px=100
```

注意

一个指针变量只能指向同类型的变量。例如,上例中的 px 只能指向 int 型的变量,不能指向 float 型的变量,即不能处理 float 型变量的地址。

【例 9.5】 用间接访问方式,将键盘输入的两个整数分别存入变量 x、y 中,再由小到大顺序输出。

```
#include <stdio.h>
void main( )
{
    int x,y, * px, * py;
    px=&x ;
    py=&y;
    scanf("%d%d",px,py);
    if( * px> * py)
        printf("%d %d\n", * py, * px);
    else
        printf("%d %d\n", * px, * py);
}
```

9.2.4 指针变量作为函数参数

将指针变量作为函数的形参时,函数形参的变化影响实参。先来观察以下程序的运行结果,其中函数 swap()完成两个整型变量值的交换。

【例 9.6】 试图用 swap()函数交换实参变量的值。

```
#include <stdio.h>
void swap(int x,int y);            /* 函数原型声明 */
void main( )
{
    int a=6,b=9;
    swap(a,b);                     /* 调用 swap()函数,交换 a,b 的值 */
    printf("在 main()函数中,交换后两实参:a=%d,b=%d\n",a,b);
}
void swap(int x,int y)             /* swap()函数定义 */
{   int t;
    printf("在 swap()函数中,交换前两形参:x=%d,y=%d\n",x,y);
    t=x;
    x=y;
    y=t;
    printf("在 swap()函数中,交换后两形参:x=%d,y=%d\n",x,y);
}
```

运行结果如下:

```
在 swap()函数中,交换前两形参:x=6,y=9
在 swap()函数中,交换后两形参:x=9,y=6
在 main()函数中,交换后两实参:a=6,b=9
```

结果表明:函数 swap()交换两个形参的值,但并没有回传给实参。这是因为函数 swap()的形参是变量,当变量作为函数的形参时,用于传值且是单向的。尽管在 swap()函数中形参 x、y 的值确实交换了,但在 main()函数中作为实参的 a、b 的值并没有改变。

如果 swap()函数的形参改用指针变量,在主函数中,以变量的地址作为实参来调用 swap()函数,情况就不一样了。请看下面的例子:

【例 9.7】 用 swap()函数交换实参变量的值(传地址方式)。

```
#include <stdio.h>
void swap(int *x,int *y);              /*swap()函数原型声明,形参为指针变量*/
void main( )
{
    int a=6,b=9;
    swap(&a,&b);                       /*以变量的地址做 swap()函数的实参*/
    printf("在 main()函数中:a=%d,b=%d\n",a,b);
}
void swap(int *x,int *y)               /*swap()函数定义,形参为指针变量*/
{
    int t;
    t=*x;                              /*交换指针变量所指向的存储单元中的值*/
    *x=*y;
    *y=t;
}
```

运行的结果如下:

```
在 main()函数中:a=9, b=6
```

输出结果表明,实现了 a、b 的交换。即 swap()函数体内对形参的改变,影响了实参的改变。这一特性,可作为函数间变量的通信。

注意

(1)当 swap()函数的形参是指针变量时,main()函数中应以变量的地址 &a,&b 做实参来调用 swap()函数(称为"传址调用"),以便将实参的地址传给相应的形参。

(2)swap()函数利用指针变量 x、y 间接访问相应的实参,以改变实参变量的值。

(3)swap()函数形参说明中的"*"表示 x、y 是 int 型指针变量,而函数体中的"*"是取指针内容运算符,两者虽有相同的形式,但其含义是不一样的。

模仿练习

输入三个数,按从大到小顺序排列输出。(提示:用指针带回多个值到主函数)

9.3 用指针处理数组

在 C 语言中,指针和数组关系非常密切,引用数组元素既可以用下标法,也可以用指针法,两者相比而言,下标法易于理解,适合于初学者;而指针法有利于提高程序执行效率。

9.3.1 数组的指针和指向数组的指针变量

指针与一维数组

1. 数组的指针

数组的指针是指数组在内存中的起始地址，数组元素的指针是数组元素在内存中的起始地址。例如，“int data[6];”，则 C 语言规定：

(1)数组名 data 是指针常量，它代表的是数组的首地址，也就是数组第一个分量 data[0]元素的首地址。

(2)data+i 就是 data[i]的首地址(i=0,1,2,……,5)，即 data+i 与 &data[i]等价。与简单变量类似，数组元素 data[i]的首地址 &data[i]称为 data[i] 的指针。因为地址就是指针，所以 data+i 又称为指向 data[i]的指针，简称为 data+i 指向 data[i]。

(3)可以用 *data、*(data+1)、*(data+2)、……、*(data+5)方式引用数组元素，如图 9-9(a)所示。以下两条循环输出语句完全等价。

```
for(i=0;i<6;i++) printf("%4d",data[i]);
for(i=0;i<6;i++) printf("%4d", *(data+i));
```

2. 指向数组的指针变量

类似于指向变量的指针。例如：

```
int  data[6];                    /* 定义 data 为整型数据的数组 */
int  *p, *q;                     /* 定义 p,q 为指向整型变量的指针 */
```

则语句

```
p=&data[0]; (或 p=data;)         /* p 指向 data 数组的第 0 号元素 */
q=&data[i];                      /* q 指向 data 数组的第 i 号元素(0≤i≤5) */
```

注意

(1)如果 p 的初值为 &data[0]，则 p+i 就是 data[i]的地址 &data[i](i=0,1,2,……,5)。

(2)如果 p 指向数组中的一个元素，则 p+1 就指向同一数组的下一个元素。p+1 所代表的地址实际上是 p+1*d，d 是一个数组元素所占字节数(对短整型，d=2；对实型，d=4；对字符型，d=1)，如图 9-9(b)所示。

data → data[0]
data+1 → data[1]
data+2 → data[2]
data+3 → data[3]
data+4 → data[4]
data+5 → data[5]

(a) 数组指针与数组元素的关系

p → data[0]
p+1 → data[1]
p+2 → data[2]
p+3 → data[3]
p+4 → data[4]
p+5 → data[5]

(b) 指向数组的指针与数组关系

图 9-9 用指针引用数组元素

3. 指向数组的指针变量，在使用中应注意的问题

(1)几种指针运算形式

① *p++等价于 *(p++)，作用是先得到 p 所指向的变量的值(即 *p)，然后再使 p 加 1。

② *(p++)与 *(++p)作用不同，前者是先取 *p 的值，后使 p 加 1；后者是先使 p 加 1，再取 *p 的值。若 p 初值为 &data[0]，输出 *(p++)时，得 data[0]的值，而输出 *(++p)，则得到 data[1]的值。

例如，如果 p 当前指向 data 数组中第 i 个元素，则：

*(p++)相当于 data[i++]，先对 p 进行“ * ”运算，再使 p 自增。

*(++p)相当于 data[++i]，先使 p 自增，再对 p 进行“ * ”运算。

(2)(* p)++表示 p 所指向的元素值加 1，注意是元素值加 1。例如，如果 p 所指向的元素为 data[3]，且 data[3]的值为 9，则(* p)++表示将 data[3]单元中的值加 1，变成 10，而 p 仍指向元素 data[3]，也就是说，p 中的地址值并没有改变。

(3)p±n：将指针从当前位置前进(+n)或回退(-n)n 个元素，而不是 n 个字节。显然，p++、p--(或++p、--p)是 p±n 的特例(n=1)。

(4)p2-p1 表示两指针之间的数组元素个数，而不是指针的地址之差，如图 9-10(a)所示。

(5)两指针之间可进行关系运算，如果 p1 指向 data[i]，p2 指向 data[j]，并且 i<j，则 p1<p2 为“真”，反之亦然，如图 9-10(b)所示，p1<p2 为“真”。

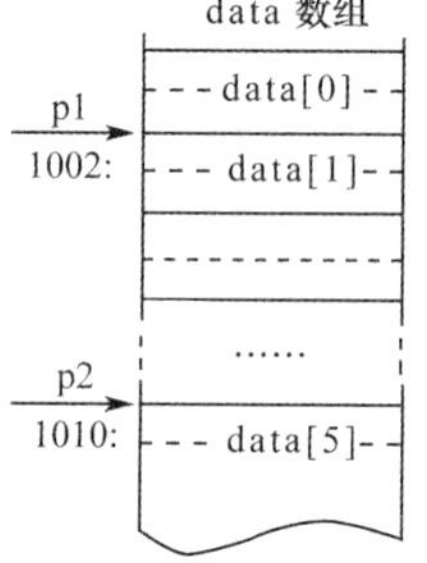

图 9-10 指针减法、关系运算

注意

指针变量可以自增自减，使其指向数组中的不同元素。但是数组名是地址常量，不能自增自减，如果写成 data++则是错误的。

模仿练习

假设指针变量 p 指向 data 数组中第 i 个元素，请举例说明如下语句的功能及区别。

1. *(p--)；

2. *(--p)；

9.3.2 数组元素的引用

若有如下声明语句

```
int data[6];
int *p=data;
```

则 p 是指向数组 data 的指针变量，指针和数组之间有如下恒等式：

```
data+i==&data[i]==p+i                    (i=0,1,……,5)
data[i]==*(data+i)==*(pi)==p[i]          (i=0,1,……,5)
```

所以，引用数组第 i 个元素，有以下几种访问方式：

(1)下标法

```
data[i]                  //数组名下标法
p[i]                     //指针变量下标法
```

(2)指针法

```
*(data+i)                //数组名指针法
*(p+i)                   //指针变量指针法
```

【例 9.8】 用下标法和指针法引用数组元素。

```
#include <stdio.h>
```

```
void main()
{
    int data[6]={10,3,6,9,12,15};
    int *p=data,i;
    printf("数组名下标法:\t");
    for(i=0;i<6;i++)
    {
        printf("%3d",data[i]);            /*数组名下标法*/
    }
    printf("\n数组名指针法:\t");
    for(i=0;i<6;i++)
    {
        printf("%3d",*(data+i));          /*数组名指针法*/
    }
    printf("\n指针变量下标法:\t");
    for(i=0;i<6;i++)
    {
        printf("%3d",p[i]);               /*指针变量下标法*/
    }
    printf("\n指针变量指针法:\t");
    for(i=0;i<6;i++)
    {
        printf("%3d",*(p+i));             /*指针变量指针法*/
    }
    printf("\n");
}
```

运行结果如图 9-11 所示。

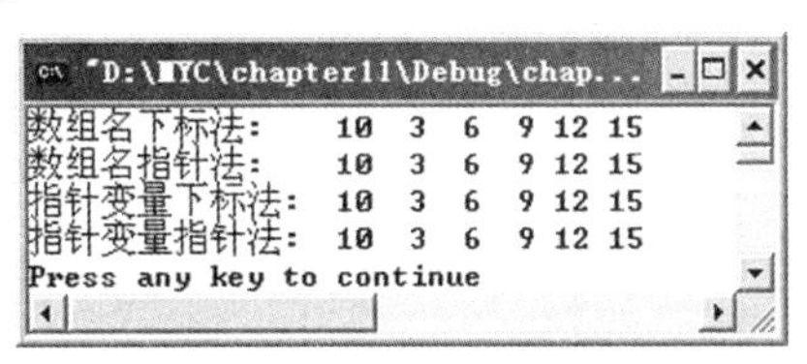

图 9-11 数组元素的 4 种访问方式

9.3.3 数组名作为函数参数

当数组名作为函数参数时,在函数调用时,实际传递给函数的是该数组的起始地址,即指针值。所以,实参可以是数组名或指向数组的指针变量。而被调函数的形参,既可以说明为数组,也可以说明为指针。

【例 9.9】 数组名作为函数参数实例。

```
#include <stdio.h>
void data_put(int *str,int n)            /*形参是指针变量*/
{
```

```
    int i;
    for(i=0;i<n;i++)
        printf("%3d", *(str+i));
}
void main()
{
    int a[6]={1,2,3,4,5,6};
    data_put(a,6);                    /* 实参数组名 */
}
```

由于数组名就是数组的首地址，因此，函数的实参和形参都可以使用指向数组的指针或数组名，于是函数实参和形参的配合上有 4 种等价形式，这 4 种等价形式本质上是一种，即指针数据做函数参数。见表 9-1。

表 9-1　数组名和数组指针做函数参数时的对应关系

实　参	形　参
数组名	数组名
数组名	指针变量
指针变量	数组名
指针变量	指针变量

例如，实参和形参都用数组名：

```
void data_put(int str[],int n)
{
    int i;
    for(i=0;i<n;i++)
        printf("%3d",str[i]);
}
void main()
{
    int a[6]={1,2,3,4,5,6};
    data_put(a,6);
}
```

模仿练习

在例 9.9 中，按如下要求，分别修改程序，并观察运行结果。

1. 实参用指针，形参用数组名。
2. 实参和形参都用指针。

9.3.4　指针与字符串

指针与字符串

访问一个字符串可以通过两种方式，第一种就是前面学习过的使用字符数组来存放一个字符串，从而实现对字符串的操作。另一种方法就是下面要介绍的使用字符指针指向一个字符串，此时可以不定义数组。

【例 9.10】 用字符数组存放一个字符串。

```
#include <stdio.h>
void main()
{
    int i;
    char string[]="This is a string";          /* 字符数组存放字符串 */
    printf("%s\n",string);                     /* 整体引用输出 */
    for(i=0; *(string+i)!='\0';i++)            /* 逐个引用 */
        printf("%c", *(string+i));
    printf("\n");
}
```

运行结果如下：

```
This is a string
This is a string
```

【例 9.11】 字符指针的应用。

```
#include <stdio.h>
void main()
{
    int i;
    char *p="This is a string";          /* 字符指针 p 指向字符串 */
    printf("%s\n",p);                    /* 整体引用输出 */
    for(i=0;p[i]!='\0';i++)              /* 逐个引用 */
        printf("%c",p[i]);
}
```

运行结果如下：

```
This is a string
This is a string
```

说明

(1)语句：char *p="This is a string";

等价于下面两个语句

```
char *p;
p="This is a string";
```

(2)C 语言对字符串常量是按字符数组处理的，在定义字符串常量"This is a string"时，在内存开辟了一个字符数组来存放它，并把首地址赋给字符串指针 p，如图 9-12 所示。

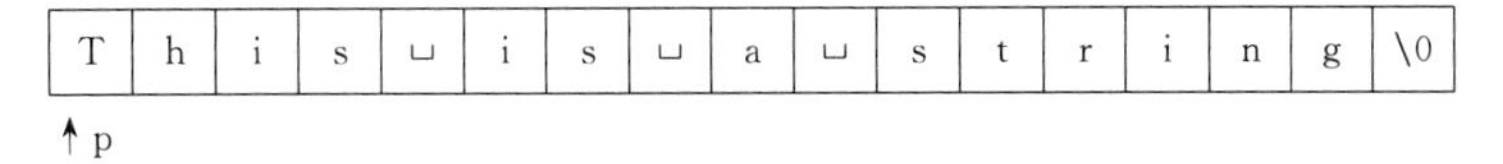

图 9-12　字符串常量在内存中的存放

【例 9.12】 用指针方法，求字符串长度。

```
#include <stdio.h>
void main()
{
    char *p,str[80];
```

```
    int n;
    printf("输入字符串:");
    gets(str);
    p=str;
    while(*p!='\0')p++;
    n=p-str;
    printf("字符串:%s 的长度=%d\n",str,n);
}
```

模仿练习

编写函数,实现与库函数 strcpy()一样的功能,并在主函数中调用该函数。要求函数原型为:char * fnStrcpy(char *object,char * source);

其中,参数 object 指向一个内存存储区(一维字符数组),source 为另一个字符数组或字符串常量。返回值为 object。函数功能是将 source 拷贝到 object 中。

9.3.5 指针数组

1. 指针数组的定义及应用

如果一个数组的每个元素都是指针类型的数据,则这种数组称为指针数组。指针数组定义的一般形式为:

类型标识符 *数组名[常量表达式];

例如:

```
char *p[5];        /* p是一个含有5个元素的字符型指针数组 */
int *q[4];         /* q是一个含有4个元素的整型指针数组 */
```

在定义指针数组的同时也可以为其初始化。例如:

```
char *name[ ]={"Zhan shang","Li shi","Wangwu"}
```

由初始表中的初值个数可以看出,name[ ]指针数组中共有 3 个元素,每个元素都是一个字符型指针,如图 9-13 所示。

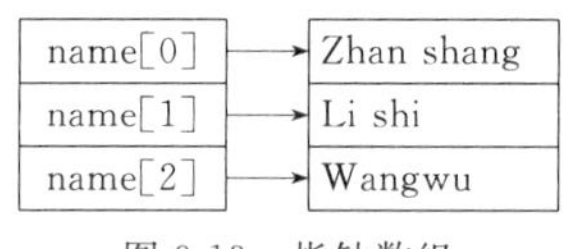

图 9-13 指针数组

其中 name[0]指向字符串"Zhan shang",name[1]指向字符串"Li shi",name[2]指向字符串"Wangwu"。因此,语句

```
printf("%s,%s,%s\n",name[0],name[1],name[2]);
```

将输出 3 个字符串:

```
Zhan shang,Li shi,Wangwu
```

在程序设计中,经常使用指针数组处理菜单信息。下面的例子就是这方面的实际应用。

【例 9.13】 利用指针数组显示下列菜单信息:File Edit Search Option。

```
#include <stdio.h>
void main()
{
    char *menu[]={"File","Edit"," Search","Option"};
```

```
    int i;
    for(i=0;i<4;i++)
        printf("%s ",menu[i]);
    printf("\n");
}
```

2. 指针数组作为 main( )函数的形参

指针数组的一个重要的应用就是作为 main()函数的形参，在前面的程序中，main()函数是无参函数。实际上，main()可带两个参数，并且都有特定的意义。其一般形式为：

void main(int argc,char *argv[])

其中，第一个参数 argc 的意义是程序在命令行方式下执行时输入的参数个数(参数之间用空格分隔，类似于 DOS 命令)。系统会把每个输入的参数存储成一个字符串。第二个参数 argv 是字符指针数组，它实际上相当于一个二维字符数组，内部存储的就是输入的各个字符串。例如，DOS 命令：

copy␣oldfile␣newfile↙(回车)

其功能是将文件“oldfile”复制成另一个文件“newfile”。假如 copy 是用 C 语言实现的，则相应的 argc 表示参数的个数(含执行程序名)，故 argc 的值为 3，而指针数组 argv 中的元素 argv[0]、argv[1]和 argv[2]分别指向三个字符串"copy"、"oldfile"和"newfile"，如图 9-14 所示。

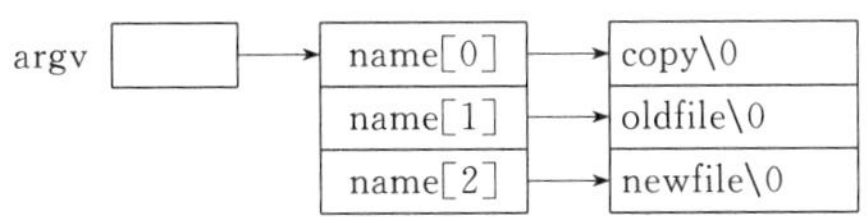

图 9-14　指针数组的应用：命令行参数

【例 9.14】 输出 main()函数的参数内容。

```
/* echo.c */
#include <stdio.h>
void main(int argc,char *argv[ ])
{
    int i;
    printf("argc=%d\n",argc);
    for(i=0;i<argc;i++)
        printf("argv[%d]=%s\n",i,argv[i]);
    printf("\n");
}
```

运行结果如下：

(1)在 DOS 状态下，如果输入 echo.exe␣oldfile␣newfile↙(回车)，则输出：

```
argc=3
argv[0]=echo.exe
eargv[1]=oldfile
argv[2]=newfile
```

(2)在 DOS 状态下，如果输入 echo.exe␣file1␣file2␣file3↙(回车)，则输出：

```
argc=4
argv[0]=echo.exe
argv[1]=file1
argv[2]=file2
argv[3]=file3
```

注意

(1)若参数(含执行文件名)共有 n 个,则最后一个参数由指针 argv[n-1]指向。

(2)参数字符串的长度是不定的,也不需要统一,且参数的数目也是任意的,不规定具体个数。

9.4 指针与结构体

一个结构体类型变量在内存中占有一段连续的存储单元,这段内存单元的首地址,就是该结构体变量的指针。可以用一个指针变量指向一个结构体变量,或指向结构体数组中的元素。这样的指针变量称为结构体指针变量。

9.4.1 指向结构体变量的指针

同其他变量一样,结构体变量的首地址就是该结构体变量的指针。用地址运算符“&”就可获得结构体变量的指针。指向一个结构体变量的指针变量称为结构体指针变量。

【例 9.15】 利用结构体指针变量访问结构体中的成员。

```
#include <stdio.h>
struct time
{
    int hour;
    int minute;
    int second;
};
struct time t={2,34,56};        /* 定义结构体变量 t,并初始化 */
void main(void)
{
    struct time *pt;            /* 定义结构体指针变量 pt */
    pt=&t;                      /* 使 pt 指向结构体变量 t */
    printf("1.用结构体变量访问各成员:");
    printf("%d时%d分%d秒\n",t.hour,t.minute,t.second);
    printf("2.用“*”运算符访问各成员:");
    printf("%d时%d分%d秒\n",(*pt).hour,(*pt).minute,(*pt).second);
}
```

运行结果如下:

```
1.用结构体变量访问各成员:2时34分56秒
2.用“*”运算符访问各成员:2时34分56秒
```

可见两个 printf()函数输出结果是相同的,正是初始化设置的值。

指向结构体的指针变量的定义,与普通指针变量的定义完全一样。

通过指针来访问结构体成员,与直接使用结构体变量的效果一样。在 C 语言中,为了便于使用和直观显示,通常使用指针运算符“->”访问结构体中的成员,可以把(*pt).hour 改用 pt->hour 来代替。

一般地，如果指针变量 pt 已指向了结构体变量 t，则访问结构体成员有以下三种形式：

(1)t.成员　　　　　/* 结构体变量名.成员名　　　*/

(2)(*pt).成员　　　/* (*结构体指针变量名).成员名 */

(3)pt->成员　　　　/* 结构体指针变量名->成员名　*/

模仿练习

1. 修改例 9.15 程序，添加指针运算符“->”访问结构体中的成员方法，输出结构体成员。

2. 设教师档案含姓名、年龄、职称和部门等信息，请定义一个教师结构体变量，然后用访问结构体成员的三种形式，输入/输出教师信息。

9.4.2 指向结构体数组的指针

类似于用指向数组的指针来访问数组元素，也可以用指向结构体数组的指针来访问结构体数组。

【例 9.16】 利用指向结构体数组的指针来访问结构体数组。

```
#include <stdio.h>
struct student
{
    char   name[13];
    char   sex;
    int    score;
};
struct student stu[3]={
    {"Zhan",'M',100},
    {"Li",'F',67},
    {"Wang",'M',90}
};
void main()
{
    struct student *p;
    for(p=stu;p<stu+3;p++)
    printf("%6s,%3c,%4d\n",p->name,p->sex,p->score);
}
```

运行结果如下：

```
␣␣Zhan,␣␣M,␣100
␣␣␣␣Li,␣␣F,␣␣67
␣␣Wang,␣␣M,␣␣90
```

指向结构体数组的指针如图 9-15 所示。

p→				
p→	Zhan	M	100	stu[0]
	Li	F	67	stu[1]
	Wang	M	90	stu[2]

图 9-15　指向结构体数组的指针

说明

(1)因为 p 的初值为 stu，所以，第 1 次循环输出 stu[0]的各个成员值。执行 p++后，p 的值等于 stu+1，也就是 p 指向 stu[1]的起始地址 &stu[1]。第 2 次循环输出 stu[1]的各个成员值，依此类推。

(2)如果 p 指向结构体数组中的一个元素，则 p+1 就指向同一结构体数组的下一个元素。p+1 所代表的地址实际上是 p+1×d，其中 d 是一个结构体数组元素所占字节数，即 d 等于 sizeof(struct student)。

9.4.3 指向结构体的指针作为函数参数

类似于普通指针变量作为函数参数，用指向结构体的指针变量做实参时，属于“地址传递”方式。

【例 9.17】 用函数调用方式，改写例 9.16，编写一个显示结构体成员的函数，主函数调用时，用指向结构体的指针变量做实参。

```
#include <stdio.h>
struct student
{
    char  name[13];
    char  sex;
    int   score;
};
struct student stu[3]={
    {"Zhan",'M',100},
    {"Li", 'F',67},
    {"Wang",'M',90}
};
void fnPrint(struct student *p)
{
    printf("%6s,%3c,%4d\n",p->name,p->sex,p->score);
}
void main(void)
{
    struct student *p;
    for(p=stu;p<stu+3;p++)
    fnPrint(p);
}
```

模仿练习

1. 假设有 5 个学生的 3 门课成绩已保存在一个结构体数组中，要求用函数计算并返回 3 门课的总分。

2. 在题 1 的基础上，显示总分最高学生的信息，要求用函数实现。

9.4.4　使用指针优化学生成绩的录入和浏览模块

1. 使用 typedef 给学生信息类型定义别名

```
typedef struct student          //定义学生成绩结构体
{
    long no;                    //学号
    char name[16];              //姓名
    float math;                 //数学成绩
    float yw;                   //语文成绩
    float eng;                  //英语成绩
    float sum;                  //总分
}STUDENT, * PSTUDENT;
```

2. 修改成绩录入模块

用指向结构体的指针作为函数参数,函数体内用指针法访问结构体成员。

```
void fnDataInput(PSTUDENT s)                    //录入学生信息
{
    int i;
    char ch[2];
    PSTUDENT stu=s;
    stu+=m;
    PSTUDENT temp;
    do {
        printf("\n\t 请输入学生信息:\n\t\t 学号:");
        scanf("%ld",&stu->no);                  //输入学生学号
        for(temp=s,i=0;i<m;i++,temp++)
            if(temp->no==stu->no)
            {
               printf("\n\t 该学号已存在,请按任意键继续!");
               getch();return;
            }
        printf("\t\t 姓名:");
        scanf("%s",stu->name);                  //输入学生姓名
        printf("\t\t 数学:");
        scanf("%f",&stu->math);                 //输入数学成绩
        printf("\t\t 语文:");
        scanf("%f",&stu->yw);                   //输入语文成绩
        printf("\t\t 英语:");
        scanf("%f",&stu->eng);                  //输入英语成绩
        stu->sum=stu->math+stu->yw+stu->eng;    //计算出总成绩
        m++;stu++;
        printf("\t\t 是否继续?(y/n):");         //询问是否继续
        scanf("%s",ch);
```

```
    }while(strcmp(ch,"Y")==0||strcmp(ch,"y")==0);
}
```

3. 修改成绩浏览模块

```
void fnScoreShow(PSTUDENT s)
{
    int i;
    PSTUDENT stu=s;
    printf("\t\t 班级学生信息列表:\n");
    printf("\t 学号\t 姓名\t 数学\t 语文\t 英语\t 总分\n");
    if(m==0) printf("\n\n\t\t 没有记录");
    for(i=0;i<m;i++,stu++)                          //将信息按指定格式输出
      printf("\t%-8ld%-8s%-8.1f%-8.1f%-8.1f%-8.1f\n",
            stu->no,stu->name,stu->math,stu->yw,stu->eng,stu->sum);
}
```

模仿练习

使用指针修改“学生成绩管理系统”的记录查询、删除、修改模块。

9.5 线性链表*

结构体中的成员，还可以是一个指向结构体的指针。如果这个指针是指向同类型的结构体变量，就可以形成一种特殊的数据存储结构，称为链表。

线性链表中的存储单元可以在程序执行过程中动态地建立、插入和删除，完全克服了用数组实现线性表的顺序存储的缺陷。

9.5.1 链表概述

之前介绍过使用数组存储数据，必须先指定数组中包含的元素个数，即数组长度。但如果要向这个数组中加入的元素个数超过了数组的大小，便不能完全将内容保存。例如，在定义班级的人数时，小班是 30 人，普通班级是 50 人，如果定义数组的元素个数为 50，就非常浪费空间，否则空间不够。所以我们希望有一种存储方式，其存储元素的个数是不受限定的，这种存储方式就是链表。

1. 链表的结构

线性链表是由称为结点的元素组成的，结点的多少根据需要而定。每个结点都包括两部分的内容：一是数据部分，用于存放需要处理的数据；二是指针部分，存放下一个结点的地址。链表中的每个结点通过指针链接在一起，如图 9-16 所示，是一个有四个结点的链表。

(1)头指针变量 head——指向链表的首结点。

(2)每个结点由两个域组成。

①数据域——存储结点本身的信息(一般由多个数据字段构成)。

②指针域——指向后继结点的指针。

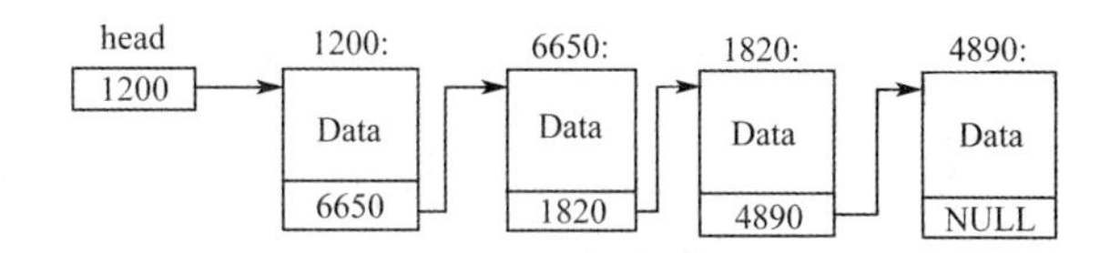

图 9-16　单链表结构示意图

(3)尾结点的指针域置空"NULL",作为链表结束标志。

显然,链表的结点结构用结构体来创建最合适。例如,设计一个链表表示班级,其中链表中的结点表示学生,可以使用如下语句定义一个链表的结点:

```
struct Student
{
    char chName[16];              /* 姓名 */
    long iNumber;                 /* 学号 */
    int score;                    /* 成绩 */
    struct Student  * next;       /* 指针域 */
};
```

其中:学生姓名、学号、成绩属于数据域。而 next 就是指针域,用来保存下一个结点的地址。

2. 链表的相关操作

链表的操作主要包含创建、输出、插入和删除等。不失一般性,假设某一链表有三个结点,分别由 p1、p2、p3 指向(不妨设结点名仍为 p1、p2、p3),如图 9-17(a)所示,删除结点 p2 所得链表如图 9-17(b)所示。

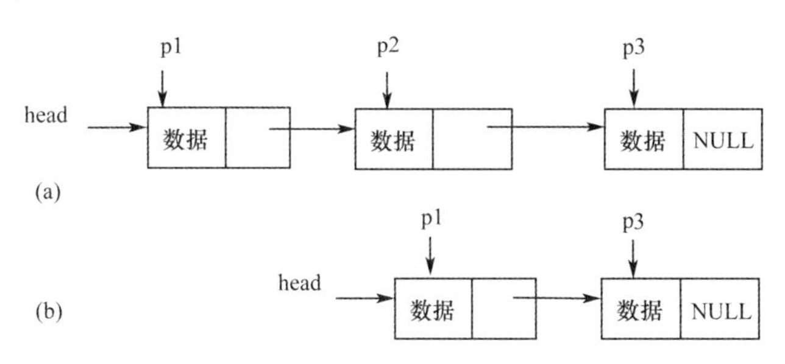

图 9-17　删除(或插入)p2 所指结点示意图

删除步骤如下:

(1)把 p2 指向的结点的首地址赋给 p1 的指针域:p1->next=p2->next;

(2)释放 p2 指向的结点空间:free(p2)。

在图 9-17(b)的两个结点 p1、p3 的链表中,如果要在 p1、p3 之间插入一个 p2 结点,得图 9-17(a),可按以下操作实现:

```
p2->next=p3;
p1->next=p2;
```

注意

(1)从链表的结构可知,链表不可以随机访问结点,只能通过头指针访问相应结点。

(2)链表类似于字符串数组,指向第一个结点的首指针 head 等同于数组名,最后结点的指针域必须赋空 NULL,即链表的结束标志,等同于字符串的结束标志'\0'。

9.5.2 静态链表

上面介绍了定义一个结构体链表结点的类型,并没有实际分配空间,只有定义了变量才分配存储单元。下面来介绍一个简单链表的创建过程。将链表的所有结点通过变量来定义,分配存储空间。不是动态地临时开辟链表的结点,而且用完之后也不能释放,这种链表称为“静态链表”。

【例 9.18】 建立存储 3 个学生信息的简单链表,并输出各结点中的数据。

程序的运行结果如图 9-18 所示。

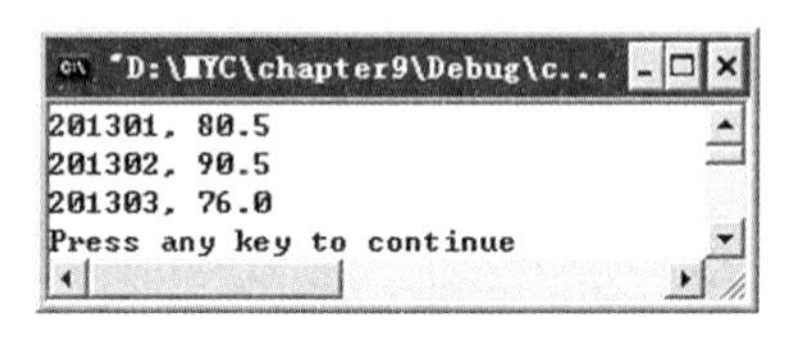

图 9-18 静态链表

实现代码如下:

```
#include <stdio.h>
struct Student
{
    long iNumber;                   /* 学号 */
    float score;                    /* 成绩 */
    struct Student *next;           /* 指针域 */
};
void main()
{                                   /* 定义结构体变量 */
    struct Student stu1,stu2,stu3,*head,*p;
    stu1.iNumber=201301L; stu1.score=80.5F;
    stu2.iNumber=201302L; stu2.score=90.5F;
    stu3.iNumber=201303L; stu3.score=76F;
    head=&stu1;                   /* 通过指针依次把各结点链接成链表 */
    stu1.next=&stu2;
    stu2.next=&stu3;
    stu3.next=NULL;
    p=head;
    while(p!=NULL)                /* 从头结点开始依次输出各结点中的数据 */
    {
        printf("%ld,%5.1f\n",p->iNumber,p->score);/* 输出 p 所指结点的数据 */
        p=p->next;                /* 移动指针 p,使 p 指向下一个结点 */
    }
}
```

9.5.3 动态链表

所谓动态链表,就是在程序执行过程中从无到有建立起来的链表,即一个一个地开辟结点和输入结点数据,并建立起前后相连关系。

1. 动态分配和释放函数

(1)malloc 函数

用法:

```
#include <malloc.h>
void * malloc(unsigned size);
```

功能:动态分配一块参数 size 大小的连续的存储空间,并返回空间的首地址。

(2)free 函数

用法:

```
#include <malloc.h>
void free(void * ptr);
```

功能:释放指针变量 ptr 指向的空间块,交还给系统。

2. 动态链表的建立

对于 N 个结点链表的创建,关键是处理第一个结点,必须使头指针(pHead)指向第一个结点,而后的结点完全类似于第二个结点,链接到链表的最后结点,并注意使链表的最后结点的指针域赋空(NULL)。注意在链接过程中,必须设定一指针变量(如例 9.19 中的 pEnd)指向链表的最后结点,便于链接添加结点,如图 9-19 所示。

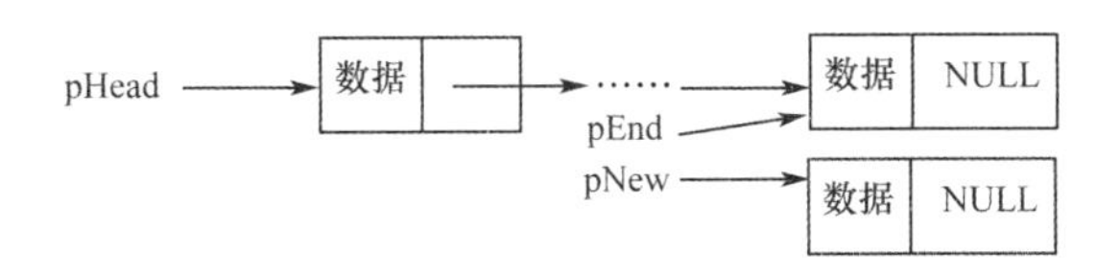

图 9-19　链表的创建

例如,以某班学生信息作为结点,链表创建步骤如下:

(1)首先定义表示学生的结点结构体,类型定义如下:

```
typedef struct Student
{
    char chName[16];    /* 姓名 */
    long iNumber;       /* 学号 */
    int score;          /* 成绩 */
    struct Student * next;
}NODE, * NODEP;
```

(2)定义一个 fnCreat()函数,用来创建链表,该函数返回链表的头指针,代码如下:

```
NODEP fnCreat(void)
{
    NODEP pEnd,pNew,pHead;
    int iCount=1;
    pHead=NULL;
    while(iCount<=N)
    {
        pNew=(NODEP)malloc(sizeof(NODE));
        if(iCount==1)pHead=pNew;            /* 第一个结点 */
        else pEnd->next=pNew;               /* 非第一个结点,链接到链表的最后结点 */
        printf("输入%d 个学生信息(姓名,学号,成绩):",iCount);
```

```
        scanf("%s",pNew->chName);
        scanf("%ld",&pNew->iNumber);
        scanf("%d",&pNew->score);
        pNew->next=NULL;                    /*指针域赋空 NULL*/
        pEnd=pNew;                          /*使 pEnd 指向最后结点*/
        iCount++;
    }
    return pHead;
}
```

9.5.4 链表输出

链表输出也称为遍历,就是根据已给的链表头指针,按由前向后的顺序依次访问链表的各个结点。因为链表最重要的就是头指针和结束标志,所以,定义一个指针变量 pTemp 指向第一个结点,输出所指结点数据,然后使 pTemp 后移一个结点,再输出,直到链表的尾结点。链表的输出函数 fnPrint()如下:

```
void fnPrint(NODEP pHead)
{
    int iCount=1;
    NODEP pTemp;
    pTemp=pHead;
    printf("\t学生信息如下:\n");
    while(pTemp!=NULL)
    {   /*输出学生的姓名、学号和成绩*/
        printf("学生%d:姓名=%s,学号=%ld,成绩=%d\n",
            iCount,pTemp->chName,pTemp->iNumber,pTemp->score);
        pTemp=pTemp->next;                  /*指向下一个结点*/
        iCount++;
    }
}
```

【例 9.19】 创建一个 N 名学生的链表并将数据输出。程序运行效果如图 9-20 所示。

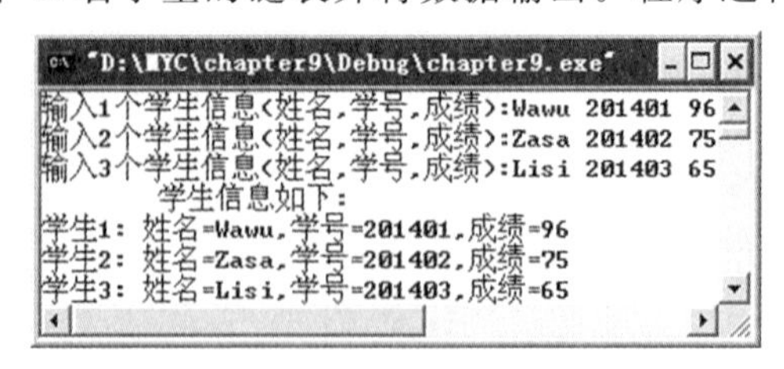

图 9-20 链表的创建与输出

根据前面介绍的链表创建和输出操作,将代码整合到一起即可。实现代码如下:

```
#include <stdio.h>
#include <malloc.h>
#define N 3
typedef struct Student
```

```
{
    char chName[16];                        /* 姓名 */
    long iNumber;                           /* 学号 */
    int score;                              /* 成绩 */
    struct Student *next;
}NODE, *NODEP;
NODEP fnCreat(void)
{
    NODEP pEnd,pNew,pHead;
    int iCount=1;
    pHead=NULL;
    while(iCount <=N)
    {
        pNew=(NODEP)malloc(sizeof(NODE));
        if(iCount==1)pHead =pNew;           /* 第一个结点 */
        else pEnd->next=pNew;               /* 非第一个结点,链接到链表的最后结点 */
        printf("输入%d个学生信息(姓名,学号,成绩):",iCount);
        scanf("%s",pNew->chName);
        scanf("%ld",&pNew->iNumber);
        scanf("%d",&pNew->score);
        pNew->next=NULL;                        /* 指针域赋空 NULL */
        pEnd=pNew;                              /* 使 pEnd 指向最后结点 */
        iCount++;
    }
    return pHead;
}
void fnPrint(NODEP pHead)
{
    int iCount=1;
    NODEP pTemp;
    pTemp=pHead;
    printf("\t学生信息如下:\n");
    while(pTemp!=NULL)
    {   /* 输出学生的姓名、学号和成绩 */
        printf("学生%d:姓名=%s,学号=%ld,成绩=%d\n",
            iCount,pTemp->chName,pTemp->iNumber,pTemp->score);
        pTemp=pTemp->next;                      /* 指向下一个结点 */
        iCount++;
    }
}
void main()
{
    NODEP pHead;                                /* 定义头指针变量 */
```

```
    pHead=fnCreat();                        /* 创建链表 */
    fnPrint(pHead);                         /* 输出链表 */
}
```

模仿练习

在例9.19创建的单链表中，查找成绩最高的学生，并输出该生的信息。

9.6 指针与函数

指针与函数的关系主要包括两方面的内容：

(1)函数的返回值可以是指针类型。

(2)函数指针和指向函数的指针。

9.6.1 函数的返回值是指针类型

一个函数不仅可以返回int型、float型、char型和结构体类型等数据类型，也可以返回指针类型的数据。返回指针类型的函数定义格式为：

```
类型名 *函数名([参数表])
{
    函数体;
}
```

例如：

```
int *func()
{
    int *p;
    ……              /* 省略其他操作语句 */
    return (p);
}
```

func()函数的返回值是一个指向整型变量的指针。

【例9.20】 编写一个创建结点的函数，且函数的返回值是指向结点的指针。

1.创建单结点的函数

```
struct Student *fnCreat_node(void)
{
    struct Student *p;
    p=(struct Student *)malloc(sizeof(struct Student));
    if(p==NULL) return NULL;
    printf("请输入姓名,学号,成绩:");
    scanf("%s",p->chName);
    scanf("%ld",&p->iNumber);
    scanf("%d",&p->score);
    p->next =NULL;
```

```
    return p;
}
```

2. 为链表添加结点函数 fnAdd()

```
void fnAdd(void)
{
    NODEP ptr;
    NODEP fnCreat_node(void);
    if(head==NULL)head=fnCreat_node();
    else
    {
        ptr=head;
        while(ptr->next !=NULL)ptr=ptr->next;
        ptr->next=fnCreat_node();
    }
}
```

模仿练习

修改例 9.19 程序，调用结点添加函数 fnAdd()，创建链表。

9.6.2 指向函数的指针变量

1. 指向函数的指针变量的定义

函数在内存中也占据一定的存储空间并有一个入口地址(函数开始运行的地址)，这个地址就称为该函数的指针。可以用一个指针变量来存放函数的入口地址，这时称该指针指向这个函数，并称该指针变量为"指向函数的指针变量"，简称为"函数的指针变量"或"函数指针"，可以通过函数指针来调用函数，这是函数指针的主要用途。

函数指针定义的一般形式为：

类型标识符 (*指针变量名)();

说明

(1)类型标识符：指针变量所指向的函数的类型，即函数的返回类型。

(2)"*指针变量名"外的括号不能少，否则就成了指针函数。

例如：

```
int (*fp)();
```

定义了一个指向整型函数的指针变量 fp。

2. 指向函数的指针变量的赋值

与其他指针的定义一样，函数指针定义后，应给它赋一个函数的入口地址，使它指向一个函数，才能使用这个指针。C 语言中，函数名代表该函数的入口地址。因此，可用函数名给指向函数的指针变量赋值：

指向函数的指针变量=函数名;

注意

函数名后不能带括号和参数。

3. 用函数指针变量调用函数

通过函数指针来调用函数的一般格式是：

(*函数指针)(实参表)

【例 9.21】 用函数指针变量调用，求两个整数的较大值函数。

解题分析：定义一个函数指针，使该指针指向一个函数的入口地址，然后用函数指针调用该函数。

```
#include <stdio.h>
int fnMax(int x,int y)                /*求两数中较大者的函数*/
{
    if(x>=y)return x;
    else      return y;
}
void main()
{
    int a,b,c;
    int (*p)(int,int);                /*定义p是一个函数指针*/
    p=fnMax;                          /*使p指向函数fnMax*/
    printf("请输入两个整数:");
    scanf("%d%d",&a,&b);
    c=(*p)(a,b);                      /*等价于c=fnMax(a,b)*/
    printf("a=%d,b=%d,max=%d\n",a,b,c);
}
```

注意

对指向函数的指针变量，诸如 p+i、p++/p--等运算是没有意义的。

9.6.3 指向函数的指针变量做函数参数

假设函数 A 在运行过程中要根据不同情况多次调用下列函数：B、C、D 和 E 之一来协助它进行处理，按照以往的做法是，用条件选择语句将上述函数写在函数 A 的函数体中的多个位置上，这是一种笨拙的、灵活性较差的处理方法。现在，可以通过使用函数指针作为函数参数的方式向函数 A 传递其他函数的入口地址，从而灵活地调用其他函数。

【例 9.22】 编写一个求定积分的通用函数，用它来求以下函数的定积分：

$$\int_0^1 (1+x^2)\,dx,\quad \int_0^2 (1+x+x^2+x^3)\,dx,\quad \int_0^{3.5} \left(\frac{x}{1+x^2}\right)dx$$

【解题分析】

梯形法是求定积分的一种通用的方法，它不是针对某一个函数，而是针对一般函数 f，如图 9-21 所示，在区间(a,b)上的定积分的公式为：

$$s=\frac{f(a)+f(a+h)}{2}\cdot h+\frac{f(a+h)+f(a+2h)}{2}\cdot h+\cdots\cdots+\frac{f(a+(n-1)h)+f(b)}{2}\cdot h$$

$$=\frac{h}{2}(f(a)+2f(a+h)+2f(a+2h)+\cdots\cdots+2f(a+(n-1)h)+f(b)$$

$$=h\left[\frac{f(a)+f(b)}{2}+f(a+h)+f(a+2h)+\cdots\cdots+f(a+(n-1)h)\right]$$

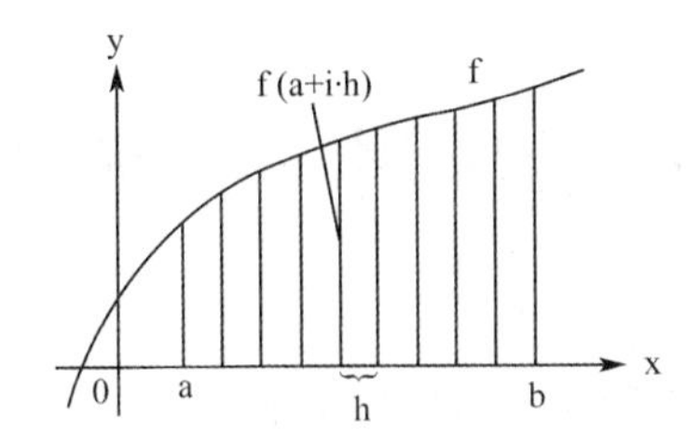

图 9-21 梯形法求定积分

【程序代码】

```
#include <stdio.h>
float f1(float x)
{
    return 1+x*x;
}
float f2(float x)
{
    return 1+x+x*x+x*x*x;
}
float f3(float x)
{
    return x/(1+x*x);
}
float integral(float (*fun)(float),float a,float b,int n)
{
    int i;
    float s,h;
    s=((*fun)(a)+(*fun)(b))/2.0;
    h=(b-a)/n;
    for(i=1;i<n;i++)s=s+(*fun)(a+i*h);
    s=s*h;
    return s;
}
void main(void)
{
    float f1(float),f2(float),f3(float);
    printf("Y1=%7.3f\n",integral(f1,0.0,1.0,100));
    printf("Y2=%7.3f\n",integral(f2,0.0,2.0,150));
    printf("Y3=%7.3f\n",integral(f3,0.0,3.5,200));
}
```

运行结果如下：

```
Y1=␣␣1.333
Y2=␣10.667
Y3=␣␣1.292
```

9.7 情景应用——案例拓展

案例 9-1 利用指针查找数列中的最大值和最小值

问题描述

在窗体上输入 10 个整数，自动查找这些整数中的最大值和最小值，并显示在窗体上，程序运行结果如图 9-22 所示。

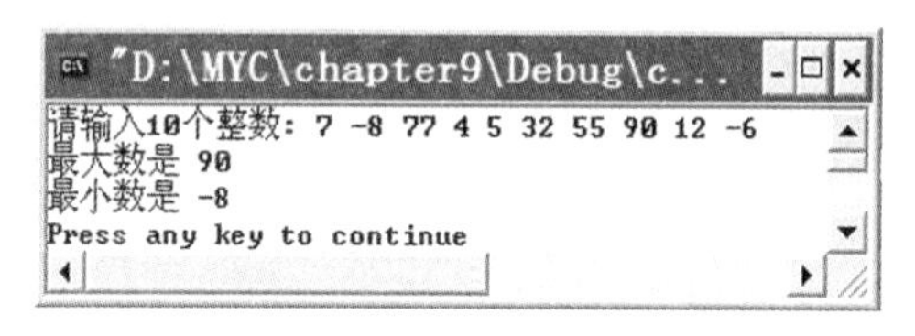

图 9-22 利用指针查找数列中的最大值和最小值

算法设计

(1)自定义函数 fnMax_min()，用于查找数列中的最大值和最小值。代码如下：

```
void fnMax_min(int a[],int n,int *max,int *min)
{
    int *p;
    *max=*min=*a;                    /*初始化最大值、最小值*/
    for(p=a+1;p<a+n;p++)
    if(*p>*max)
        *max=*p;                     /*最大值*/
    else if(*p<*min)
        *min=*p;                     /*最小值*/
    return;
}
```

(2)创建 main()函数，在此函数中调用 fnMax_min()函数，并输出所求得的结果。代码如下：

```
void main()
{
    int i,a[10],max,min;
    printf("请输入 10 个整数:");
    for(i=0;i<10;i++)
        scanf("%d",&a[i]);          /*输入数组元素*/
    fnMax_min(a,10,&max,&min);      /*带回最大值和最小值*/
    printf("最大数是 %d\n",max);     /*输出最大值*/
    printf("最小数是 %d\n",min);     /*输出最小值*/
}
```

拓展训练

按照上面的方法，将查找到的最大值和最小值调换位置，形成新的数列并输出。

案例 9-2 字符串连接函数

问题描述

编写函数，实现与库函数 strcat()一样的功能，并在主函数中调用该函数。要求函数原型为：

```
char * fnStrcat(char  * str1,char  * str2);
```

其中，参数 str1 指向一个内存存储区（一维字符数组），str2 为另一个字符数组或字符串常量，返回值为 str1。函数功能是将 str2 连接到 str1 的末尾。

参考代码如下：

```
#include <stdio.h>
char * fnStrcat(char  * str1,char  * str2);
char * fnStrcat(char  * str1,char  * str2)
{
    char  * p;                    /* 定义一个指针用于字符的复制 */
    p=str1;                       /* p 指向 str1 */
    while( * p!='\0') p++;        /* 使 p 指针移动到字符串 str1 的末尾('\0'的位置) */
    while( * str2!='\0')          /* 将字符串 str2 复制到 str1 末尾 */
    {
        * p= * str2;              /* 字符复制 */
        p++;
        str2++;
    }
    * p='\0';                     /* 置字符串结束标志 */
    return str1;
}
void main()
{
    char star1[30]="I love ",star2[20]="China";
    char  * star3;
    star3=fnStrcat(star1,star2);
    printf("连接后的字符串:\n");
    printf("star1=%s\n",star1);
    printf("star3=%s\n",star3);
}
```

运行结果如下：

```
连接后的字符串:
star1=I love China
star3=I love China
```

拓展训练

编写函数，实现与库函数 strcmp()一样的功能，并在主函数中调用该函数。要求函数原型为：

int fnStrcmp(char * str1,char * str2);

其中，参数 str1 和 str2 均是指向字符串的指针，可以是一个字符数组，也可以是一个字符串常量。返回值有三种不同情形：

(1)正数： 字符串 str1>字符串 str2；

(2)0： 字符串 str1=字符串 str1；

(3)负数： 字符串 str1<字符串 str2。

案例 9-3 回文串的判定

问题描述

编写函数，判断一个字符串是否是“回文”串。所谓回文，是顺读和逆读是一样的字符串，如"asdfghgfdsa"即是“回文”。

算法设计

(1)函数的原型可声明为：

int fnHuiwen(char * str);

其中，参数 str 为要判断的字符串，如果 str 是回文，则返回 1，否则返回 0。

(2)定义指针 p 和 q，分别指向字符串 str 的“头”和“尾”，如图 9-23(a)所示，判断两个指针所指单元的值是否一致。如果一致，则 p 后移，q 前移，如图 9-23(b)所示；如果不一致，则说明不是回文。持续这个过程，直到 p>=q 结束，如图 9-23(c)所示。

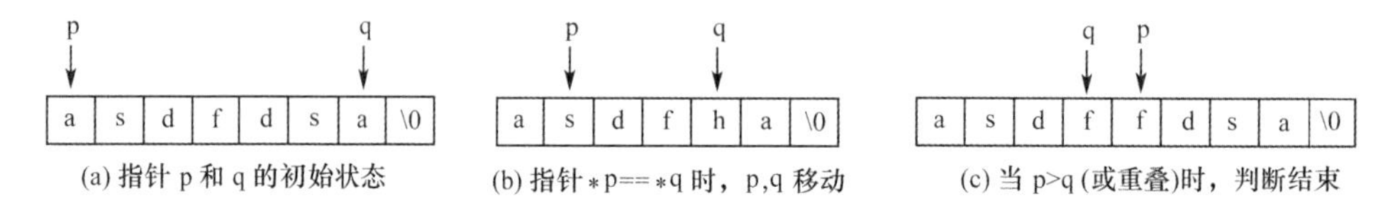

图 9-23 回文字符串的判断过程

参考代码如下：

```
#include <stdio.h>
#include <string.h>
int fnHuiwen(char * );          /* 函数声明 */
void main()
{
    char str[100];
    int hw;
    puts("请输入一个字符串:");
    gets(str);
    hw=fnHuiwen(str);
    if(hw)
```

```
        printf("字符串:%s 是回文串\n",str);
    else
        printf("字符串:%s 不是回文串\n",str);
}
int fnHuiwen(char * str)        /* 函数定义 */
{
    char * p, * q;
    p=str;
    q=str+strlen(str)-1;
    while(p<q)
    {
        if( * p!= * q)          /* 如果有前后对应位置不一致的字符,不是回文,提前结束 */
            break;
        else {p++;q--;}         /* 前后对应位置一致,则 p 后移,q 前移 */
    }
    if(p>=q)                    /* 如果 p、q 改变了原来的前后关系 */
        return 1;               /* 是回文数 */
    else return 0;              /* 不是回文数 */
}
```

拓展训练

编写函数,将一个字符串中的指定字符全部删除。要求函数的原型为:

void fnDelChar(char * str,char ch);

其中,参数 str 为要删除字符的字符串,ch 为要删除的字符。

案例 9-4　单链表结点的删除和插入*

问题描述

对单链表的基本操作有:创建、查询、插入、删除和修改等。在例 9.19 所建立的链表中,进行结点的插入和删除功能。

算法设计

1. 结点的插入

链表的插入操作是指在链表中插入一个新结点,如图 9-24～图 9-26 所示三种插入位置:

- 插入第一个结点前(图 9-24)
- 插入任意两结点之间(图 9-25)
- 插入最后(图 9-26)

(1)链表头插入

(2)链表中间插入

(3)链表尾插入

不妨以链表头插入结点为例,其他情况留给读者完成。

(1)设计一个函数实现结点插入功能,代码如下:

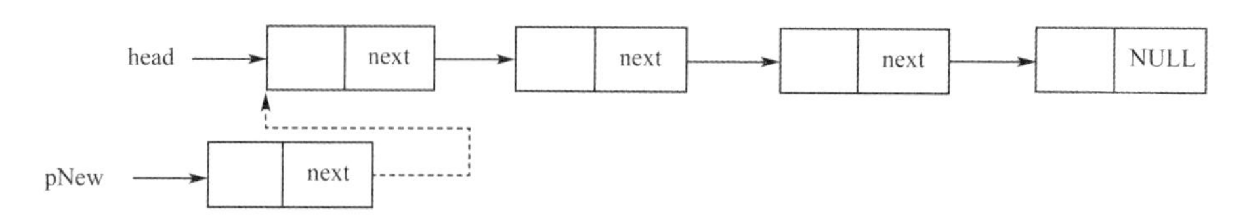

图 9-24 链表头插入:pNew－＞next＝head;head＝pNew;

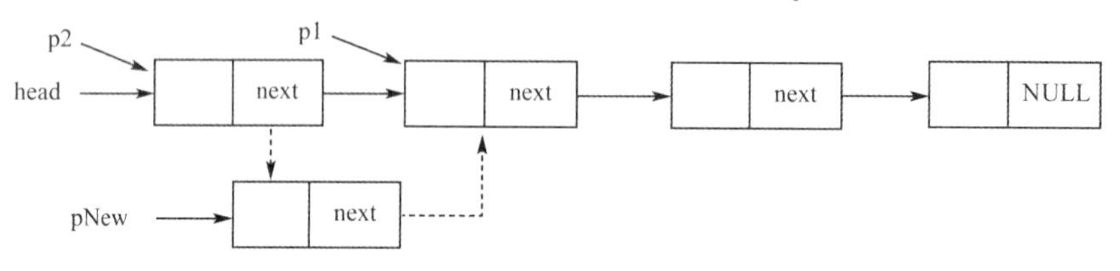

图 9-25 链表中间插入:pNew－＞next ＝p1; p2－＞next＝pNew;

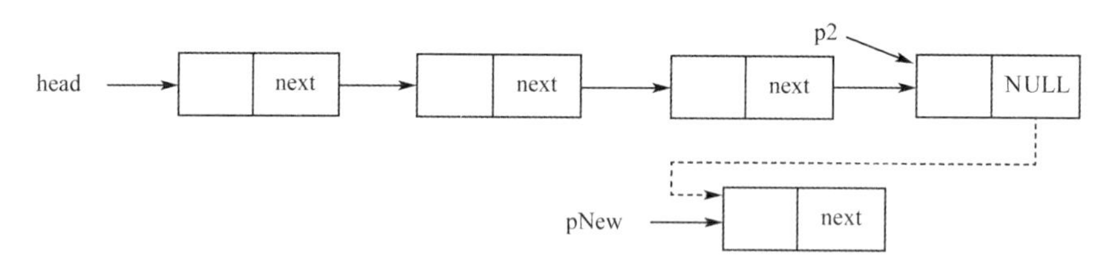

图 9-26 链表尾插入:p2－＞next＝pNew;pNew－＞next＝NULL;

```
NODEP fnInsert(NODEP pHead)
{
    NODEP pNew;
    printf("--在链表头插入结点--\n");
    pNew=(NODEP)malloc(sizeof(NODE));
    printf("输入插入学生结点信息(姓名,学号,成绩):");
    scanf("%s",pNew->chName);
    scanf("%ld",&pNew->iNumber);
    scanf("%d",&pNew->score);
    pNew->next=pHead;
    pHead=pNew;
    return pHead;
}
```

(2)修改 main()函数的代码,添加结点插入操作,代码如下:

```
void main()
{
    NODEP pHead;                        /*定义头指针变量*/
    pHead=fnCreat();                    /*创建链表*/
    fnPrint(pHead);                     /*输出链表*/
    pHead=fnInsert(pHead);              /*插入结点*/
    fnPrint(pHead);                     /*输出链表*/
}
```

2. 结点的删除

删除操作是指在给定的链表中，删除某个特定的结点，也就是插入的逆过程。例如，删除任意 i 结点，如图 9-27 所示。语句

```
(i-1)->next=i->next;
```

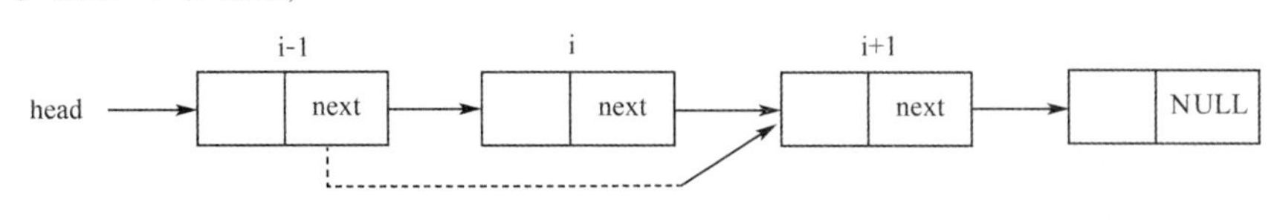

图 9-27　删除第 i 个结点

结点删除步骤：

①查找符合条件的结点；

定义两个指针 p1、p2，其中 p1 查找删除位置，p2 指向刚查找过的结点。如图 9-28 所示，假设中间结点是查找到的结点。

②进行删除操作。

```
p2->next=p1->next;                          //使 p1 所指结点脱离链表
free(p1);                                   //释放删除结点空间
```

图 9-28　删除中间一个结点

(1)不妨以姓名作为删除结点关键字，设计一个删除结点的函数。代码如下：

```
NODEP fnDelete(NODEP pHead,char name[])
{
    NODEP p1,p2;
    p1=p2=pHead;
    while(p1!=NULL)
    {                                        /* 逐个结点查找 */
        if(strcmp(p1->chName,name)==0)       /* 查找成功 */
        {
            p2->next=p1->next;               /* 把要删除的结点从链表中分离出去 */
            break;                           /* 终止循环,结束查找 */
        }
        p2=p1;                               /* 使指针指向当前结点 */
        p1=p1->next;                         /* 使 p1 指向链表下一个结点 */
    }
    if(p1==pHead)pHead=p1->next;             /* 如果删除的是第一个结点 */
    if(p1==NULL) printf("没找到你要删除的学生结点! \n");
    else  free(p1);                          /* 释放结点存储空间 */
    return pHead;
}
```

(2)修改 main()函数的代码,加入结点删除操作,代码如下:

```
void main()
{
    NODEP pHead;                          /* 定义头指针变量 */
    pHead=fnCreat();                      /* 创建链表 */
    fnPrint(pHead);                       /* 输出链表 */
    pHead=fnInsert(pHead);                /* 插入结点 */
    fnPrint(pHead);                       /* 输出链表 */
    pHead=fnDelete(pHead,"wang");         /* 删除结点 */
    fnPrint(pHead);                       /* 输出链表 */
}
```

拓展训练

1. 完善班级链表插入函数 fnInsert(),使新结点插入链表中的任意位置。

2. 完善班级链表,添加结点信息的查询和修改功能。

提示:查询操作是指,在给定的链表中,查找具有检索条件的结点。修改操作是指,在给定的链表中,首先根据某已知的条件,查找到该结点,再修改数据域中的某些数据项。

自我测试练习

一、单选题

1. 设"int i, * p=&i;"以下语句正确的是(　　)。

A. * p=10;　　B. i=p;　　C. i+=p;　　D. p=2 * p+1;

2. 设 char s[10], * p=s; 以下语句不正确的是(　　)。

A. p=s+5;　　B. s=p+s;　　C. s[2]=p[4];　　D. * p=s[0];

3. 以下程序的执行结果是(　　)。

```
#include <stdio.h>
void main()
{
    int a[ ]={1,2,3,4,5,6};
    int * p;
    p=a;
    * (p+3)+=2;
    printf("%d,%d\n", * p, * (p+3));
}
```

A. 1,3　　B. 1,6　　C. 3,6　　D. 1,4

4. 以下 fnStrcomp( )函数的功能是按词典顺序比较两个字符串 s 和 t 的大小。如果 s 大于 t,则返回正值,等于则返回 0,小于则返回负值。请选择正确的编号填空。

```
int fnStrcomp(char *s,char *t)
{
    for(;*s==*t;________ )
    if(*s=='\0')return (0);
    return (*s-*t);
}
```

A. s++　　B. t++　　C. s++;t++　　D. s++,t++

5. 以下 fnStrcopy()函数的功能是将字符串 t 复制到字符串 s。请选择正确的编号填空。

```
char *fnStrcopy(char *s,char *t)
{
    char *p=s;
    while(*t)
    {
        *s=(________);
        s++;
    }
    *s='\0';
    return p;
}
```

A. *t　　B. t　　C. t--　　D. *t++

二、填空题

1. 以下程序的输出结果是________。

```
#include <stdio.h>
void main()
{
    int *p;
    int  a[2]={1};
    p=&a[0];
    *p=2;
    p++;
    printf("%d,",*p);
    p--;
    printf("%d\n",*p);
}
```

2. 以下程序的输出结果是________。

```
#include <stdio.h>
struct stru
{
    int  x;
    char c;
};
```

```
void fun(struct stru *k);
void main()
{
    struct stru a={10,'x'}, *p=&a;
    fun(p);
    printf("%d,%c\n",a.x,a.c);
}
void fun(struct stru *b)
{
    b->x=20;
    b->c='y';
}
```

3. 以下程序是将"Hello"逆向显示出来。请将程序补充完整。

```
#include <stdio.h>
void fnPrintStr(char *p);
void main()
{
    fnPrintStr("Hello");
}
void fnPrintDtr(char *string)
{
    int i=0 ;
    char *str=string;
    while(str[i])i++;
    i--;
    while(i>=0)
    {
        printf("%c",str[i]);
        ________;
    }
}
```

4. 下列程序的输出结果是________。

```
#include <stdio.h>
void main()
{
    int a[ ]={1,2,3,4,5,6};
    int *p;
    p=a;
    printf("%d %d %d %d\n", *p, *(++p), *++p, *(p--));
    printf("%d %d\n", *p, *(a+2));
}
```

三、编程题

1. C 语言中在函数之间进行数据传递的方法除了通过返回值和全局变量(外部变量)外，还可以采用哪种方式? 请以求两数之最大值为例，分别编程实现。

2. 编写函数，其功能是从一个一维整型数组中寻找指定的一个数，若找到，返回该数在数组中的下标值，否则返回-1。

3. 编写函数，其功能是从一个字符指针数组中寻找指定的一个字符串，若找到，返回 1，否则就返回 0。

4. 编写函数 fnSort()，其功能是完成对 n 个字符串的降序排序，然后在 main()函数中调用 fnSort()函数，对“Beijing”“Shanghai”“Shenzhen”“Nanjing”“Dalian”，“Qingdao”六个字符串排序，要求用指针数组表示这六个字符串。

第10章

文　件

学习目标

- 理解文件的概念和文件的基本操作
- 掌握文本文件和二进制文件的读写方法
- 掌握文件的定位方法
- 掌握学生成绩信息管理系统中的信息保存方法

案例10　收官篇:用文件完善学生成绩管理系统

问题描述

在学生成绩管理系统中,所涉及的数据是比较大的,而每次运行程序时都要通过键盘输入数据,非常麻烦。退出程序数据也随之消失,数据只能保存在内存中,不能长期保存。

本任务使用外部存储文件来保存数据,实现对数据的存储和读取,能安全有效地长期保存数据,还能提供数据共享。

问题分析

案例9中的数据是存储在内存中的,当程序结束运行时,这些数据全部消失。如果能将数据保存在文件中,将大大减少输入工作量,而且输出的结果也可以长期保留。问题的要点是:

(1)如何将内存中的数据存储在文件中。

(2)反之,如何将磁盘文件中的数据载入内存。

知识准备

要完成上面的任务,必须了解文件的基本概念,熟练掌握文件读写函数。

所谓文件,一般指存储在计算机外部介质上的一组相关数据的集合。在现代计算机的应用领域中,数据处理是个重要方面,要实现数据处理往往是要通过文件的形式来完成。本章介绍如何将数据写入文件和从文件中读出。

10.1　文件的基本知识

微课

文件

数据是以文件的形式存储在外部存储介质(如磁盘)上的,计算机操作系统也是以文件为单位对数据进行管理的。

10.1.1 文件的存储方式

文件是指存储在外部介质上的数据集合，为标识一个文件，每个文件都必须有一个文件名，文件名的一般形式为：文件名.[扩展名]，其中扩展名是可选的，并按类别命名，例如，C语言源程序的扩展名是C，而可执行文件的扩展名是EXE等。

数据文件在磁盘上有两种存储方式，一种是按ASCII码存储，称为ASCII码文件；一种是按二进制码存储，称为二进制文件。

(1)文本文件：也称ASCII码文件。这种文件在保存时，每个字符对应一个字节，用于存储对应的ASCII码。

(2)二进制文件：不是保存ASCII码，而是按二进制的编码方式来保存文件内容。

例如，短型整数100，由'1'、'0'和'0'3个字符组成，它们的ASCII码分别为49、48和48，所以，在文本文件中存放的是49、48和48这3个数，需要3个字节。在二进制文件中直接存放的就是100，因此只要占用2个字节就行了，如图10-1所示。

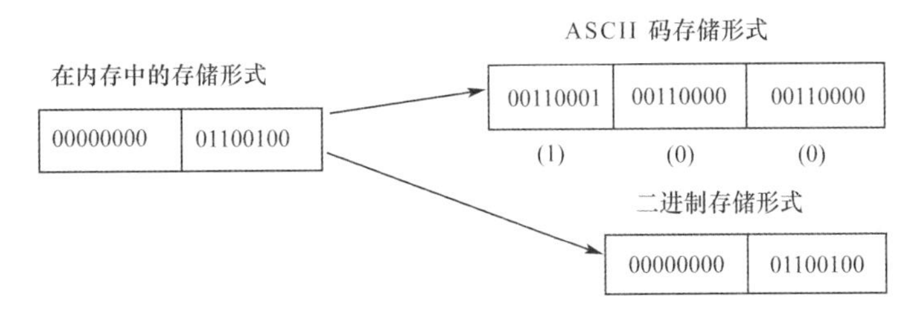

图10-1　短型整数100的存储形式示意图

用ASCII码形式存储，一个字节存储一个字符。因而便于对字符进行逐个处理，存取较为方便，但占用存储空间较多，而且要花费转换时间。

用二进制形式存储，可以节省存储空间，不需要转换，存取速度快，但由于1个字节并不对应1个字符，所以不能直接输出字符形式。

10.1.2 文件的处理方式

C语言没有提供对文件进行操作的语句，所有的文件操作都是利用C语言编译系统所提供的库函数实现。多数C语言编译系统都提供两种文件处理方式，即“缓冲文件系统”和“非缓冲文件系统”。

(1)缓冲文件系统又称为标准文件系统或高层文件系统，是目前常用的文件系统，也是ANSI C建议使用的文件系统。在对文件进行操作时，系统自动地为每个文件在内存开辟一个缓冲区。从内存向文件输出数据时，必须先送到内存缓冲区，待缓冲区充满之后，再输出到磁盘文件中。当从磁盘文件读数据时，首先读入一批数据送到内存缓冲区中，然后，再逐个传递到程序数据区中。这样做的好处是能减少对文件存取的操作次数。所以，它与具体机器无关，通用性好，功能强，使用方便，如图10-2所示。

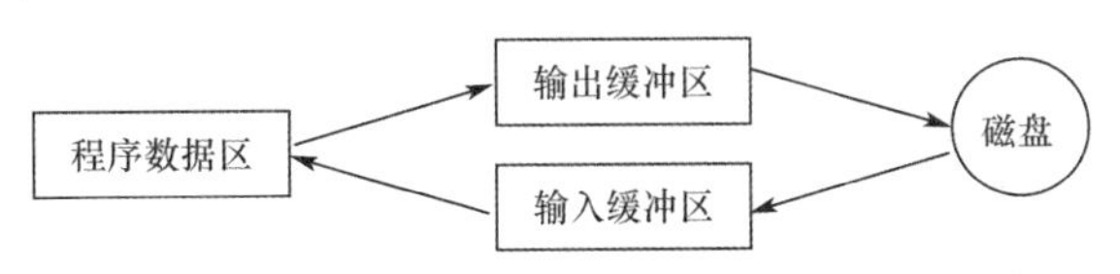

图10-2　缓冲文件系统的输入输出示意图

(2)非缓冲文件系统又称为低层文件系统,它提供的文件输入输出操作函数更接近于操作系统,它不能自动设置缓冲区,而是由用户根据所处理的数据大小在程序中设置。因此,与机器有关,使用较为困难,但它节省内存,执行效率较高。

10.1.3 文件类型指针

一般情况下,要使用一个文件,系统将在内存中为这一文件开辟一个"文件信息区",用来存放文件的有关信息,例如,文件当前的读写位置、缓冲区中未被处理的字符数、文件操作方式、下一个字符的位置、文件缓冲区的位置等。这些信息保存在一个结构体中,该结构体由系统定义,定义在 stdio.h 的头文件中。Visual C++ 6.0 系统中具体定义形式为:

```
struct _iobuf
{
    char *_ptr;           //文件输入的下一个位置
    int _cnt;             //当前缓冲区的相对位置
    char *_base;          //数据缓冲区的位置
    int _flag;            //文件状态标志
    int _file;            //用于有效性检验
    int _charbuf;         //如无缓冲区不读取字符
    int _bufsiz;          //缓冲区的大小
    char *_tmpfname;      //临时文件名
};
typedef struct _iobuf FILE;
```

C 语言对文件的操作并不是直接通过文件名进行的,而是根据文件名生成一个指向 FILE 结构体类型的指针。也就是首先定义一个 FILE 的指针,例如:

```
FILE *fp;
```

通过 fp 使用结构体变量中的文件信息访问文件。也就是说,C 程序是通过文件指针变量 fp 找到与它相关的文件的,通过该指针对文件进行操作。

注意

文件指针所指的是一个名为 FILE 的结构体类型,在 stdio.h 中定义,结构体 FILE(注:必须是大写)的细节对系统来说是重要的,但对一般用户来说并不重要,因此,初学者不必详细了解 FILE 的具体组成结构。

10.2 文件的打开和关闭

对文件进行读写操作之前,必须先打开该文件;使用结束后,应立即关闭文件,以免数据丢失。文件的打开和关闭都是通过函数来实现的。

10.2.1 文件的打开

C 语言中,使用 fopen()函数来打开文件。格式:

```
FILE *fp;
fp=fopen("文件名","操作方式");
```

功能:以指定的操作方式打开一个文件。

说明

(1)fopen()函数在执行时返回一个FILE类型的指针,赋给一个文件指针变量fp,使fp与被打开的文件联系起来,而后对文件的读写操作就可以通过fp来进行。

(2)“文件名”指要打开文件的文件名,若不在当前目录下,则要写绝对路径。

(3)“操作方式”是指对打开文件的访问形式,取值及含义见表10-1。

表10-1 文件操作方式及含义

操作方式	处理方式	文件不存在时	文件存在时
r	只读(文本文件)	出错	正常打开
w	只写(文本文件)	建立新文件	文件原有内容丢失
a	添加(文本文件)	建立新文件	在文件原有内容末尾追加
rb	只读(二进制文件)	出错	正常打开
wb	只写(二进制文件)	建立新文件	文件原有内容丢失
ab	添加(二进制文件)	建立新文件	在文件原有内容末尾追加
r+	读/写(文本文件)	出错	正常打开
w+	写/读(文本文件)	建立新文件	文件原有内容丢失
a+	读/添加(文本文件)	建立新文件	在文件原有内容末尾追加
rb+	读/写(二进制文件)	出错	正常打开
wb+	写/读(二进制文件)	建立新文件	文件原有内容丢失
ab+	读/添加(二进制文件)	建立新文件	在文件原有内容末尾追加

其中:

(1)"r"、"w"、"a"是三种基本的操作方式,分别表示读、写和添加。

(2)“+”表示既可读,又可写。

(3)在基本操作方式的代号后添加“b”表示指定二进制文件,缺省时表示指定文本文件,为显目起见,也可添加一个t,表示指定文本文件,如rt、w+t等。

例如,要以只读方式打开当前目录下且文件名为st.txt的文本文件,代码如下:

```
FILE *fp;
fp=fopen("st.txt","r");                                    (*)
```

如果使用fopen()函数成功打开文件,将返回一个有确定指向的FILE类型指针。若打开失败,则返回NULL。

通常打开文件失败通常有以下几方面的原因:

(1)指定的盘符或路径不存在。

(2)文件名中含有无效字符。

(3)以r模式打开一个不存在的文件。

因此,程序中应考虑做容错异常处理,所以,(*)式中的语句应修订为:

```
fp=fopen("st.txt","r")
if(fp==NULL)
{
    printf("打开文件失败!\n");
    exit(0);                        /*结束程序运行*/
```

```
}
```

或者合并为：

```
if((fp=fopen("st.txt","r"))==NULL)
{
    printf("打开文件失败！\n");
    exit(0);                    /*结束程序运行*/
}
```

10.2.2 文件的关闭

使用完一个文件后，应使用 fclose()函数及时关闭。fclose()函数和 fopen()函数一样，原型也在 stdio.h 中，调用的一般形式为：

fclose(文件指针);

例如：

```
fclose(fp);
```

fclose 函数也带回一个值，当正常完成关闭文件时，fclose 函数返回值为 0(NULL)，否则返回 EOF。

注意

在程序结束之前应关闭所有文件，以防止因未关闭而造成数据丢失。

10.3 文件的读写

文件成功打开之后，就可以对它进行读写操作了。本节介绍文件的读写操作函数。

10.3.1 文本文件的读写

文本文件的操作

C 语言提供的以字符方式读写文件的函数有：

- 写字符函数 int fputc(char ch,FILE *fp)
- 读字符函数 int fgetc(FILE *fp)
- 写字符串函数 int fputs(char *string,FILE *fp)
- 读字符串函数 char *fgets(char *string,int n,FILE *fp)

1. 写字符函数 int fputc(char ch,FILE *fp)

fputc()函数的一般形式如下：

ch=fputc(ch,fp);

功能：将字符型变量 ch 的内容写入文件指针 fp 所指定的文件中。

说明

(1)ch 为字符变量或字符常量。

(2)fp 为 FILE 类型的文件指针变量，它由 fopen()函数赋初值。

(3)打开文件的方式必须是"w"或"w+"。

(4)fputc()函数可以返回一个值。若成功则返回写的字符，若出错则返回 EOF，其中 EOF 是 stdio.h 中定义的符号常量，值为-1。EOF 也是文件的结束标志。

【例 10.1】　从键盘输入若干字符，然后逐个把它们写入磁盘文件中去，以“#”结束输入。当输入如图 10-3 所示的内容时，则 D:\student.txt 文件中的内容如图 10-4 所示。

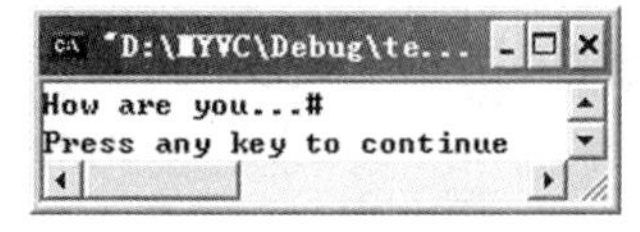

图 10-3　运行界面

图 10-4　文件中的内容

实现代码如下：

```
#include <stdio.h>
#include <stdlib.h>
void main()
{
    char ch;
    FILE *fp;                    /*定义文件指针*/
    if((fp=fopen("D:\\student.txt","w"))==NULL)     /*以写方式打开文件*/
    {
        puts("\n 打开文件 student.txt 失败! \n");
        exit(0);
    }
    ch=getchar();                /*getchar()带回一个字符赋给 ch*/
    while(ch!='#')               /*当输入"#"时结束循环*/
    {
        fputc(ch,fp);            /*将读入的字符写到磁盘文件中*/
        ch=getchar();            /*getchar()继续带回一个字符赋给 ch*/
    }
    fclose(fp);                  /*关闭文件*/
}
```

2. 读字符函数 int fgetc(FILE *fp)

fgetc()函数的一般形式如下：

ch=fgetc(fp);

功能：从文件指针 fp 所指文件中读取一个字符。

说明

(1)ch 为字符变量，用来接收从磁盘文件读入的字符。

(2)fp 为 FILE 类型的文件指针变量，它由 fopen()函数赋初值。

(3)打开文件的方式必须是“r”或“r+”，并且文件必须存在。

(4)fgetc()函数返回一个字符，如果读到文件尾，则返回的是文件结束标志 EOF。出错时也返回 EOF。

例如，把一个磁盘文件从头到尾顺序读出，并在屏幕上显示，可用以下程序段实现：

```
while((ch=fgetc(fp))!=EOF)
{
    putchar(ch);
}
```

【例 10.2】 顺序读出并显示例 10.1 创建的文本文件 student.txt。程序运行结果如图 10-5 所示。

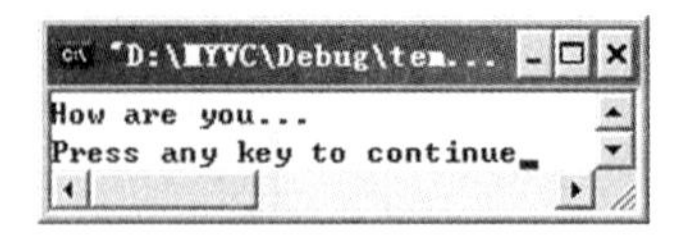

图 10-5 读取磁盘文件

实现代码如下：

```
#include <stdio.h>
#include <stdlib.h>
void main()
{
    FILE *fp;                          /*定义文件指针*/
    int ch;
    if((fp=fopen("D:\\student.txt","r"))==NULL)     /*以读方式打开文件*/
    {
        printf("打开文件 D:\student.txt 失败！\n");
        exit(0);
    }
    ch=fgetc(fp);                      /*fgetc()函数带回一个字符赋给 ch*/
    while(ch!=EOF)                     /*当读入的字符值等于 EOF 时结束循环*/
    {
        putchar(ch);                   /*将读出的字符在屏幕上输出*/
        ch=fgetc(fp);                  /*fgetc()函数继续带回一个字符赋给 ch*/
    }
    fclose(fp);                        /*关闭文件*/
}
```

注意

1. 文件结束标记"EOF"的值等于-1，而字符的 ASCII 码值不可能出现-1，所以 EOF 作为文本文件的结束符是合适的。由于二进制文件的数据可以是-1，所以，EOF 不能作为二进制文件的结束标志。

2. 在例 10.1，例 10.2 中，文件名的绝对路径是 D:\student.txt，但在 fopen()函数中，文件名参数的反斜线字符"\"必须由转义字符"\\"替换。

模仿练习

1. 修改例 10.2 程序，除完成在屏幕上显示外，同时将 student.txt 的内容复制到另一个文本文件 student1.txt 中。

2. 先用 Windows 自带记事本，创建一个文件 s.txt，并录入一些字符。然后编程统计文件 s.txt 中小写字符的个数。

由于 fgetc()和 fputc()函数一次只能读写文件中的一个字符，因此，如果文件 student.txt 的大小为 1000 个字节，则该实例中的 while 循环就要执行 1000 次，显然效率比较低。下面介绍能一次读写一个字符串的函数。

3. 写字符串函数 int fputs(char ＊string,FILE ＊fp)

fputs()函数的一般形式如下：

ch=fputs(str,fp);

功能:将一个字符串写到文件指针所指的文件中。

说明

(1)fputs()函数带返回值。若输出成功,返回值为0,否则返回值为非0。

(2)串结束符将不被输出。因此,为了读数据的方便,设法使字符串能分开,往往用“fputs("\n",fp);”语句在每个字符串后加一个换行符'\n'一起存入文件中。

【例 10.3】 从键盘输入5个字符串并存储到磁盘文件 out.txt 中。

```
#include <stdio.h>
#include <stdlib.h>
void main()
{
    FILE *fp;
    char str[81],i;
    if((fp=fopen("D:\\out.txt","w"))==NULL)
    {
        puts("打开文件 out.txt 失败！\n");
        exit(0);
    }
    for(i=0;i<5;i++)
    {
        gets(str);                /*键盘输入一个字符串*/
        fputs(str,fp);            /*将 str 中的字符串写到文件中*/
        fputs("\n",fp);           /*在每个字符串后加一个换行符*/
    }
    fclose(fp);                   /*关闭文件*/
}
```

程序运行后,可以查看文件 out.txt 的内容,会发现每一个数据项都占文件一行。

4. 读字符串函数 char ＊fgets(char ＊string,int n,FILE ＊fp)

fgets()函数的一般形式如下：

fgets(str,n,fp);

功能:从文件指针 fp 所指的文件中读取一个字符串。

说明

(1)str 为字符数组或字符型指针。

(2)n 为正整数,表示从文件中读取不超过 n-1 个字符,在读取的最后一个字符后加上串结束符'\0'。如果在完成读取 n-1 个字符之前,遇到换行符或 EOF,则停止读的过程。

(3)fgets()函数的返回值为 str 的首地址。若读到文件尾或出错,则返回空指针 NULL。

【例 10.4】 从文件 out.txt 中读取字符串,并显示在屏幕上。

```
#include <stdio.h>
```

```
#include <stdlib.h>
void main()
{
    FILE *fp;
    char str[81];
    if((fp=fopen("D:\\out.txt","r"))==NULL)
    {
        puts("打开文件 D\out.txt 失败！\n");
        exit(0);
    }
    while(fgets(str,81,fp)!=NULL)
        printf("%s",str);
    fclose(fp);
}
```

不难发现，其结果与我们输入的一样。同时也就悟出前面在写文件时，为何在每个数据项后加上换行符。

模仿练习

修改例 10.4 中的程序，把读出的内容除了显示在屏幕上外，同时复制到另一个文件中。

10.3.2 二进制文件的读写

多数文件是以二进制方式存储，且需要对整块数据进行读写。下面介绍块读写函数 fwrite()和 fread()。

1. 写数据块函数 fwrite( )

fwrite()函数的一般形式如下：

fwrite(buffer,size,count,fp);

功能：将一组数据输出到指定的磁盘文件中。

说明

(1)buffer 用于存放输出数据的缓冲区指针，即要写出数据段的起始地址。

(2)size 是输出的每个数据项的字节数。

(3)count 是指要输出多少个 size 字节的数据项数，因此字节总数为 count * size。

(4)fp 是 FILE 类型的文件指针变量。

例如，利用 fwrite()函数，将 5 个整数输出到磁盘文件中，则 fwrite()函数中的参数设置如下：

```
int a[5]={1,2,3,4,5};
fwrite(a,4,5,fp);
```

其中第二个参数 4 是指每个整数占 4 个字节，所以共输出 20 个字节到磁盘文件中。

注意

由于编译环境的差别，个别数据类型所占的字节数存在差异，例如，Turbo C 中，int 型变量占 2 个字节，而 VC 6.0 占 4 个字节。考虑到程序的通用性，建议使用sizeof()函数计算 size

值,例如,用 sizeof(int)而不用 4。

【例 10.5】 从键盘输入 10 个整数,并存储在磁盘文件 a1.dat 中。

```
#include <stdio.h>
void main()
{
    FILE *fp;
    int iData[10],i;
    for(i=0;i<10;i++)
        scanf("%d",&iData[i]);          /*从键盘输入 10 个整数存储在数组 iData 中*/
    if((fp=fopen("D:\\a1.dat","wb"))==NULL)/*以二进制方式打开文件*/
    {
        printf("打开文件 a1.dat 失败! \n");
        return ;
    }
    fwrite(iData,sizeof(int),10,fp);      /*iData 为首地址,写 10*sizeof(int)个字节*/
    fclose(fp);
}
```

2. 读数据块函数 fread()

fread()函数的一般形式如下:

fread(buffer,size,count,fp);

功能:从指定的文件中读入一组数据。

说明

(1)buffer 用于存放读入数据的缓冲区指针,即是存放数据的起始地址。

(2)size 是读入的每个数据项的字节数。

(3)count 是指要读入多少个 size 字节的数据项数,因此字节总数为 count*size。

(4)fp 是 FILE 类型的文件指针变量。

例如,利用 fread()函数,从 fp 所指定的文件读入 5 个整数,则 fread()函数中的参数设置如下:

```
int a[5];
fread(a,sizeof(int),5,fp);
```

注意

当 fread()与 fwrite()这两个函数调用成功时,各自返回实际读或写的数据项数(注意,不是字节数)。例如,对上述语句,如果执行成功的话,返回值为 5。

【例 10.6】 将存入 a1.dat 中的数据读入数组 data,并显示出来。

```
#include <stdio.h>
void main()
{
    FILE *fp;
    int iData[10],i;
    if((fp=fopen("D:\\a1.dat","rb"))==NULL)
```

```
    {
        printf("打开文件a1.dat失败！\n");
        return ;
    }
    fread(iData,sizeof(int),10,fp);
    fclose(fp);
    for(i=0;i<10;i++)
        printf("%4d",iData[i]);
}
```

模仿练习

修改例10.6中的程序，将一次性读改为一次限读一个整数。

10.3.3 文本文件的格式化读写

文件的格式化输入/输出函数fscanf()/fprintf()，与前面介绍的scanf()/printf()函数的作用类似，都是用来实现格式化读写操作，不同之处是fscanf()/fprintf()的读写对象是磁盘文件，而不是键盘和屏幕。

1. 格式化写函数fprintf()

fprintf()函数的一般形式如下：

int fprintf(FILE *fp,char *format[,argument,……])

功能：按format规定的格式把数据写入文件指针fp所指文件中。其中，format参数的含义与printf函数中format的含义是相同的。

例如：

```
int a=12;
fprintf(fp,"data=%d",a);        //将data=12写入fp指向的文件中
```

2. 格式化读函数fscanf()

fscanf()函数的一般形式如下：

int fscanf(FILE *fp,char *format[,argument,……])

功能：从文件指针fp所指文件中按format规定的格式把数据读入参数argument中。其中，format参数的含义与scanf函数中format的含义是相同的。

例如：

```
int a;
fscanf(fp,"data=%d",&a);       //从fp指向的文件中读取数据并存储在变量a中
```

注意

在利用fscanf()函数从文件中进行格式化输入时，一定要保证格式说明符与所对应输入数据的一致性，否则将会出错。通常的做法是用什么格式写入的数据，就用什么格式读出。

下面来看一个文件格式化输入输出的实例。

【例10.7】 录入表10-2中的N名学生的信息，并存入文件student2.txt中，要求：

(1)除学生基本信息外，还要包括相应的字段名信息。例如，age=16等。

(2)每个学生的记录数据各占一行。

表 10-2 学生信息表

姓 名	学 号	年 龄	成 绩
wan	2014001	16	78.2
Lis	2014002	17	80.3
zha	2014003	19	65.4
……	……	……	……

程序代码如下：

```
#include <stdio.h>
#include <stdlib.h>
#define  N  3
void main()
{
    FILE *fp;
    int i;
    char name[16];
    long no;
    int age;
    float score;
    if((fp=fopen("D:\\student2.txt","w"))==NULL)/*以写方式打开文件*/
    {
        printf("打开文件 student2.txt 失败!");
        exit(1);
    }
    printf("请输入学生的数据\n");
    for(i=0;i<N;i++)
    {   /*输入第i个学生的数据,并存入文件*/
       scanf("%s%ld%d%f",name,&no,&age,&score);
       fprintf(fp,"Name:%s\n",name);
       fprintf(fp,"No=%ld,Age=%d,Score=%f\n",no,age,score);
    }
    fclose(fp);
}
```

运行结果如图 10-6 所示，文件 D:\student2.txt 中的内容如图 10-7 所示。

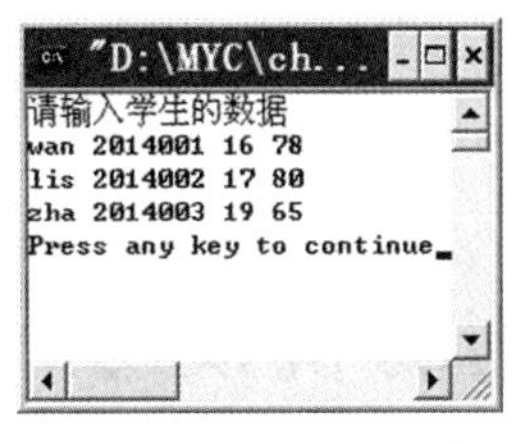

图 10-6 例 10.7 的运行结果

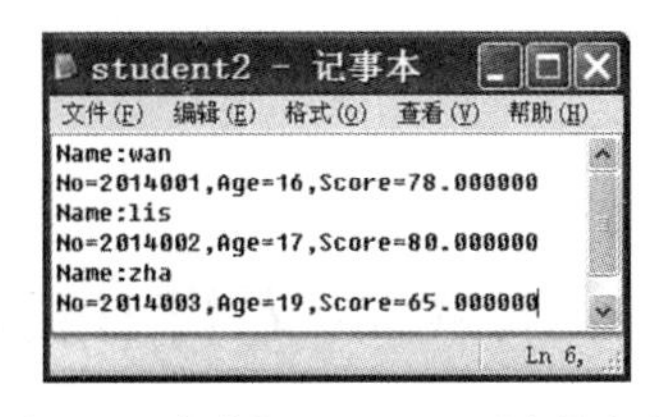

图 10-7 文件“student2.txt”中的内容

说明

用 fscanf()函数从文件中进行格式化输入时，一定要保证格式说明符与所对应的输入数

据的一致性，换句话说，用什么格式写的数据，就应该用什么格式读。例如，以例10.7存储的数据进行格式读，代码如下：

```
fscanf(fp,"Name:%s\n",name);
fscanf(fp,"No=%ld,Age=%d,Score=%f\n",&no,&age,&score);
```

【例 10.8】 读出磁盘文件 D:\student2.txt 中的数据并显示。

```
#include <stdio.h>
#include <stdlib.h>
#define  N  3
void main()
{
    FILE  *fp;
    int   i=1;
    char  name[16];
    long  no;
    int   age;
    float score;
    if((fp=fopen("D:\\student2.txt","r"))==NULL)  /*以读方式打开文件*/
    {
        printf("Open File student2.txt fail");
        exit(1);
    }
    while(!feof(fp))
    {   /*从文件中读入数据*/
        fscanf(fp,"Name:%s\n",name);
        fscanf(fp,"No=%ld,Age=%d,Score=%f\n",&no,&age,&score);
        /*在屏幕上显示数据*/
        printf("学生%d的信息:%s,%ld,%d,%0.2f\n",i++,name,no,age,score);
    }
    fclose(fp);
}
```

运行结果如图 10-8 所示。

图 10-8　例 10.8 的运行结果

10.4　文件的定位与随机读写

前面所述的对文件读写操作是从文件的开始位置读写的，每进行一次读写操作，文件的读写位置都自动地发生变化。例如，读写一个字符后，文件指针自动移向下一个字符位置。

在对文件读写操作时往往不需要从头开始，只需对其中指定的内容进行读写操作，这时我们可以调用库函数来改变文件的读写位置，这种函数称为文件的定位函数，一般用 rewind()和 fseek()函数实现。

10.4.1　rewind()函数

格式：**rewind(fp);**

功能：将文件的读写位置指针重新移到文件的开头。

在实际应用中，若对某一文件进行多次读写操作后，需要重新读写该文件，可以采用关闭该文件再打开该文件的方法，而使用 rewind()函数可以在不关闭文件的情况下将位置指针返回文件开头，达到重新读取文件的目的，显然效率要比前一种方法高。rewind()函数原型为：

```
void rewind(FILE * fp);
```

10.4.2　fseek()函数

格式：**fseek(fp,offset,origin);**

功能：把文件位置指针移动到指定的位置，以便从当前位置读写文件。

说明

(1)offset 是个 long 类型的数据，称为位移量，是指从起始点"origin"，向前或向后移动的字节数。

(2)origin 用 0、1、2 分别表示"文件开始""当前位置""文件末尾"。用三个符号常量(在 stdio.h 中定义)或 0、1、2 来表示，具体含义见表 10-3。

表 10-3　指定文件位置指针起始位置定义表

origin	文件位置	值
SEEK_SET	文件开始	0
SEEK_CUR	当前位置	1
SEEK_END	文件末尾	2

例如：

```
fseek(fp,64L,SEEK_SET);        /* 从文件头向后移动距文件头 64 字节 */
fseek(fp,-64L,SEEK_CUR);       /* 从当前位置向文件头方向移动 64 字节 */
fseek(fp,-64L,SEEK_END);       /* 从文件尾向文件头方向移动 64 字节 */
```

【例 10.9】　从例 10.5 生成的 a1.dat 文件中，读出第 6 个整数。

```
#include <stdio.h>
void main()
{
    FILE * fp;
    int iData;
    if((fp=fopen("D:\\a1.dat","rb"))==NULL)
    {
        printf("打开文件 D:\a1.dat 失败! \n");
        return ;
    }
```

```
    fseek(fp,5 * sizeof(int),SEEK_SET);
    fread(&iData,sizeof(int),1,fp);
    fclose(fp);
    printf("%4d\n",iData);
}
```

注意

(1)fseek()函数一般用于二进制文件,在文本文件中由于要进行转换,计算的位置往往会出现错误。

(2)fseek()函数返回值为0时,表示执行正确;否则,表示执行错误。

10.4.3 ftell()函数

格式:**ftell(fp);**

功能:返回当前文件指针fp的读写位置,并用相对文件头的位移量来表示。常用于保存当前文件指针位置。

说明

(1)该函数限于二进制文件,对ASCII码文本文件往往会出错。

(2)ftell()函数返回值为-1L时,表示出错。

例如:

```
if((i=ftell(fp))==-1L)
    printf("FILE error \n");
```

10.4.4 feof()函数

格式:**feof(文件指针);**

功能:用于检查文件是否结束,如果是,返回1;否则返回0。

说明

(1)对于文本文件,"EOF"为文件结束标记(因为EOF的值等于-1,而字符的ASCII码不可能出现-1)。

(2)"EOF"不能作为二进制文件结束标记(因为EOF的值等于-1,二进制文件的数据可以是-1)。所以ANSI C提供feof()函数来判定文件是否结束。例如,如果把一个指定的二进制磁盘文件从头到尾按顺序读出并在屏幕上显示出来,可用下程序段实现:

```
while(!feof(fp)){fread(&x,sizeof(int),1,fp);printf("%d",x);}
```

(3)feof()函数同样适合于文本文件。

10.5 学生成绩管理系统的数据存取

本节将利用文件操作函数,把学生成绩信息存储到磁盘文件中。相反,可以随时把磁盘文件中的内容读入内存编辑修改,完善学生成绩管理系统。

10.5.1 添加文件存储函数

改进学生成绩管理系统，将存储在结构体数组中的数据写入文件 data 中去。参考代码如下：

```
int fnWriteFile(char * Filename,char * rw,PSTUDENT s,int m)
{
    int i;
    FILE * fp;
    PSTUDENT stu=s;
    if((fp=fopen(Filename,rw))==NULL)
    {
        printf("\n\t\t 打开文件%s 失败\n",Filename);
        return 0;
    }
    for(i=0;i<m;i++)
        if(fwrite(stu++,sizeof(struct student),1,fp)!=1)
        {
            printf("%s 文件存盘失败! \n",Filename);
            getch();
        }
    fclose(fp);
    return 1;
}
```

10.5.2 添加文件装入函数

与文件存储相反，文件装入就是把磁盘文件数据读入结构体数组以便进一步地对数据进行处理。考虑到函数模块的一般性，将文件名、存储的结构体数组，以及记录总数均作为函数的形参。参考代码如下：

```
int fnReadFile(char * Filename,char * rw,PSTUDENT s,int * m)
{
    FILE * fp;
    PSTUDENT stu=s;
    if((fp=fopen(Filename,rw))==NULL)
    {
        printf("\n\t\t 打开文件%s 失败\n",Filename);
        return 0;
    }
    * m=0;
    while(! feof(fp))
        if(fread(stu++,sizeof(struct student),1,fp)==1)
        { * m= * m+1;}            /* 统计当前记录条数 */
    fclose(fp);
    return 1;
}
```

10.5.3 修改主函数实现数据存取

添加调用文件存储和装入函数的语句，参考代码如下：

```
……                                                          //省略
int fnReadFile(char * Filename,char * rw,PSTUDENT s,int * m);  //函数声明
int fnWriteFile(char * Filename,char * rw,PSTUDENT s,int m);   //函数声明
int m;                                                      //m是记录的条数
void main()
{
    int n=1;
    struct student s[50];                                   //定义结构体数组
    do
    {
        fnMenuShow();                                       //显示菜单界面
        fnReadFile("data","ab+",s,&m);                      //读数据
        scanf("%d",&n);                                     //输入选择功能的编号
        switch(n)
        {
            case 1:fnDataInput(s); break;
            case 2:fnSearch(s); break;
            case 3:fnDel(s); break;
            case 4:fnModify(s); break;
            case 5:fnInsert(s); break;
            case 6:fnSort(s); break;
            case 7:fnTotal(s); break;
            case 8:fnScoreShow(s); break;
            default:break;
        }
        fnWriteFile("data","wb",s,m);                       //写数据
        getch();
    }while(n);
    printf("\n\n\t\t 谢谢您的使用! \n\t\t");
}
```

10.6 情景应用——案例拓展

案例 10-1 文本文件加密

问题描述

在某些情况下，需要对一些文件进行加密处理。编写一个程序来实现文本文件的加密，加密方法是将文件中的每个字符按一定的规律转换为其他字符，转换规则如下：

(1)大写字母变为以字母表中心位置为对称的小写字母,即将 A 变成 z,B 变成 y,……,Z 转换为 a。

(2)小写字母变为以字母表中心位置为对称的大写字母,即将 a 变成 Z,b 变成 Y,……,z 转换为 A。

(3)其他字符不变。

算法设计

大写字母变为以字母表中心位置为对称的小写字母,分两步完成:

(1)先变换到对称位置

ch='M'+'N'-ch;

(2)再将大写转换为小写

ch=ch-'A'+ 'a';

完全类似,可将小写字母变为以字母表中心位置为对称的大写字母。

参考代码如下:

```
#include <stdio.h>
#include <stdlib.h>
void main(int argc,char *argv[])
{
    char ch;
    FILE *f1, *f2;
    if(argc<3)
    {
        printf("格式错误! \n");
        printf("执行文件名  源程序文件名  密码文件名\n");
        exit(1);
    }
    if((f1=fopen(argv[1],"r"))==NULL)
    {
        printf("创建文件%s 失败! \n",argv[1]);
        exit(1);
    }
    if((f2=fopen(argv[2],"w"))==NULL)
    {
        fclose(f1);
        printf("打开文件%s 失败! \n",argv[2]);
        exit(1);
    }
    while((ch=fgetc(f1))!=EOF)
    {
        if(ch>='A' && ch<='Z')
        {
            ch='M'+'N'-ch;          /*变到对称位置*/
            ch=ch-'A'+ 'a';
        }
```

```
        else if(ch>='a' && ch<='z')
        {
            ch='m'+'n'-ch;             /* 变到对称位置 */
            ch=ch-'a'+'A';
        }
        fputc(ch,f2);
    }
    printf("加密成功！\n");
    fclose(f1);                        /* 关闭文件 */
    fclose(f2);
}
```

拓展训练

编写解密程序。

案例 10-2　写字符串函数的应用

问题描述

将表 10-4 所示的学生信息存储在磁盘文件 st. txt 中，并观察运行结果。

表 10-4　　2014 级计算机一班学生档案一览

学　号	姓　名	年　龄	性　别	英语成绩	电脑成绩
201412201	Zhan San	16	M	89	77
201412202	Lisi	17	M	79	75
……	……	……	……	……	……
201412240	xiaoming	19	F	95	88

算法设计

先将学生信息输入字符数组，然后利用写字符串函数 fputs()，将字符串写入文件，为了使每个学生信息占用一行，通过文件指针 fp，把换行符写入文件。

参考代码如下：

```
#include <stdio.h>
#define  N  2
void main()
{
    int i;
    char string[81];
    FILE  * fp;                                     /* ①定义一个文件指针变量 */
    if((fp=fopen("D:\\st.txt","w"))==NULL)          /* ②通过文件名打开文件 */
    {
        printf("打开文件 st.txt 失败\n");
        exit(0);
    }
    for(i=0;i<N;i++)
```

```
    {
        gets(string);
        fputs(string,fp);          /* ③通过文件指针 fp,把字符串写入文件 */
        fputs("\n",fp);            /* ④通过文件指针 fp,把换行符写入文件 */
    }
    fclose(fp);                    /* ⑤通过文件指针关闭文件 */
}
```

运行结果如下：

```
200012201␣Name␣One␣16␣M␣89␣77 ↙(回车)
200012202␣Name␣Tow␣17␣M␣79␣75 ↙(回车)
```

(1)确认 st.txt 文件内容

用 type 命令或其他 DOS 编辑命令观察 st.txt 的内容：

```
type st.txt
    200012201 Name One 16 M 89 77
    200012202 Name Tow 17 M 79 75
```

(2)结论：文件 st.txt 中的内容与输入的数据一样。

拓展训练

用读字符串函数 fgets(),读出文件 st.txt 的内容并显示在屏幕上。

案例 10-3 二进制文件的复制

问题描述

文件的复制就是将文件 1 的内容复制到文件 2 中(若文件 2 不存在则建立),使文件 2 的内容和文件 1 相同。

运行复制文件程序,在命令行内输入程序名、文件 1 的名称、文件 2 的名称,进行文件复制。

算法设计

(1)首先判断输入参数的个数,如果不等于 3,则输出提示信息并退出。

(2)将第二、三个参数作为“源程序文件名”和“目标文件名”打开和创建文件。

(3)进行读写操作,实现文件的复制功能。

参考代码如下：

```
#include <stdio.h>
#include <stdlib.h>
#define bsize 1024
void main(int argc,char *argv[])
{
    int b;
    FILE *f1, *f2;
    char buf[bsize];
    if(argc !=3)
    {
        printf("格式错误! \n");
```

```
        exit(1);
    }
    if((f1=fopen(argv[1],"rb"))==NULL)              /*按二进制读方式打开文件*/
    {
        printf("打开文件%s失败！\n",argv[1]);
        exit(1);
    }
    if((f2=fopen(argv[2],"wb"))==NULL)              /*按二进制写方式打开文件*/
    {
        printf("创建文件%s失败！\n",argv[2]);
        fclose(f1);
        exit(1);
    }
    while((b=fread(buf,sizeof(char),bsize,f1))>0)   /*文件复制*/
    {
        fwrite(buf,sizeof(char),b,f2);
    }
    printf("复制成功！\n");
    fclose(f1);                                     /*关闭文件*/
    fclose(f2);
}
```

拓展训练

利用 fgetc()和 fputc()函数配合来实现文本文件的复制。

案例 10-4 随机读写文件

问题描述

输入若干个学生信息，保存到指定磁盘文件中，然后将奇数条学生信息从磁盘中读入并显示在屏幕上。程序运行结果如图 10-9 所示。

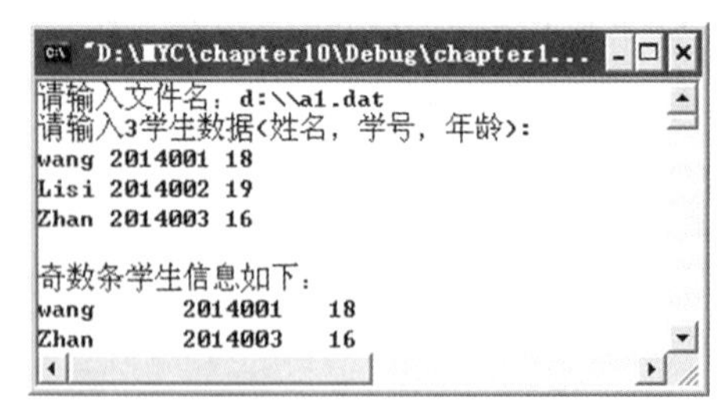

图 10-9 随机读写文件

算法设计

(1)定义学生信息结构体类型。代码如下：

```
struct student_type
{
    char name[16];
    int num;
```

```
    int age;
};
```

(2)自定义 fnSave()函数,实现将输入的一组数据输出到指定的磁盘文件中去。

```
void fnSave(struct student_type s[],char * fname,int n)
{
    int i;
    FILE * fp;
    if((fp=fopen(fname,"wb"))==NULL)
    {
        printf("cannot open File %s\n ",fname);
        exit(0);
    }
    for(i=0;i<n;i++)
        if(fwrite(&s[i],sizeof(struct student_type),1,fp)!=1)
            printf("写文件出错\n");
    fclose(fp);
}
```

(3)main()函数作为程序的入口函数。代码如下:

```
#define  N  3
void main()
{
    int i;
    FILE * fp;
    char fname[20];
    struct student_type stud[N],stu;
    printf("请输入文件名:");
    scanf("%s",fname);
    printf("请输入%d 学生数据(姓名,学号,年龄):\n",N);
    for(i=0;i < N;i++)
        scanf("%s%d%d",stud[i]. name,&stud[i]. num,&stud[i]. age);
    fnSave(stud,fname,N);
    if((fp=fopen(fname,"rb"))==NULL)
    {
        printf("打开文件%s 失败\n",fname);
        exit(0);
    }
    printf("\n 奇数条学生信息如下:\n");
    for(i=0;i<N;i+=2)
    {
        fseek(fp,i * sizeof(struct student_type),SEEK_SET);
        fread(&stu,sizeof(struct student_type),1,fp);
        printf("%-10s%5d%5d\n",stu. name,stu. num,stu. age);
    }
    fclose(fp);
}
```

拓展训练

同样利用 fseek()函数根据当前位置定位文件实现案例 10-4 的功能。

自我测试练习

一、单选题

1. 当已存在一个 abc. txt 文件时，执行函数 fopen("abc. txt","r+")的功能是(　　)。

A. 打开 abc. txt 文件，清除原有的内容

B. 打开 abc. txt 文件，只能写入新的内容

C. 打开 abc. txt 文件，只能读取原有内容

D. 打开 abc. txt 文件，可以读取和写入新的内容

2. 若用 fopen()函数打开一个已存在的文本文件，保留该文件原有内容，且可以读、可以写。则文件打开方式是(　　)。

A. "ab+"　　B. "w+"　　C. "a+"　　D. "a"

3. 以下不能将文件指针重新移到文件开头位置的函数是(　　)

A. rewind(fp);

B. fseek(fp,0,SEEK_SET);

C. fseek(fp,-(long)ftell(fp),SEEK_CUR);

D. fseek(fp,0,SEEK_END);

4. 若用 fopen()函数打开一个新二进制文件，且可以读、可以写。则文件打开模式是(　　)。

A. "ab+"　　B. "wb+"　　C. "rb+"　　D. "a+"

5. 以下与函数 fseek(fp,0L,SEEK_SET)有相同作用的是(　　)。

A. feof(fp)　　B. ftell(fp)　　C. fgetc(fp)　　D. rewind(fp)

二、填空题

1. 以下程序运行后，文件 t1. txt 中的内容是________。

```
#include <stdio.h>
void WriteStr(char * fname,char * str)
{
    FILE * fp;
    fp=fopen(fname,"w");
    fputs(str,fp);
    fclose(fp);
}
void main()
{
    WriteStr("t1.txt","start");
    WriteStr("t1.txt","end");
}
```

2.使用 fopen("abc.txt","r+")打开文件时,若 abc.txt 文件不存在,则返回________。

3.文件指针 fp 指向一个打开的文件,则将文件位置指针移到离文件开头 32 个字节处,应使用的函数调用语句是________,将文件位置指针移到离文件当前位置 32 个字节处,应使用的函数调用语句是________,将文件位置指针移到离文件末尾 32 个字节处,应使用的函数调用语句是________。

三、编程题

1.编写程序,将两个文本文件的内容合并后存入另一文件中。

2.编程序实现将一个文本文件中所有的小写字母转为大写字母后输出。

参考文献

[1] 徐新华.C 语言程序设计教程[M].北京:中国水利水电出版社,2001.

[2] 谭浩强.C 程序设计[M].北京:清华大学出版社,1999.

[3] 徐建民.C 语言程序设计[M].北京:电子工业出版社,2002.

[4] 李大友.C 语言程序设计[M].北京:清华大学出版社,1999.

[5] 王士元.C 高级实用程序设计[M].北京:清华大学出版社,1996.

[6] 张璇,张研研.C 语言简明教程[M].北京:清华大学出版社,2009.

[7] 刘彬彬,孙秀梅.学通 C 语言的 24 课堂[M].北京:清华大学出版社,2011.

[8] 张桂香,廉佐政.C++程序设计方法[M].北京:北京航空航天大学出版社,2012.

[9] 陈逆鹰.C 语言趣味程序百例精解[M].北京:北京理工大学出版社,1994.

[10] 熊锡义,林宗朝.C 语言程序设计案例教程[M].2 版.大连:大连理工大学出版社,2012.

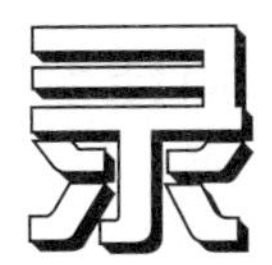

附录

附录 A　ASCII 码表

标准 ASCII 字符集共有 128 个字符，其编码为 0 到 127。下面列出了常用字符及其 ASCII 编码值，其中编码有两种表示形式：十进制(DEC)、十六进制(HEX)，见表 F-1。

表 F-1　　ASCII 码表

符号	十进制	十六进制	符号	十进制	十六进制	符号	十进制	十六进制	符号	十进制	十六进制
(null)	000	00	(space)	032	20	@	064	40	`	096	60
☺	001	01	!	033	21	A	065	41	a	097	61
☻	002	02	?	034	22	B	066	42	b	098	62
♥	003	03	#	035	23	C	067	43	c	099	63
♦	004	04	$	036	24	D	068	44	d	100	64
♣	005	05	%	037	25	E	069	45	e	101	65
♠	006	06	&	038	26	F	070	46	f	102	66
•	007	07	'	039	27	G	071	47	g	103	67
◘	008	08	(	040	28	H	072	48	h	104	68
tab	009	09	)	041	29	I	073	49	i	105	69
line feed	010	0A	*	042	2A	J	074	4A	j	106	6A
♂	011	0B	+	043	2B	K	075	4B	k	107	6B
♀	012	0C	,	044	2C	L	076	4C	l	108	6C
♪	013	0D	—	045	2D	M	077	4D	m	109	6D
♫	014	0E	.	046	2E	N	078	4E	n	110	6E
☼	015	0F	/	047	2F	O	079	4F	o	111	6F
►	016	10	0	048	30	P	080	50	p	112	70
◄	017	11	1	049	31	Q	081	51	q	113	71
↕	018	12	2	050	32	R	082	52	r	114	72
‼	019	13	3	051	33	S	083	53	s	115	73
¶	020	14	4	052	34	T	084	54	t	116	74
§	021	15	5	053	35	U	085	55	u	117	75
▬	022	16	6	054	36	V	086	56	v	118	76
↨	023	17	7	055	37	W	087	57	w	119	77
↑	024	18	8	056	38	X	088	58	x	120	78
↓	025	19	9	057	39	Y	089	59	y	121	79
→	026	1A	:	058	3A	Z	090	5A	z	122	7A
←	027	1B	;	059	3B	[	091	5B	{	123	7B
∟	028	1C	<	060	3C	\	092	5C	|	124	7C
↔	029	1D	=	061	3D	]	093	5D	}	125	7D
▲	030	1E	>	062	3E	^	094	5E	~	126	7E
▼	031	1F	?	063	3F	_	095	5F	⌂	127	7F

附录 B　C 语言运算符的优先级和结合性

表 F-2　　运算符表

<table>
<tr><th>级别</th><th>运算符</th><th>含义</th><th>运算对象个数</th><th>结合性</th></tr>
<tr><td>15</td><td>( )\[ ]
->
.</td><td>圆括号
下标运算符
指向结构成员运算符
结构成员运算符</td><td></td><td>自左至右</td></tr>
<tr><td>14</td><td>!
~
++
--
-
(type)
*
&
sizeof</td><td>逻辑非运算符
按位取反运算符
自增运算符
自减运算符
负号运算符
类型转换运算符
指针运算符
地址与运算符
长度运算符</td><td>1
(单目运算符)</td><td>自右至左</td></tr>
<tr><td>13</td><td>*
/
%</td><td>乘法运算符
除法运算符
求余运算符</td><td>2
(双目运算符)</td><td>自左至右</td></tr>
<tr><td>12</td><td>+
-</td><td>加法运算符
减法运算符</td><td>2
(双目运算符)</td><td>自左至右</td></tr>
<tr><td>11</td><td>>>
<<</td><td>左移运算符
右移运算符</td><td>2
(双目运算符)</td><td>自左至右</td></tr>
<tr><td>10</td><td>< , < =, >, > =</td><td>关系运算符</td><td>2
(双目运算符)</td><td>自左至右</td></tr>
<tr><td>9</td><td>==
!=</td><td>等于运算符
不等于运算符</td><td>2
(双目运算符)</td><td>自左至右</td></tr>
<tr><td>8</td><td>&</td><td>按位“与”运算符</td><td>2
(双目运算符)</td><td>自左至右</td></tr>
<tr><td>7</td><td>^</td><td>按位“异或”运算符</td><td>2
(双目运算符)</td><td>自左至右</td></tr>
<tr><td>6</td><td>|</td><td>按位“或”运算符</td><td>2
(双目运算符)</td><td>自左至右</td></tr>
<tr><td>5</td><td>&&</td><td>逻辑“与”运算符</td><td>2
(双目运算符)</td><td>自左至右</td></tr>
<tr><td>4</td><td>||</td><td>逻辑“或”运算符</td><td>2
(双目运算符)</td><td>自左至右</td></tr>
<tr><td>3</td><td>?:</td><td>条件运算符</td><td>3
(三目运算符)</td><td>自右至左</td></tr>
<tr><td>2</td><td>=, +=, -=, *=,
/=, %=,^=, |=,&=,
>>=,<<=</td><td>赋值运算符</td><td>2</td><td>自右至左</td></tr>
<tr><td>1</td><td>,</td><td>逗号运算符
(顺序求值运算符)</td><td></td><td>自左至右</td></tr>
</table>

说明：

1. 表中运算符分为 15 级，级别越高，优先级就越高。
2. 第 14 级的“ * ”代表取内容运算符，第 13 级的“ * ”代表乘法运算符。
3. 第 14 级的“-”代表负号运算符，第 12 级的“-”代表减法运算符。
4. 第 14 级的“&”代表取地址运算符，第 8 级的“&”代表按位与运算符。

附录 C 常用库函数

库函数并不是 C 语言的一部分，它是由人们根据需要编制并提供用户使用的。每一种 C 编译系统都提供了一批库函数，不同的编译系统所提供的库函数的数目和函数名以及函数功能是不完全相同的。ANSI C 标准提出了一批建议提供的标准库函数。它包括了目前多数 C 编译系统所提供的库函数，但也有一些是某些 C 编译系统未曾实现的。考虑到通用性，本书列出 ANSI C 标准建议提供的、常用的部分库函数。对多数 C 编译系统，可以使用这些函数的绝大部分。

读者在使用 C 语言编制程序时，如需要用到更多的库函数，请查阅所用系统的手册。

1. 数学函数

使用数学函数时，应在源程序文件中使用命令行 #include <math. h>或 #include "math. h"，将头文件“math. h”包含在源程序文件中。

表 F-3 数学函数

函数名	函数原型	功 能	返回值	头文件
abs	int abs(int x)	求整数 x 的绝对值	计算结果	math. h
acos	double acos(double x)	计算 $\cos^{-1}(x)$的值 $-1\leqslant x\leqslant 1$	计算结果	math. h
asin	double asin(double x)	计算 $\sin^{-1}(x)$的值 $-1\leqslant x\leqslant 1$	计算结果	math. h
atan	double atan(double x)	计算 $\tan^{-1}(x)$的值	计算结果	math. h
atan2	double atan2(double x,double y)	计算 $\tan^{-1}(x/y)$的值	计算结果	math. h
cos	double cos(double x)	计算 cos(x)的值 x 的单位为弧度	计算结果	math. h
cosh	double cosh(double x)	计算 x 的双曲余弦 cosh(x)的值	计算结果	math. h
exp	double exp(double x)	求 e^x的值	计算结果	math. h
fabs	double fabs(double x)	求实数 x 的绝对值	计算结果	math. h
floor	double floor(double x)	求不大于 x 的最大整数	该整数的双精度数	math. h
fmod	double fmod(double x,double y)	求 x 除以 y 的余数	余数的双精度数	math. h
frexp	double frexp(double val,double * eptr)	把双精度数 val 分解为数字部分(尾数)x 和以 2 为底的指数 n，即 val=x * 2^n，n 存放在 eptr 所指向的变量中	返回数字部分 x，$0.5\leqslant x\leqslant 1$	math. h
log	double log(double x)	求 logex，即 lnx	计算结果	math. h
$\log_{10}$	double log10(double x)	求 $\log_{10}x$	计算结果	math. h
modf	double modf(double val,double * iptr)	把双精度数 val 分解为整数部分和小数部分，整数部分存放在 iptr 所指向的单元	val 的小数部分	
pow	double pow(double x,double y)	计算 x^y 的值	计算结果	math. h
rand	int rand(void)	产生－90～32767 的随机整数	随机整数	math. h
sin	double sin(double x)	计算 sin(x)的值，x 单位为弧度	计算结果	math. h

（续表）

函数名	函数原型	功 能	返回值	头文件
sinh	double sinh(double x)	计算 x 的双曲正弦 sinh(x)的值	计算结果	math. h
sqrt	double sqrt(double x)	计算 x^{-2}(X≥0)	计算结果	math. h
tan	double tan(double x)	计算 tan(x)的值，X 单位为弧度	计算结果	math. h
tanh	double tanh(double x)	计算 x 的双曲正切函数 tanh(x)的值	计算结果	math. h

2. 字符函数和字符串函数

ANSI C 标准要求在使用字符串函数时要包含头文件“string. h”，在使用字符函数时要包含头文件“ctype. h”。有的 C 编译系统不遵循 ANSI C 标准的规定，而用其他名称的头文件，使用时请查阅相关手册。

表 F-4　　字符函数和字符串函数

函数名	函数原型	功 能	返回值	头文件
isalnum	int isalnum(int ch)	检查 ch 是否是数字或字母	是数字或字母返回 1，否则返回 0	ctype. h
isalpha	int isalpha(int ch)	检查 ch 是否是字母	是，返回 1，不是，返回 0	ctype. h
isacntrl	int isacntrl(int ch)	检查 ch 是否为控制字符(ASCII 码在 0～0x1F)	是，返回 1，不是，返回 0	ctype. h
isdigit	int isdigit(int ch)	检查 ch 是否是数字(0～9)	是，返回 1，不是，返回 0	ctype. h
isgraph	int isgraph(int ch)	检查 ch 是否是可打印字符(ASCII 码在 0x21～0x7E)，不包括空格	是，返回 1，不是，返回 0	ctype. h
islower	int islower(int ch)	检查 ch 是否是小写字母(a～z)	是，返回 1，不是，返回 0	ctype. h
isprint	int isprint(int ch)	检查 ch 是否是可打印字符(ASCII 码在 0x20～0x7E)，包括空格	是，返回 1，不是，返回 0	ctype. h
ispunct	int ispunct(int ch)	检查 ch 是否是标点字符(不包括空格)，即除字母、数字和空格以外的所有可打印字符	是，返回 1，不是，返回 0	ctype. h
isspace	int isspace(int ch)	检查 ch 是否是空格、跳格符(制表符)或换行符	是，返回 1，不是，返回 0	ctype. h
isupper	int isupper(int ch)	检查 ch 是否是大写字母(A～Z)	是，返回 1，不是，返回 0	ctype. h
isxdigit	int isxdigit(int ch)	检查 ch 是否是一个 16 进制数学字符(即 0～9，A～F 或 a～f)	是，返回 1，不是，返回 0	ctype. h
stract	char * stract(char * str1,char * str2)	把字符串 str2 接到字符串 str1 后面，str1 的结束符'\0'被取消	返回 Str1	string. h
strchr	char * strchr(char * str,int ch)	找出 str 所指的字符串中第一次出现字符 ch 的位置	返回指向该位置的指针，如没找到，则返回空指针	string. h

（续表）

函数名	函数原型	功 能	返回值	头文件
strcmp	int strcmp(char * str1, char * str2)	比较两个字符串 str1、str2	str1<str2，返回负数 str1>str2，返回正数 str1=str2，返回零	string. h
strcpy	char * strcpy(char * str1,char * str2)	把 str2 中的字符串拷贝到 str1 所指向的单元中	返回 str1 的指针	string. h
strlen	unsigned int strlen(char * str)	计算字符串 str 中字符的个数(不包括字符串结束字符'\0')	返回字符个数	string. h
strstr	char * strstr(char * str1,char * str2)	找出字符串 str2 在字符串 str1 中第一次出现的位置(不包括 str2 的结束符'\0')	返回该位置的指针，如没找到，则返回空指针	string. h
tolower	int tolower(int ch)	将字符 ch 转换为小写字母	返回 ch(小写字母)的 ASCII 码值	string. h
toupper	int toupper(int ch)	将字符 ch 转换为大写字母	返回 ch(大写字母)的 ASCII 码值	string. h

3. 输入输出函数

在用 C 语言进行编程时，凡用以下的输入输出函数，应该使用 # include <stdio. h>，把 stdio. h 头文件包含到源程序文件中。

表 F-5　　　　输入输出函数

函数名	函数原型	功 能	返回值	头文件
clearerr	void clearerr(FILE * fp)	将文件错误标志和结束标志置为 0	无	
close	int close(int fd)	关闭文件	关闭成功返回 0，否则返回 1	非 ANSI 标准
creat	int creat(char * filename,int mode)	以 mode 给定的方式建立文件	成功返回正数，否则返回 −1	非 ANSI 标准
eof	int eof(int fd)	检查文件是否结束	遇文件结束，返回 1，否则返回 0	非 ANSI 标准
fclose	int fclose(FILE * fp)	关闭 fp 所指向的文件，释放文件缓冲区	有错则返回非 0，否则返回 0	
feof	int feof(FILE * fp)	检查文件是否结束	遇文件结束返回非 0，否则返回 0	
fgetc	int fgetc(FILE * fp)	从 fp 所指的文件中读取一个字符	返回所得到的字符，若读入出错，返回 EOF	
fgets	char * fgets(char * buf, int n, FILE * fp)	从 fp 所指向的文件中读取 n−1 个字符，存放在 buf 所指向的单元中	返回地址 buf，若遇文件结束或出错，返回 NULL(即 0)	
fopen	FILE * fopen(char * filename,char * mode)	以 mode 所指定的方式打开名为 filename 的文件	成功，则返回一个文件指针(文件信息的起始地址)，否则返回 NULL(即 0)	

（续表）

函数名	函数原型	功 能	返回值	头文件
fprintf	int fprintf(FILE * fp, char * format,args,…)	把 args 的值以 format 指定的格式输出到 fp 所指的文件中	实际输出的字符数	
fputc	int fputs(char * str, FILE * fp)	将文字 ch 输出到 fp 所指向的文件中	成功，则返回该字符，否则返回非 0	
fputs	int fputs(char * str, FILE * fp)	将 str 中的字符串输出到 fp 所指的文件中	成功，则返回 0，出错则返回非 0	
fread	int fread(char * pt, unsigned size, unsigned n,FILE * fp)	从 fp 所指定的文件中读取长度为 size 的 n 个数据项，存到 pt 所指向的内存单元中	返回所读取的数据项的个数，如遇文件结束或出错返回 0	
fscanf	int fscanf(FILE * fp, char format, * args,…)	从 fp 所指定的文件中按 format 给定的格式将输入数据送到 args 所指向的内存单元中	返回所输入的数据个数	
fseek	int seek(FILE * fp,long offset,int base)	将 fp 所指向的文件的位置指针移到以 base 所指向的位置为基准、以 offset 为位移量的位置	返回当前位置，否则返回－1	
ftell	long ftell(FILE * fp)	返回 fp 所指向的文件中的读写位置	返回 fp 所指文件的读写位置	
fwrite	int fwrite(char * ptr, unsigned size, unsigned n,FILE * fp)	把 ptr 所指向的 n * size 个字节输出到 fp 所指向的文件	返回写到 fp 所指文件中数据项的个数	
getc	int getc(FILE * fp)	从 fp 所指向的文件中读取一个字符	返回所读的字符，若文件结束或出错，返回 EOF	
getchar	int getchar(void)	从标准输入设备读取一个字符	返回所读的字符	
getw	int getw(FILE * fp)	从 fp 所指的文件中读取一个字符	返回输入的整数，如文件结束或出错，则返回－1	非 ANSI 标准
open	int open(char * filename, int mode)	以 mode 方式打开已经存在的名为 filename 的文件	返回文件号（正数），如失败，返回－1	非 ANSI 标准
printf	int printf(char * format, args,…)	按 format 所指向的格式字符串所规定的格式，将输出列表 args 的值输出到标准输出设备	输出字符的个数，如出错，返回负数	format 可以是一个字符串或字符数组的起始地址
putc	int putc(int ch,FILE * fp)	把一个字符 ch 输出到 fp 所指的文件中	输出的字符 ch，若出错，返回 EOF	
putchar	int putchar(char ch)	把字符 ch 输出到标准输出设备	输出的字符 ch，若出错，返回 EOF	
putw	int putw(int w,FILE * fp)	将一个字（整数）写到 fp 所指向的文件中	返回输出的整数，若出错，返回 EOF	非 ANSI 标准

（续表）

函数名	函数原型	功 能	返回值	头文件
puts	int puts(char * str)	把 str 中的字符串输出到标准设备，将'\0'转换为回车换行符	返回换行符，若失败，返回 EOF	
read	int read(int fd, char * buf, unsigned count)	从文件号 fd 所指示的文件中读 count 个字节到由 buf 所指示的缓冲区中	返回实际读入的字节数，如遇文件结束返回 0，出错返回 -1	非 ANSI 标准
rename	int rename (char * oldname, char * newname)	把由 oldname 所指的文件名换为 newname 所指的文件名	成功返回 0，出错返回 -1	
rewind	void rewind(FILE * fp)	将 fp 所指示的文件的位置指针置于文件的开头位置，并清除文件结束标志和错误标志	无	
scanf	int scanf(char * format, args,…)	从标准输入设备按 format 所指向的格式字符串所规定的格式，输入数据给 args 所指向的单元	读入并赋给 args 的数据个数遇文件结束返回 EOF，出错返回 0	Args 为指针
write	int write(int fd, char * buf, unsigned count)	从 buf 指示的缓冲区输出 count 个字符到 fd 所标志的文件中	返回实际输出的字节数，如出错返回 -1	非 ANSI 标准

4. 动态存储分配函数

ANSI 标准建议设置四个有关的动态存储分配函数，即 calloc( )、malloc( )、free( )、realloc()。实际上，许多 C 编译系统实现时，往往增加了一些其他函数，ANSI 标准建议在“stdlib. h”头文件中包含有关的信息，但许多 C 编译要求用“malloc. h”，而不是“stdlib. h”，读者在使用时应查阅有关的手册

ANSI 标准要求返回 void 指针。void 指针具有一般性，它们可以指向任何类型的数据。但目前有的 C 编译系统所提供的这类函数返回 char 指针。无论以上两种情况的哪一种，都需要用强制类型转换的方法把 void 或 char 类型转换为所需的类型。

表 F-6 **动态存储分配函数**

函数名	函数和形参类型	功能	返回值
alloc	void * alloc (unsigned n, unsigned size)	分配 n 个数据项的内存连续空间，每个数据项大小为 size 个字节	分配内存单元的起始地址，如不成功，返回 NULL(即 0)
free	void free(void * p)	释放 p 所指向的内存空间	无
malloc	void * malloc(unsigned size)	分配 size 字节的内存空间	所分配的内存空间的地址。如内存不够，则返回 NULL(即 0)
realloc	void * realloc (void * p, unsigned size)	将 f 所指向的已分配内存空间的大小改为 size。size 可以比原来分配的空间大或小	返回指向该内存空间的指针